抗边信道攻击的公钥加密原理与实践

Principle and Practice of Public Key Encryption Against Side Channel Attacks

于启红 著

东南大学出版社
SOUTHEAST UNIVERSITY PRESS
·南京·

内 容 提 要

云计算和云应用已经深入社会生活的每个角落。加密算法是云数据传输的关键保障。但是，攻击者通过大量边信道攻击可以获取密码算法中秘密信息，导致了传统公钥密码算法在边信道攻击下的不安全性。研究抗边信道攻击的公钥密码算法不仅具有重要理论意义而且具有广阔应用前景。抗边信道攻击的加密算法研究是近10年来信息安全研究的热点，本书详细阐述了抗边信道攻击的加密原理、关键技术并进行实践，旨在建立一套抗边信道攻击的加密理论和方法，为云环境下数据安全存储和访问控制提供理论基础和技术支撑。

本书可以供信息安全、网络安全、密码学等专业的研究生参考使用，还可以供从事密码算法、信息安全等方向研究者参考使用。

图书在版编目(CIP)数据

抗边信道攻击的公钥加密原理与实践 / 于启红著
. — 南京 : 东南大学出版社，2022. 12
ISBN 978-7-5766-0500-6

Ⅰ. ①抗… Ⅱ. ①于… Ⅲ. ①公钥密码系统—研究
Ⅳ. ①TN918. 4

中国版本图书馆 CIP 数据核字(2022)第 238926 号

责任编辑:叶 娟 **责任校对:**子雪莲 **封面设计:**张新云 **责任印制:**周荣虎

抗边信道攻击的公钥加密原理与实践

Kang Bianxindao Gongji De Gongyao Jiami Yuanli Yu Shijian

著　　者 于启红
出版发行 东南大学出版社
社　　址 南京市四牌楼 2 号(邮编:210096 电话:025-83793330)
网　　址 http://www.seupress.com
电子邮箱 press@seupress.com
经　　销 全国各地新华书店
印　　刷 广东虎彩云印刷有限公司
开　　本 700mm×1000mm 1/16
印　　张 15
字　　数 293 千字
版　　次 2022 年 12 月第 1 版
印　　次 2022 年 12 月第 1 次印刷
书　　号 ISBN 978-7-5766-0500-6
定　　价 68.00 元

本社图书若有印装质量问题，请直接与营销部联系，电话:025-83791830。

前 言 | PREFACE

在基于黑盒模型设计的可证安全的密码学系统中，密钥等秘密信息是要绝对保密的。近期，大量的边信道攻击被发现。在这些攻击下，攻击者可能会通过检测密码系统的运行特征来获得部分秘密信息。因此，以前设计的密码方案安全性在边信道攻击下可能被破坏。为了解决这个问题，信息安全专家开始进行抗泄漏密码方案研究。抗泄漏密码方案设计已成为当前密码学研究热点之一。在公钥密码体制中，本书主要对基于身份密码体制、基于属性密码体制和基于证书密码体制的抗泄漏加密方案进行了细致的研究，具体的创新研究工作如下：

(1) 给出了具有持续泄漏弹性的、基于身份广播加密的形式化定义和安全模型，提出了抗私钥持续泄漏的、基于身份广播的具体加密方案。通过私钥更新算法实现抗持续泄漏的功能。基于通用的子群判定假设，结合双系统加密技术证明了方案的安全性。方案在标准模型下针对选择密文攻击是完全安全的。给出了具体的抗泄漏性能分析，私钥的相对泄漏率可以达到 1/3，并通过实验仿真来分析提出方案的性能。

(2) 分层的基于属性加密是一类重要的基于属性加密，可以通过密钥分层管理来减轻基于属性密码系统密钥产生中心的负担。给出了抗密钥持续泄漏的分层基于属性加密的形式化定义和安全模型，提出了第一个抗密钥持续泄漏的分层基于属性加密方案。属性向量的长度就是用户所在的层数，上一层用户可以为它的下层用户产生私钥。给出的方案可以同时抵抗主私钥和私钥的持续泄漏。基于子群判定假设，在标准模型下证明了方案的安全性，并具体分析了方案的相对泄漏率和计算效率，通过实验进一步分析层数和泄漏参数对系统的影响。

(3) 密钥策略基于属性加密特别适合于视频点播、付费电视等应用。针对现有的密钥策略基于属性加密方案几乎都没有考虑到边信道攻击可能导致秘密信息泄漏问题，提出了抗持续辅助输入泄漏的密钥策略基于属性加密形式化定义和安全模型。借助于大数域上修改的 Goldreich-Levin 定理，构造了一个抗持续辅助输入泄漏的密钥策略基于属性加密的具体方案。辅助输入泄漏模型(AIM)包含的泄漏函数种类更为丰富，比如，由于私钥的简单置换在信息论的角度揭露了整个私钥，所以这在有界泄漏模型中是不允许的，但是私钥的简单置换在辅助输入泄漏模型中是允许的。基于三个静态假设，在标准模型下，证明了方案针对选择明文攻击的安全性。

(4) 为了克服基于身份密码系统中的密钥分配和密钥托管问题，基于证书的密码系统被提出。鉴于基于证书的密码系统中到目前为止还没有抗泄漏的方案，本书首次提出了抗泄漏的基于证书加密的形式化定义和安全模型。基于提取器技术，构造了第一个抗泄漏的基于证书的加密方案。方案包含一个基于证书的密钥封装机制和一个对称加密算法。被封装的信息是用于加密消息的对称密钥，用一个二元提取器重新随机化对称密钥，设计的方案可以抵抗对称密钥熵的泄漏。在随机预言模型中，基于判定双线性 Diffie-Hellman 问题(DBDH)假设和推广的判定双线性 Diffie-Hellman 困难问题(DGBDH)假设，证明了提出的方案是自适应选择密文攻击安全的。同时，对计算效率进行了分析并通过实验验证，给出了具体的抗泄漏性能分析，提出的方案可以容忍几乎整个对称密钥的泄漏，也就是说对称密钥的相对泄漏率几乎可以达到 1。

(5) 提出了可以同时抵抗解密密钥和主私钥持续泄漏的基于证书加密形式化定义与安全模型，并给出了抗持续泄漏的基于证书加密方案的具体构造。基于三个静态假设，在标准模型中，利用混合论证技术证明了提出方案是针对选择密文攻击安全的。通过实验具体验证泄漏参数对方案的各个算法运行时间影响情况。理论分析表明提出方案的解密密钥相对泄漏率和主私钥的相对泄漏率都可以接近 1/3。

安全的密码学方案是网络协议安全的重要保障。因此，抗泄漏密码学研究不仅具有重要的理论意义而且也具有很好的应用价值。

本书成稿过程得到了李继国教授的大力支持，得到了宿迁学院和宿迁学院信息工程学院领导的大力支持。在此，向他们表示衷心的感谢。

由于作者水平有限，加之时间仓促，不足之处，在所难免，欢迎广大读者不吝赐教。

目录 | CONTENTS

第一章 绪论

本章介绍抗泄漏密码学的研究背景和意义。对当前抗泄漏公钥密码研究成果进行综述，系统地分析和阐述国内外抗泄漏密码学研究现状，总结现有的几种抗泄漏安全模型且对抗泄漏的公钥加密和相关研究等现已取得的成果进行比较详细的介绍与分析。另外，指出抗泄漏密码学研究的几个关键组件和主要的安全性证明技巧，列出抗泄漏密码学研究的不足之处。最后，介绍本书主要研究内容。

1.1 抗泄漏密码学研究背景和意义

近十几年来,边信道攻击层出不穷,攻击者可以通过观察密码系统的能耗、时序等特点来获得系统秘密信息。边信道攻击分为许多种,如功耗、辐射、时序攻击等。Das 等人[1]分析集成电路中边信道泄漏原因并提出了一些泄漏衰减技术。Weng 等人[2]针对典型的轻量级加密方案给出了改进的密钥差分分析攻击方式。Won 等人[3]通过电磁边信道攻击商用机器的神经计算学习加速器从执行的模型中恢复秘密权重。Jauvart 等人[4]针对基于配对的密码学方案,通过相关性分析,改进了一种垂直边信道攻击,并提出一种用于配对实现的水平攻击。Lipp 等人[5]利用现代处理器无序执行的特点读取任意内存位置信息,其中包括个人数据和密码等秘密信息。De Souza Faria 等人[6]研究显示,防篡改机械键盘的按键声音可以通过放置在设备附近的两个麦克风捕捉,然后利用声音的差异来区分这些按键。Kocher 等人[7]允许进程违反隔离边界,并从同一机器上的其他进程读取信息。戴立等人[8]提出了对具有广泛应用前景的可编程 RFID 标签(TB-WISP5.0)的攻击方法。攻击从目标运行的简单双向认证协议中选定的明文攻击漏洞开始,通过边信道分析理论成功地恢复了该目标的完整关键信息。Bulck 等人[9]利用 Intel 处理器中的一个推测性执行弊端,从 CPU 缓存中获得系统的秘密信息并提取完整的加密密钥。Chen 等人[10]提出攻击者可以通过观察密码系统时序等特点来获得系统秘密信息。Halderman 等人[11]给出另一种边信道攻击:即使在机器关闭后,攻击者也可以从内存中得到一些信息。

传统可证安全的密码系统都是以黑盒模型为基础的,没有考虑到信息泄漏的情况。其安全性依赖于密钥的保密性,而并非密码算法的保密性,这是密码学中著名的 Kerckhoff 准则。这一准则阐明合理保护密钥重要性的同时,也意味着如果系统密钥等秘密信息泄漏,整个密码系统的安全性将可能完全丧失。在有边信道攻击的情况下,传统可证安全的密码方案的安全性就可能被破坏。因此,设计抗泄漏(Leakage Resilient,简称 LR)密码学方案就成了一个迫切需要解决的问题。当前,抗泄漏密码方案研究已经成为当前密码学研究的一个热点。经过密码学专家和学者的努力,一些抗泄漏安全的密码学方案已经被设计出来。

目前,广泛使用的网络安全协议大部分会以某种密码算法为基础。所有正在使用的关于密码方案的算法(比如说加密算法、签名算法)在设计之初都没有考虑到边信道攻击。现在,许多边信道攻击可以泄漏密码系统的秘密信息,因此,这些密码算法的安全性可能被破坏,进而导致网络协议的不安全。事实上,已经有很多的因为网络不安全导致损失惨重的案例。本书研究的是能抵抗边信道攻击的安全公钥加密方案,可以为安全的网络协议提供重要保证。因此,抗泄漏密码学研究不仅具有重要的理论意义,而且也具有相应的应用价值。

1.2　国内外研究进展

抗泄漏密码学研究是近几年密码学领域的一个较新的研究热点,尽管起步较晚,但是国内外的很多专家和学者已经着手对此进行了相关研究,并且取得了一些成果,本节对此进行系统的总结和分析。首先,总结已有的抗泄漏模型;接着,系统地分析在加密、签名和认证密钥协商协议(Authenticated Key Exchange,简称 AKE)等体制下的相关抗泄漏研究成果。

1.2.1　抗泄漏密码学模型

安全模型对于密码学方案来说是至关重要的,在抗泄漏的密码学研究中也不例外。本小节系统分析文献中有关抗泄漏安全模型。从算法的角度,所给的抽象抗泄漏模型不直接依赖于硬件结构,而是只和系统本身有关,泄漏通常抽象为一个函数,这个函数只与算法过程和状态有关。抗泄漏密码系统能抵抗一大类的边信道攻击。具体抗泄漏安全模型如下:在安全游戏中,敌手选择一个特定的有效可计算的函数 f 并把密钥和内部状态作为 f 的输入,得到 f 的输出作为系统的泄漏,对于输出所做的必要限制是没有完整的密钥可以从 f 获得。攻击能力取决于特定限制。根据不同的限制(或者说不同攻击能力)可以具体分为不同模型。

(1) 低耦合度泄漏

文献[12－15]提出低耦合度泄漏模型(Low Complicity Model,简称

LCM):敌手只能获得整个密钥或内部状态子集[12,16-17]。该模型的特点是它只能处理比较弱的泄漏形式,许多已知的边信道攻击不能用这种模型来刻画。

(2) 仅计算泄漏模型

在低耦合度泄漏模型中泄漏函数仅仅是局部的。Micali 与 Reyzin[18]扩展泄漏函数为全局可计算的,提出仅计算泄漏模型(Only Computation Leaks,简称 OCL):泄漏函数的复杂性不限,总泄漏量不限,但只允许泄漏发生在当前计算的活跃部分。特别地,攻击者可以选择一个有界输出的多项式时间泄漏函数应用到当前的活动状态。在每一轮计算中,没有被访问的存储部分不在此轮有信息泄漏,只有在这一轮中参与运算的存储器部分有信息泄漏。

(3) 有界泄漏模型

在冷启动攻击中,泄漏不仅发生在计算过程中。为了获得抗冷启动攻击的安全性,Akavia 等人[19]提出了长度有界泄漏模型(Bounded Leakage Model,简称 BLM)。在这个模型中,攻击者可以自由选择一个有效的可计算泄漏函数 f 并且可以得到函数输出。基本要求是函数 f 的输出没有揭露整个密钥。在此模型中,敌手可以获得比密钥长度短的泄漏信息。

为了刻画这样的情况,即敌手获得的泄漏信息长度比私钥信息长度长,但是有用的信息量比较小,Naor 和 Segev[20]提出了熵有界泄漏的概念。事实上,在熵有界泄漏模型中,必须限制从泄漏中可能得到秘密信息的熵,但不用限制泄漏函数的输出长度。

长度有界泄漏模型只允许泄漏函数的输出量 $l<SK$(l 为泄漏参数),但在熵有界泄漏模型中只要求泄漏函数 f 减少密钥 SK 的熵不超过 l 即可。两个模型都把 l 作为 SK 的参数,所以这两个模型也统称为相对泄漏模型。由于该模型是 Akavia 等人[19]给出的,而 Akavia 等人[19]考虑到"存储器攻击"安全,因此,在一些文献中该模型也被称为"存储器攻击"模型。

(4) 有界恢复泄漏

Di Crescenzo 等人[21]提出"有界恢复模型"(Bounded Retrieval Model,简称 BRM),可以看作是 Maurer 等人[22]引入的"有界存储模型"[23-28]的一种有意义的变体。

有界恢复模型(BRM)[21,29-32]旨在处理攻击者通过被感染的存有密钥信息的存储系统获得大量数据的泄漏问题。在这个模型中,泄漏量 l 被视为系统的一个参数,需要增加密钥 SK 的大小以满足相应的泄漏;同时,公钥大小不应改变(对于签名,签名大小和验证效率应保持不变)。

(5) 持续泄漏模型

随着时间的推移,泄漏量会越来越大。泄漏量可能超过规定的限值,从而破坏安全系统。有界泄漏模型无法解决这种问题。Brakerski 等人[33]和 Dodis 等人[34]分别解决 Micali 等人[18]提出的公开问题,提出了"持续泄漏模型"(Continuous Leakage Model,简称 CLM)。在 CLM 中,密钥必须定期更新,必要的约束是任何两次连续更新之间的泄漏量是有界的。也就是说,在每一个周期内的密钥泄漏量是有限的,但泄漏量在系统的整个操作过程中可以是无限的。

(6) 完全弹性泄漏

文献[20, 35]提出了一个更强的概念,不仅密钥可以泄漏而且用于产生密钥的随机数也可以泄漏。

完全抗泄漏模型(Full Leakage-Resilient Model,简称 FLRM)是 Katz 和 Vaikuntanathan[35]正式提出的:泄漏不仅来自密钥,而且也来自用于签名的随机值。

(7) 辅助输入泄漏模型

文献[36,37]提出辅助输入泄漏模型(Auxiliary Input Model,简写 AIM):任何概率多项式时间(Probabilistic Polynomial Time,简称 PPT)攻击者可以选择很难可逆的泄漏函数 f,f 以密钥 SK 和随机数 R 为输入。这种模型研究的主要目标是构造安全的方案,在这些方案中敌手只能以可以忽略的优势求出一些不可预测的函数的逆。AIM 模型能捕获更广范围边信道攻击。比如,AIM 模型允许私钥简单重置。由于密钥简单重置在信息论的角度揭示了整个密钥 SK,所以熵或长度有界泄漏模型不允许这种情况发生。

(8) 事后泄漏模型

对于公钥加密方案(Public-Key Encryption,简称 PKE)而言,以上各种模型要求泄漏发生在获得挑战密文之前。事实上,在看到挑战密文后攻击者还可以得到一些泄漏信息[38]。

Halevi 和 Lin[38]提出了事后泄漏(After-the-Fact Leakage,简称 AFL)安全的 PKE 方案:敌手在看到挑战密文后获得 l 比特的泄漏信息,能揭露明文的信息量至多为 l 比特。然而,抗泄漏的安全加密标准的定义是:在获得

挑战密文之前观察 l 比特密钥泄漏信息，不影响系统的安全性。

(9) 篡改泄漏模型

以上模型都只考虑到被动攻击，而没有考虑到主动攻击[39-40]，在主动攻击中，敌手不仅可以观测而且可以篡改设备中信息。篡改泄漏攻击模型(Tampering Leakage Model，简称 TLM)不仅包括被动攻击，也包含主动攻击。

防篡改泄漏安全概念是由 Gennaro 等人[41]从算法角度提出的：系统设备分成两部分，一部分是没有篡改而可以完全泄漏的，包含一些发给用户关键信息的存储器，另一部分是可以被任何多项式时间敌手持续篡改的。

各种模型之间的关系如图 1-1 和图 1-2 所示。

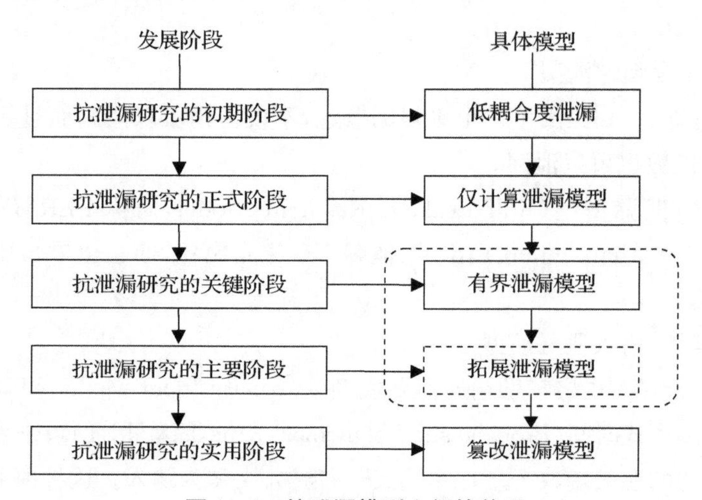

图 1-1　抗泄漏模型之间的关系

图 1-1 中的虚线框中有界泄漏模型和由此得到的拓展泄漏模型是当前研究的主流。有界泄漏模型与拓展泄漏模型之间的关系由图 1-2 表示。

通过使用相应技术可以把有界泄漏模型拓展到更高级泄漏模型：如果使密钥变长以便容忍更多的泄漏，便可得到有界恢复模型；如果对密钥进行更新，便可得到持续泄漏模型；如果考虑允许算法中使用的随机数泄漏，便可得到完全弹性泄漏模型；如果允许敌手在获得挑战密文之后还可以获得泄漏信息，便可得到事后泄漏模型；如果把泄漏函数推广到难以求逆的情形，便可得到辅助输入泄漏模型。把有界恢复模型、持续泄漏模型、完全弹性泄漏模型、事后泄漏模型和辅助输入泄漏模型统称为拓展泄漏模型。

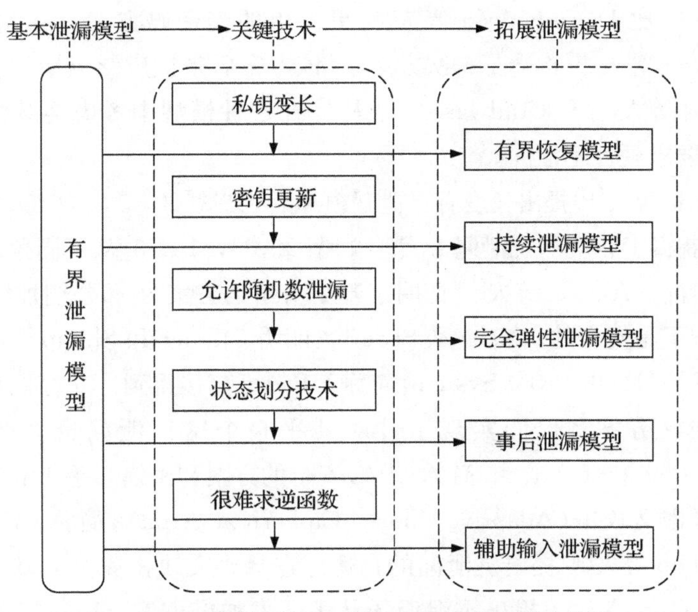

图 1-2　有界泄漏模型与拓展泄漏模型之间的关系

图 1-2 表明使用不同技术可以把有界泄漏模型拓展成不同的更高级的泄漏模型。

1.2.2　抗泄漏加密

加密是密码学中的一个重要原语，首先介绍抗泄漏加密取得的成果，这些成果主要是针对公钥加密体制和基于身份密码体制的，具体如下：

在低耦合度泄漏模型中，Ishai 等人[12]提出第一个应对探测攻击安全的算法。在文献[12-13]中，攻击者可以从密码系统计算的所有线路中选择一部分线路，并且从它们的计算中获得相应的泄漏信息。Faust 等人[14]推广文献[12-13]取得的结果。Faust 等人[14]指出泄漏函数可以把系统所有参与运算的电路当成一个整体作为输入，对泄漏函数的要求是：它要属于低耦合度的类。Rothblum 等人[15]在不需要额外的安全硬件条件下，设计出一个能抵抗低耦合度泄漏的安全系统。

在"仅计算泄漏"模型中，文献[14,42-45]构建出安全的方案，并且规定泄漏是持续发生的。Dziembowski[43]改进了一个安全的流密码方案[46]。基于弱伪随机函数(Weak Pseudo Random Function，简称 WPRF)，Pietrzak[44]

构建了一个比 Dziembowski 等人[43]更简单的流密码方案。在此模型中，Goldwasser 等人[47]构造了一次方案，且该方案后来被广泛应用于其他方案中。Juma 等人[45]和 Goldwasser 等人[48]在这种模型中考虑连续泄漏的情况，但是要求硬件不泄漏。

Akavia 等人[19]提出长度有界泄漏模型后，文献[20，30－32，35－37，49－50]分别获得了相应的抗泄漏方案。文献[20，34，51－53]从不同角度来刻画熵有界泄漏。Akavia 等人[19]证明了基于身份的方案[54]和公钥加密方案[55]在该模型下是安全的。Naor 和 Segev[20]证明 Cramer 和 Shoup[56]给出的哈希证明系统(Hash Proof System，简称 HPS)可直接得到针对存储攻击安全的公钥加密方案。他们实现了针对几乎整个密钥泄漏选择明文攻击(Chosen-Plaintext Attack，简称 CPA)安全的方案和密钥几乎 1/6 泄漏的自适应选择密文攻击(Adaptive Chosen-Ciphertext Attack，简称 CCA2)安全方案。Zhou 等人[57]提出抗泄漏的自适应选择密文攻击安全的基于身份加密方案。Guo 等人[58]提出抗泄漏的基于证书加密方案。Luo 等人[59]构建基于格的抗泄漏的 PKE。文献[60－61]给出高效的抗泄漏加密方案。Chen 等人[62]推广 HPS 到包括匿名的特点(称为匿名的 HPS)，然后使用匿名的 HPS 构建抗泄漏的公钥加密方案(LR-PKE)。Zhang 等人[63]提出匿名的抗泄漏的分层基于身份的加密方案。Hazay 等人[64]定义弱 HPS 概念，指出如果单向函数存在，就能得到 LR 的弱伪随机函数、LR 的消息认证码和 LR 的对称密钥加密。Liu 等人[65]用 Naor 和 Segev 的变体[20]来提高泄漏量。

在对称密钥密码体系中，Cash 等人[29]提出了一个在有界恢复泄漏模型中安全的认证密钥交换协议(AKA)。在公钥密码体制中，Alwen 等人[30]给出第一安全认证方案、认证密钥协商协议和 BRM 签名方案。在 BRM 模型中，Alwen 等人[31]通过基于身份的哈希证明系统(IB-HPS)在三个具体假设下构造出三个安全的公钥加密方案。

为了解决 Micali 和 Reyzin[18]提出的公开问题，Brakerski 等人[33]和 Dodis[34]提出了持续泄漏模型。这两篇文献考虑的持续泄漏都不需要考虑“仅计算泄漏”的要求。事实上，在“仅计算泄漏”模型下，文献[45，48]考虑了连续泄漏的情况，所需的要求是：硬件不泄漏。在这样的限制条件下，文献[14，43－45，66－69]分别给出该模型下安全方案。

特别值得一提的是 Lewko 等人[70]给出基于身份的、基于身份分层的、基于属性的抗持续泄漏(Continuous Leakage-Resilient，简称 CLR)加密方案。这些安全方案可以抵抗的泄漏不仅可以来自密钥也可以来自主私钥。他们的方案受 Waters[71] 双系统加密启发。此外，文献[72－73]等也分别构造了 CLR 密码学原语。

文献[20，35]提出更强的概念，不仅密钥可以泄漏而且用于产生密钥的随机数也可以泄漏。Naor 和 Segev[20] 考虑到密钥产生算法中用到的随机数的泄漏，给出的方案可以抗私钥泄漏和密钥产生算法中随机数的泄漏。Namiki 等人[74] 考虑 PKE 中加密算法随机数的泄漏，并且仅仅限制泄漏信息的量。Namiki 等人[74] 定义了两个随机数的泄漏攻击：事前随机数泄漏攻击和事后随机数泄漏攻击。在一个事前随机数泄漏攻击中，敌手在获得公钥之前可以获得关于随机数的泄漏。在一个事后随机数泄漏攻击中，敌手在获得公钥之后可以获得关于随机数的泄漏。Namiki 等人[74] 指出事前随机数泄漏攻击安全的 PKE 方案可以由任何 PKE 加密方案获得，证明方法类似于 Naor 和 Segev[20]。对于一个事后随机数的泄漏攻击而言，Namiki 等人[74] 指出没有 PKE 方案能取得这样的安全性。Bellare 等人[75] 考虑到加密算法中随机数的泄漏，他们对随机数泄漏的定义不同于其他抗泄漏研究。Bellare 等人[75] 考虑这样的情况：随机串不是取自一个均匀随机的分布，而是取自熵有保证的分布。

Dodis 等人[36] 在指数级难以求逆的条件下，构造了安全的对称加密原语。Guo 等人[76] 构造出抗持续辅助输入泄漏安全的基于属性加密方案。

Halevi 和 Lin[38] 用 Naor 和 Segev[20] 给出的 HPS 在事后泄漏模型和有界泄漏模型下，基于状态划分的思想构建安全的 PKE 方案。Dziembowski 和 Faust[77] 定义了一个自适应选择密文攻击(CCA2)安全性游戏：在挑战密文给出后，敌手还可以获得泄漏信息。他们给出了针对自适应选择密文攻击抗事后泄漏安全的模型(Adaptively Chosen Ciphertext After-the-Fact Leakage，简称 CCLA2)，它是最强的 PKE 安全模型，允许敌手获得挑战密文后自适应进行解密和泄漏询问。此外，Dziembowski 和 Faust[77] 的模型还允许持续泄漏。Dziembowski 和 Faust[77] 通过密钥的状态划分技术[66] 来实现，基于这样的假定：仅计算的地方发生泄漏，且私钥每轮的调用都只能允许有界的泄漏，在每次调用后更新状态。

Kalai 等人[78] 指出所有的存储器内容都可以被篡改。Chakraborty 和

Rangan[79]提出能抵抗事后泄漏和辅助输入泄漏安全的公钥加密方案。Applebaum等人[80]限制篡改函数为仿射线性变换函数。非延展码[81]也被认为是具有这种约束的篡改函数。与这些文献相比，Kalai 等人[78]允许篡改函数为任意类型，但只允许攻击者篡改存储器，不允许攻击者在计算过程中篡改（这可能发生，例如，由于故障攻击[6,39]）。Ishai 等人[13]给出的抗篡改泄漏方案是比较弱的，因为它只允许少量的位被设置为特定值。与 Kalai 等人[78]相比，Ishai 等人[13]不仅允许篡改存储器，而且允许在计算过程中发生篡改。Damgaard 等人[82]给出了几种不需要自毁（Self-Destruct）的抗篡改泄漏的密码学原语。Liu 和 Lysyanskaya[83]在抗篡改泄漏下，基于状态划分技术构造了安全的加密方案。Kalai 等人[78]给出的方案在更新时是需要随机数的，而 Liu 和 Lysyanskaya[83]使用公共参考字符串。

在表 1-1 中，给出了主要抗泄漏加密方案的泄漏弹性和安全性能。

表 1-1　主要抗泄漏加密方案的泄漏弹性和安全性能

方案	密码体制	模型	数学难题	泄漏率	持续泄漏	泄漏模型	安全性
[20]-1	PKE	标准	DDH	1/2	无	BLM	CPA
[20]-2	PKE	标准	DDH	1/4	无	BLM	CCA1
[20]-3	PKE	标准	DDH	1/6	无	BLM	CCA2
[31]-1	IBE	标准	TABDHE	1/2	无	BRM	CPA
[31]-2	IBE	ROM	QR	$1/\|M\|$	无	BRM	CPA
[31]-3	IBE	ROM	LWE	1	无	BRM	CPA
[32]-1	IBE	标准	DBDH	1/3	无	BLM	CPA
[32]-2	IBE	标准	DBDH	1/3	无	BLM	CPA
[32]-3	IBE	标准	A1-A3	1/9	无	BLM	CPA
[33]-1	PKE	标准	DL	1/2	有	CLM	CPA
[33]-2	PKE	标准	SXDH	1	有	CLM	CPA
[33]-3	IBE	标准	D-Linear	1/2	有	CLM	CPA
[34]-1	PKE	标准	DDH	1/2	有	CLM	CPA
[34]-2	PKE	标准	DDH	1	有	CLM	CCA1
[37]-1	PKE	标准	DDH	1	无	AI	CPA

续表

方案	密码体制	模型	数学难题	泄漏率	持续泄漏	泄漏模型	安全性
[37]-2	PKE	标准	DDH	1	无	AI	CPA
[38]	PKE	标准	HPS	$\|t_1\|$	无	AFL	CPA
[51]	PKE	标准	K-Linear	1	无	BLM	CCA
[66]	PKE	通用群	DL	1/2	有	CLM	CCA1
[70]-1	IBE	标准	A1-A3	$\frac{n-1-2c}{n+2}\cdot\frac{1}{1+c_1+c_3}$	无	BLM	CPA
[70]-2	HIBE	标准	A1-A3	$\frac{n-1-2c}{n+2+D-i}\cdot\frac{1}{1+c_1+c_3}$	无	BLM	CPA
[70]-3	ABE	标准	A1-A3	$\frac{n-1-2c}{n+2+\|S\|}\cdot\frac{1}{1+c_1+c_3}$	无	BLM	CPA
[77]	PKE	ROM	DDH	3/40	有	CLM	CCA2

在表 1-1 中，IBE(Identity-Based Encryption)表示基于身份的密码体制；HIBE(Hierarchical Identity-Based Encryption)表示分层的 IBE；ABE(Attribute Based Encryption)表示基于属性加密体制；ROM(Random Oracle Model)表示随机预言模型；DDH(Decisional Diffie-Hellman Problem)表示判定 Diffie-Hellman 假设；DBDH (Decisional Bilinear Diffie-Hellman Problem)表示基于双线性对的判定 Diffie-Hellman 假设；DL (Discrete Logarithm Problem)表示离散对数假设；D-Linear 和 K-Linear 分别表示 D 维和 K 维的判定线性假设(Decisional Linear Assumption，简称 DLIN)；QR(Quadratic-Residuosity Assumption)表示二次剩余假设；LWE(Learning With Errors)表示误差学习假设；TABDHE(Truncated Augmented Bilinear Diffie-Hellman Exponent Assumption)表示截断增强的双线性 Diffie-Hellman指数假设；SEDDH(Symmetric External DDH Assumption)表示对称的外部 DDH 假设；A1-A3 表示三个通用的子群判定假设；CCA1 (Non-Adaptive Chosen-Ciphertext Attack)表示非自适应选择密文攻击。$|t_1|$表示被封装的对称密钥长度，$|M|$表示明文长度，n 表示泄漏参数的值，c,c_1,c_2 表示正常数，$|S|$表示属性集 S 中属性个数，D 表示总层数，i 表示当前所在层。

从表 1-1 中可以看出，当前取得的抗泄漏成果主要是基于 IBE 和 PKE

体制的。在基于属性密码体制、基于证书密码体制、无证书密码体制中，抗泄漏的研究成果较少。对于抗泄漏密码学方案而言，除了要考虑它的弹性泄漏和安全性能之外，通常还需要研究它的计算效率等问题。表 1－2 给出了主要抗泄漏加密方案公私钥长度和加解密开销。

表 1－2　主要抗泄漏加密方案公私钥长度和加解密开销

方案	公钥长度	私钥长度	密文长度	加密开销	解密开销
[20]－1	$3\|G\|$	$2\|q\|$	$2\|G\|+\|s\|+\|M\|$	$3E$	$2E$
[20]－2	$4\|G\|$	$4\|q\|$	$3\|G\|+\|s\|+\|M\|$	$4E$	$4E$
[20]－3	$5\|G\|$	$6\|q\|$	$3\|G\|+\|s\|+\|M\|$	$5E$	$4E$
[32]－1	$3\|G\|+2\|G_T\|$	$2\|G\|+\|d\|$	$2\|G\|+\|G_T\|+\|s\|+\|M\|$	$3E$	$2P$
[32]－2	$(B+2)\|G\|+2\|G_T\|$	$2\|G\|+\|d\|$	$2\|G\|+\|G_T\|+\|s\|+\|M\|$	$4E$	$2P$
[32]－3	$3\|G\|+2\|G_T\|$	$2\|G\|+\|d\|$	$2\|G\|+\|G_T\|+\|s\|+\|M\|$	$5E$	$2P$
[33]－1	$2L\|G\|$	$2L\|G\|$	$L\|G\|$	$2LE$	$2LP$
[33]－2	$L\|G_1\|$	$L\|G_1\|$	$L\|G_1\|$	LE	LP
[33]－3	$4(2R+1)\|G\|$	$8(R+1)\|G\|$	$2(R+2)\|G\|$	$2(R+2)E$	$2(R+2)P$
[34]－1	$\|G\|$	$\|d\|$	$2\|G\|$	$2E$	E
[34]－2	$(n+1)\|G\|$	$2(n+1)\|d\|$	$(n+3)\|G\|$	$(n+1)E$	$2(n+1)E$
[38]	$\|pk\|$	$\|sk\|$	$\|ct\|+\|s\|+\|M\|$	$\|en\|$	$\|de\|$
[51]	$(K+J+1)K\|G\|$	$(K+J)\|G\|$	$(K+3)\|G\|$	$(3K+1)E$	$(K+J)P$
[66]	$\|G\|+\|G_T\|$	$\|G\|$	$\|G\|$	$2E$	$2E+2P$
[70]－1	$(n+4)\|G\|+\|G_T\|$	$(n+3)\|G\|$	$(n+2)\|G\|+\|G_T\|$	$(n+3)E$	$(n+2)P$
[70]－2	$(n+3+D)\|G\|+\|G_T\|$	$(n+2+D)\|G\|$	$(n+2)\|G\|+\|G_T\|$	$(n+3)E$	$(n+2)P$
[70]－3	$(n+3+U)\|G\|+\|G_T\|$	$(n+2+D)\|G\|$	$(n+2+n_1)\|G\|+\|G_T\|$	$(n+2+n_1)E$	$(n+1+2\|S\|)P$

在表 1－2 中，P 表示配对(双线性映射)计算；E 表示群中指数计算；$|G|$、$|G_1|$ 和 $|G_T|$ 分别表示群 G、G_1 和 G_T 中元素的长度；$|q|$ 表示 Z_q 中元素长度，$|d|$ 表示 Z_p 中元素长度；$|s|$ 表示随机数种子长度；$|M|$ 表示明文长度；$|pk|$、$|sk|$ 与 $|ct|$ 分别表示依赖的基础方案或 HPS 中的公钥、私钥与密文长

度；$|en|$和$|de|$分别表示依赖的基础方案加密和解密操作开销；$|t_1|$表示被封装的对称密钥长度；K、J 和 R 是正整数；$L=2R+2$ 是一个正整数；n 和 n_1 是正整数；B 是 IBE 方案中身份的比特长度。[20]-1 表示文献[20]中的第一个方案，其他以此类推。

从表 1-2 可以看出，很多方案的加解密开销和系统构造中的参数有关。Lewko 等人[70]给出了抗泄漏加密方案的精巧构造，但是加解密开销与控制泄漏量的参数 n 有关。

1.2.3　相关研究

(1) 抗泄漏签名

签名也是密码学中的一个重要原语，抗泄漏签名方案的研究成果主要是针对公钥密码体制的，具体如下：

文献[30,35]给出了抗有界泄漏安全的签名方案。这些方案容忍相对渗漏率几乎可以达 1。在标准模型中，Katz 和 Vaikuntanathan[35]提出的方案是基于通用原语（即一次性签名方案和非交互式零知识证明）构造的。Alwen等人[30]使用 Fiat-Shamir 变换[84]证明一些方案在随机预言模型中针对存储器攻击是安全的。

在公钥密码体制中，Alwen 等人[30]给出了第一个抗 BRM 模型中泄漏的签名方案。

Brakerski 等人[33]和 Dodis 等人[34]分别构造了持续的抗泄漏签名方案。这两篇文献考虑的持续泄漏都不需要满足“仅计算泄漏”的要求。

Yu 等人[85]提出抗持续泄漏的、完全安全的基于身份签名方案。Galindo和 Vivek[86]在通用的双线性群假设下给出了 CLR 签名方案。

Boyle 等人[52]和 Malkin 等人[87]独立给出了抗完全泄漏的签名方案。Huang 等人[88]提出抗泄漏的群签名方案。Tseng 等人[89]给出抗泄漏的无证书签名方案。Boyle 等人[52]基于线性判定假设使用单向关系来实例化方案。Malkin 等人[87]基于非交互式零知识证明系统（Non-Interactive Zero-Knowledge Proof System，简称 NIZKPS）使用相同的策略给出另一个实例。这些 NIZKPS 要么是可提取的，要么是统计意义上基于公共参考字符串（CRS）证据不可区分的。Malkin 等人[87]为了区分有损或可提取的标签，CRS 使用 Waters[90]所给的方法。Boyle 等人[52]的方案也可以扩展到持续泄漏模型。Boyle

等人[52]的方案更具有一般性，与之相比，Malkin 等人[87]的方案更高效。

在密钥泄漏函数是指数级很难可逆的情况下，Faust 等人[91]构造出选择消息攻击安全的签名方案。为了避免平凡的攻击（即泄漏可以简单地输出伪造签名），Yuen 等人[92]构造了一个选择性的抗辅助输入泄漏的签名方案。在选择性的 AIM 中，Yuen 等人[92]提出了第一个通用的完全 LR 签名方案结构，给出一个具体实例，解决了 Boyle 等人[52]提出的一个公开问题。

表 1-3 给出了主要抗泄漏签名方案泄漏弹性和安全性能比较，其中 SAI（Selective Auxiliary Input）表示选择性辅助输入模型；WAI（Weak Auxiliary Input）表示弱辅助输入模型；K-Linear 表 K 维的判定线性假设，SEDDH 表示对称的外部 DDH 假设，UOWHF（Universal One-Way Hash Functions）表示通用的单向哈希函数，HCRHFF（Homomorphic Collision-Resistant Hash Function Family）表示同态抗碰撞的哈希函数簇；SPR（Second-Preimage Resistance）表示第二原像抗碰撞的哈希函数簇；SNIWIA（Statistical Non-Interactive Witness-Indistinguishable Argument）表示统计意义上非交互式的证据不可区分证明系统；AIF（Auxiliary Input Functions）表示辅助输入函数；PHTILF（Polynomially Hard-To-Invert Leakage Function）表示多项式时间很难可逆的泄漏函数；EHILF（Exponentially Hard-to-Invert Leakage Function）表示指数级很难可逆的泄漏函数，* * * 表示该方案是基于其他方案构造而来。

表 1-3　主要抗泄漏签名方案的泄漏弹性和安全性能

方案	模型	数学难题	持续泄漏	泄漏量	泄漏模型	安全性
[30]	ROM	* * *	有	1	BRM	LR
[33]-1	标准	* * *	有	1/2	CLM	LR
[33]-2	标准	* * *	有	1/2	CLM	LR
[34]	标准	K-Linear	有	$1/(K+1)$	CLM	LR
[35]-1	标准	UOWHF	无	1	BLM	LR
[35]-2	标准	UOWHF	无	1/4	BLM	FLR
[35]-3	标准	HCRHF	无	1/2	BLM	FLR
[42]	标准	UOWHF	有	1/3	OCL	LR

续表

方案	模型	数学难题	持续泄漏	泄漏量	泄漏模型	安全性
[52]	标准	SPR、SNIWI	有	1	BLM	FLR
[87]	标准	SXDH	有	1	CLM	FLR
[91]-1	WAI	PHTILF	无	1	AI	LR
[91]-2	AI	EHILF	无	1	AI	LR
[92]	SAI	AIF、PHTILF	有	1	AI	FLR

从表 1-3 可以看出抗泄漏签名方案的研究成果主要是基于标准模型的，也有部分是基于辅助输入模型的。大部分方案允许的泄漏率可以接近于 1。

(2) 抗泄漏认证密钥交换协议

认证密钥交换协议(AKA)允许通信方在不安全的信道上通过交互来建立一个公用的密钥。它是应用比较广泛的密码学协议之一。为了应对密钥泄漏攻击，近期已有一些抗泄漏的 AKE 协议被提出。

Dodis 等人[51]指出有界泄漏模型中，安全的公钥加密也可以用于构造 AKE 协议。Moriyama 和 Okamoto[93]基于 ECK(Extended Canetti-Krawczyk)模型提出一种新的有界泄漏的 AKE 协议，并给出了两方隐含认证的抗泄漏的 AKE 协议。

Manulis 等人[94]提出第一个一轮的能保持原始方案效率和具有临时密钥泄漏安全的三方密钥交换(Tripartite Key Exchange，简称 3KE)协议。在文献[94]基础上，Chen 等人[95]考虑一个更强的模型：允许敌手获得临时密钥的泄漏和内部状态的泄漏。

针对两方认证密钥交换协议(Two-Party Key Exchange，简称 2KE)，在 ECK 模型中，Fujioka 和 Suzuki[96]提出了能容忍临时密钥泄漏的充分条件，并且提出了可接收多项式的概念。安全证明没有使用 Forking 引理[97]不会降低协议的安全性。可接收多项式的概念和 DDH 假定的广义形式[98]紧密相关。在 ECK 模型中，Fujioka 和 Suzuki[99]把基于公钥基础设施(Public-Key Infrastructure，PKI)的抗泄漏 AKE(PKI-AKE)的充分条件[96]应用到基于身份的密码体制中，获得抗泄漏的 AKE(ID-AKE)，在随机预言模型[100]中，基于间隙 Diffie-Hellman(Gap Bilinear Diffie-Hellman，简称 GBDH)假设[101]，证明 ID-AKE 协议的安全性；进一步，他们使用双 Diffie-Hellman 技巧[102]，基于 BDH(Bilinear Diffie-Hellman)假设证明构造的协议是安全的。Alawatugoda 和 Okamoto[101]通过内积提取器构造了标准模型下的抗泄漏认证密钥交换协议。Chen 等人[102]提出了抗辅助输入泄漏的认证密钥交换协议。Fujioka 等人[103]采取可接收多项式概念，针对 3KE 提出了能容忍临时密钥泄漏的充分条件。Ruan 等人[104]给出抗事后泄漏的基于身份认证密钥交换协议。

在 ROM 中，文献[105－106]分别给出抗密钥泄漏的 ID-AKE 协议。基于 ECK 模型，Fujioka 等人[107]提出分层的 ID-AKE 模型。

Alwen 等人[30]拓展 CK(Canetti-Krawczyk)模型到有界恢复场景，指出：在 BRM 下，一个抗泄漏的 AKE 协议可以由针对选择消息攻击熵不可伪造的安全数字签名构造。但是，到目前为止，还没有满足这样条件的签名方案被构造出来。

Yang 等人[108]首次考虑在辅助输入模型中构造抗泄漏的 AKE。在 ROM 中，Yang 等人[108]证明只要签名方案针对随机消息和辅助输入泄漏是安全的(这样的签名方案是存在的，比如 Faust 等人[91]给出的方案)，就足以用来构造在辅助输入模型下的安全的 AKE 协议。

在 2014 年，Alawatugoda 等人[109]提出了一种可变的抗事后泄漏安全的 ECK 框架，在有界或持续泄漏模型中，给出的协议能够取得和它依赖的方案一样的泄漏弹性。

Alawatugoda 等人[110]提出了一个抗持续泄漏的两方密钥交换协议的通用构造，即使测试会话被激活以后还允许泄漏，使用 Alawatugoda 等人[109]的持续泄漏模型的一个稍微弱的变体，证明了协议的安全性。

(3) 抗泄漏存储方案

文献[111]引入了抗泄漏存储思想(Leakage-Resilient Storage，简称 LRS)：一个抗泄漏的存储方案对秘密 S 编码，即使敌手获得编码的部分知识，也不能获得关于 S 的信息。文献[111]中抗泄漏存储的实例是基于二元内积提取器[112]的。但是，这个方案不能抵抗持续泄漏攻击。为了能抗持续的泄漏，Dziembowski 和 Faust[77]提出了基于内积编码的更新算法。

Dziembowski 和 Faust[77]针对满足如下三个特性的泄漏：(1) 每次调用中泄漏有界，总体泄漏可以任意，(2) 存储器部分是独立泄漏的，(3) 所用的随机数来自一个简单分布(非均匀分布)的边信道泄漏攻击,给出了一个通用的抗持续泄漏的构造。Dziembowski 和 Faust 首先构造了一个能抗持续存储泄漏的存储秘密信息的编码,然后通过对编码的更新来实现持续的抗泄漏性能。

基于 Dziembowski 和 Faust[77] 的思想,Dziembowski 和 Faust[113] 给出一种通用的编译器,把只要符合 Dziembowski 和 Faust[77] 给出的三个条件(比如分组密码)的任何方案转化成对应的可以抗持续泄漏的方案。Dziembowski 和 Faust[77] 是从信息论的角度来隐藏密钥,Dziembowski 和 Faust[113] 从计算的角度隐藏密钥。大多数密码方案也是从计算的角度隐藏密钥的。Andrychowicz[114] 给出了一个具有高效更新算法的抗持续泄漏存储(编码方案),编码完全更新秘密需要 $O(n)$ 操作,其中 n 是安全参数。

1.3 关键组件与证明技巧

1.3.1 抗泄漏的提取器

随机数提取器可以把具有一定熵的输入源转化为更加均匀的输出。基于这样的特点,它成为构造抗泄漏密码学方案的一个重要工具。随机数提取器作为很多密码学原语(如流密码[43]、伪随机函数[115-116]、签名[42]等)的组件,在抗泄漏公钥密码方案中也扮演重要的角色[20]。在这样的情况下,泄漏弹性证明通常依赖这样的事实:提取器一次调用中可以允许的信息泄漏量是有界的。要想从实用角度让这样的证明变得有意义,一个重要条件就是硬件设计者可以保证这样泄漏的界。为了获得这样效果,Standaert[117] 首次给出随机数提取器的实现和抗泄漏性能分析。Standaert[117] 分析了一个提取器的没有保护的软件实现,指出:如果不加注意的话,他们给出的提取器比 AES Rijndael 泄漏的信息还要多。这主要是因为提取器允许每个明文利用多个泄漏实例。

Medwed 和 Standaert[118] 与 Chen 等人[119] 从不同的方面对提取器的抗泄漏情况进行了相关研究。Medwed 和 Standaert[118] 从两个方面来进行研究:(1) 分析了一个用硬件实现的低耦合度提取器,硬件实现的重要目标是提高吞吐量和减少平行重复的泄漏;(2) 分析了提取器安全实现的隐藏对策的效果。

Chen 等人[119]研究在有保护措施的情况下,提取器在理论和实践中如何泄漏以及能泄漏到何种程度,并研究如何通过传统的应对措施来提高泄漏弹性。Chen 等人[119]具体讨论运用隐藏、混淆和二者结合等措施来提高密码学组件或原语在有边信道攻击下弹性泄漏水平。

Medwed 和 Standaert[118]与 Chen 等人[119]得出结论是令人振奋的,他们证明:随机数的硬件实现可以保证在测量次数有限的情况下允许有界泄漏。这也是为什么提取器可以作为抗泄漏密码构造组件的原因。

1.3.2 抗泄漏的伪随机产生器

大部分密码算法中需要使用随机数。如何抵抗随机数的泄漏引起了很多密码学研究者的关注。进一步来讲,随机数都来自某个随机源。所有密码函数的关键都是要有一个好的随机源。一般来说,随机源是由伪随机产生器(Pseudo Random Function,简称 PRG)产生的。

在有边信道攻击的情况下,设计抗泄漏的 PRG 至关重要。基于此,Yu 等人[120]做出两个贡献:(1) 在 ROM 中,指出一个遵从工程实践的 PRG 是可证安全的,然后讨论假设的相关性,论证这很好地捕获了边信道攻击。(2) 构造了第一个不用交替结构的 PRG,且这个 PRG 在标准模型中是可证安全的。为此,需要一个非自适应的泄漏函数和一个小的公开存储器。Yu 等人[120]设计的抗泄漏的 PRG 进一步缩小了可观测密码学理论和实践的间隙。

1.3.3 抗泄漏密码方案安全性证明技巧

在 LR 密码学原语的安全性证明中,主要有基于哈希证明系统方法和基于双系统加密方法。事实上,由 Cramer 和 Shoup[56]引入的 HPS 包含一个密钥封装机制。HPS 具有三个特征:正确性、有效和无效密文不可区分性、平滑性。正确性要求只有正确的密钥才能解密;有效和无效密文不可区分性体现了系统安全性;通过使用提取器,平滑性可以提供抗泄漏能力。文献[20,31,32,49,50,59,62]用 HPS 构建相关抗泄漏方案。

Waters[71]提出双系统加密思想,密钥和密文呈现两种形式:半功能态和正常态。正常态的密文可以用半功能态和正常态两种密钥解密，半功能态的密文只能用正常态的密钥解密。为了实现抗泄漏功能，引入了名义上半功能密钥。对攻击者来说，名义上半功能密钥是随机的，但模拟者可以使用它解密两种形式密文。比如，Lewko 等人[70]较好地使用了这种技术。证明中会借助一系列游戏，这些游戏都是真实安全性游戏的修改版。系列游戏中的第一个游戏是真实的安全性游戏，在最后一个游戏中敌手没能取得任何优势，证明连续两个游戏在敌手看来是不可区分的。

1.4 存在的主要问题

尽管很多密码学专家和研究者进行了抗泄漏密码学研究且已经取得一些重要成果，但是这方面的研究才刚刚起步，还存在如下几个值得进一步研究的问题。

(1) 在更广泛的公钥密码学体制中构造抗泄漏密码方案

现有文献中的抗泄漏方案主要是基于传统的公钥密码体制和基于身份密码体制。在基于证书的密码(Certificate-Based Encryption，简称 CBE)体制中还没有抗泄漏的方案。可能的原因之一是基于证书的密码体制中要考虑两类敌手，这增加了构造抗泄漏安全方案的难度。CBE 克服了 IBE 中的密钥托管和密钥分发问题，具有很好的应用价值。因此，非常有必要研究在基于证书体制下如何构造抗泄漏的加密方案。

(2) 研究具有特殊性质的抗泄漏基于属性加密方案

在基于属性密码体制中，尽管文献[70,121]已经开始考虑基于属性加密的抗泄漏问题。但是，对于具有特殊性质的基于属性加密方案[122 - 125](分层的基于属性加密、高效的基于属性加密、具有属性撤销功能的基于属性加密等)，到目前为止，还没有相关的抗泄漏方案，而且这些具有特殊性质的基于属性加密都具有重要的功能。因此，具有特殊性质的抗泄漏基于属性加密值得进一步研究。

(3) 构造高效的抗泄漏公钥密码方案

已经有专家和学者考虑构造高效的抗泄漏方案，文献[60,126,127]构造了高效的抗泄漏的加密方案。给出的方案是对普通的(非高效的)抗泄漏方案的改进,通过适当减少一些参数来提高系统的性能。这在一定程度上确实提高了系统的效率。但是,这些方案一般都需要若干个双线性对运算,用时稍长。那么,还可以从另外的角度来考虑构造高效的抗泄漏方案,比如构造不需要双线性对运算的抗泄漏方案。此外,由于近期被提出的双系统加密技术能提供方案的完全安全性,所以逐渐被用于抗泄漏方案的构造。基于双系统加密技术构造的抗泄漏方案一般是基于合数阶群的。因为,通常来说基于素数阶群构造的方案效率要比基于合数阶群构造的方案效率要高。所以,构造基于素数阶群抗泄漏方案值得深入思考。

(4) 构造能抵抗主私钥泄漏的密码方案

现有的抗泄漏方案主要能抵抗私钥的泄漏攻击。虽然 Lewko 等人[70]考虑到基于属性密码方案中主私钥泄漏的情况,但是在基于证书密码体制中还没有能抵抗主私钥泄漏的密码方案。

1.5 本书主要研究内容

针对抗泄漏密码学研究存在的主要问题,本书主要从以下几个方面对公钥密码学中的抗泄漏加密算法进行创新研究。

(1) 构造抗泄漏的基于身份广播加密方案

基于身份的广播加密(Identity-Based Broadcast Encryption,简称IBBE)是一类重要的广播加密。边信道攻击可能导致密码系统中密钥的泄漏。基于此,本书给出具有持续泄漏弹性的 IBBE(CLR-IBBE)的形式化定义和安全模型。构造一个抗私钥持续泄漏的 IBBE 方案。通过私钥更新算法实现持续的抗泄漏功能。基于通用的子群判定假设,结合双系统加密技术对方案的安全性进行证明。给出了泄漏性能分析,私钥的相对泄漏率可以达到 1/3,并通过实验验证系统具有较好的性能。

(2) 对分层的基于属性加密方案进行抗泄漏方面研究

分层的基于属性加密(Hierarchical Attribute Based Encryption,HABE)是一类重要基于属性加密:把 ABE 延展到密钥可以授权的情况。当系统中有很多属性时,ABE 系统的私钥产生中心必须投入大量的精力来管理密钥。在这样的情况下,HABE 可以通过密钥分层管理来减轻密钥产生中心的负担。本书给出了抗密钥持续泄漏的分层的基于属性加密方案(CLR-HABE)的形式化定义和安全模型,通过双系统技术设计了第一个CLR-HABE方案。基于通用的子群判定假设,证明了方案的安全性。构造了一个密钥更新算法,使给出的方案具有持续抗泄漏的性能。方案可以同时抵抗主私钥和私钥的泄漏。给出了抗泄漏性能分析,并通过实验分析有关参数对系统的影响。

(3) 构造基于辅助输入模型的抗泄漏密钥策略基于属性加密方案

由于在BLM和CLM模型中,要求泄漏函数从信息论角度不能揭露整个私钥。比如,私钥简单置换在AIM中是允许的,但是,它在信息论的角度揭露了整个私钥,这在有界泄漏模型中是不允许的。所以,AIM模型包含了更广类型的泄漏函数。本书也对此进行了研究,在比较强的辅助输入泄漏模型中,提出能抵抗持续辅助输入泄漏的密钥策略的基于属性加密(CAI-KP-ABE)的形式化定义和安全模型,设计一个具体的CAI-KP-ABE方案。基于三个静态假设,通过双系统加密技术证明了CAI-KP-ABE方案的安全性。

(4) 研究抗泄漏的基于证书加密方案

基于证书加密是一种新的密码学原语,可以用于构造公钥基础设施。但是,目前还没有抗泄漏的基于证书的加密方案。现有的基于证书加密方案在完整私钥是绝对保密的假设下被证明是安全的。然而,实际的边信道攻击使攻击者能够容易地获得密钥的部分信息,从而使上述假设无效。本书提出具有抗泄漏性能的基于证书加密方案的形式化定义和安全模型。构造了第一个抗泄漏的基于证书加密方案。方案包含一个基于证书的密钥封装机制和一个对称加密算法。被封装的信息是用于加密消息的对称密钥。为了获得泄漏弹性,用一个二元提取器来重新随机化对称密钥。设计的方案可以抵抗对称密钥熵的泄漏。类似于传统的基于证书加密(CBE)的安全模型,在本书的抗泄漏基于证书加密(LR-CBE)中类似地考虑了两种类型敌手。类型Ⅰ敌手$\mathcal{A}_1$是恶意用户:允许替换公钥,但不知道主私钥。类型Ⅱ敌手$\mathcal{A}_2$是不诚实的证书颁发机构(Certificate Authority,简称CA):拥有主私钥,但不允许替换公钥。在随机预言模型中,基于DBDH假设和DGBDH(Decisional Generalized Bilinear Diffie-Hellman)假设,证明所给的方案针对自适应选择明文攻击是安全的。就泄漏性能而言,设计的方案能够抵抗几乎整个对称密钥的泄漏,也就是说对称密钥的相对泄漏率几乎可以达到1。

(5) 研究能抵抗解密密钥泄漏和主私钥泄漏的基于证书加密方案

提出了能抵抗解密密钥泄漏和主私钥泄漏的基于证书加密方案(LR-CBE)的形式化定义和安全模型,并给出一个具体方案。在标准模型中,基于三个静态假设,利用双系统加密技术证明了方案的安全性。方案的构造使用了一个可变的正整数 n。如果可变参数 n 足够大的话,相对泄漏率可以达到1/3。进一步,通过实验具体分析泄漏参数对系统运行的影响。解密成本是与 n 线性相关的。为了使方案更有效,可以选取较小的 n,比如 $n=2$,这样解密操作只需要4个配对,这有利于实际应用。

1.6 本书内容安排

本书内容分为六章,每章主要内容如下:

第一章　绪论。简述抗泄漏密码算法的研究背景和意义,详细分析和阐述国内外抗泄漏公钥加密研究现状,对现有成果进行系统介绍与分析。最后指出抗泄漏密码研究几个值得关注的方面和不足之处,并介绍本书主要研究内容。

第二章　相关知识。对几种新的公钥密码体制进行了简单的介绍,对可证安全性原理和归约思想进行描述,对公钥加密安全模型进行了划分。最后着重介绍了本书用到的一些基本假设并给出公钥加密体制中抗泄漏的安全模型。

第三章　抗泄漏的基于身份广播加密方案。首先,给出具有持续泄漏弹性的IBBE的形式化定义和安全模型。其次,提出了具体的抗私钥持续泄漏的IBBE。再次,对方案进行安全性证明并具体分析了私钥的相对泄漏率。最后,对提出方案进行实验仿真。

第四章　抗泄漏的基于属性加密方案。首先,给出了抗密钥持续泄漏的分层的基于属性加密方案(CLR-HABE)的形式化定义和安全模型,提出了第一个CLR-HABE方案,给出了安全性证明、性能分析和实验验证。其次,给出了抗持续辅助输入泄漏(CAI)的KP-ABE形式化定义和安全模型,提出一个具体的CAI-KP-ABE方案并给出了安全性证明。

第五章 抗泄漏的基于证书加密方案。给出了抗泄漏的基于证书加密的形式化描述和安全模型。构造了两个具体的抗泄漏的基于证书加密方案。首先,用提取器技术构造了第一个抗泄漏的基于证书加密方案。在随机预言模型中,证明了方案的安全性。其次,构造了可以抵抗解密密钥和主私钥泄漏的基于证书加密方案。在标准模型中,利用双系统加密技术证明了方案的安全性。并比较提出的方案与相关方案的性能,进一步通过实验进行验证。

第六章 总结和展望。对本书主要研究成果和创新点进行总结,并指出可以进一步深入的研究方向。

主要章节关系如图 1-3 所示。

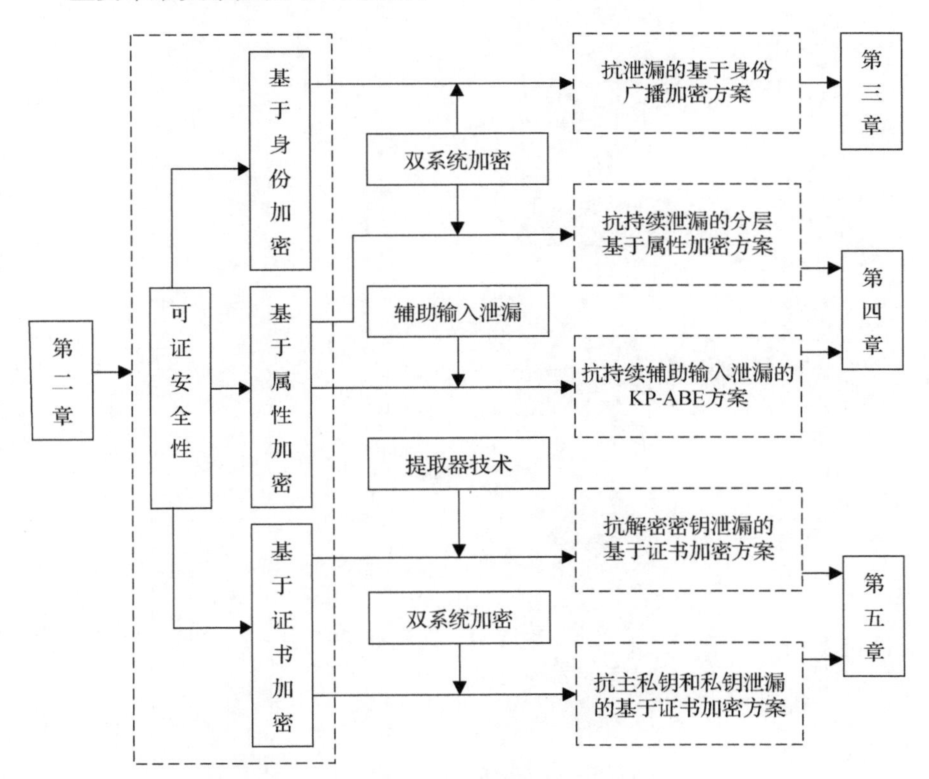

图 1-3 主要章节关系图

第二章

相关知识

本章首先简要地介绍几种公钥密码体制,简述可证明安全理论思想,结合安全目标和攻击能力来介绍安全模型,分析主要安全模型间的关系。其次,列出一些本书将用到的基本概念和困难问题假设。最后,给出一般公钥加密方案的形式化定义和抗泄漏安全游戏,以此来说明抗泄漏安全模型的基本框架。

2.1 公钥密码体制

公钥密码体制也称为非对称密钥体制。1976年，Diffie 和 Hellman[128]提出公钥密码体制概念。在公钥密码学中，每个用户拥有一个密钥对：一个公钥和一个私钥。

要求从公钥推导出私钥的信息在计算上是不可行的。这对密钥是由用户自己生成或者通过一些中央授权方来生成。在加密方案中，发送者用接收者的公钥加密消息，接收者用自己的私钥解密密文。和对称密码体制相比，发送方和接收方不需要通过安全信道来分享一个对称密钥。公钥密码学的主要好处是它允许人们经过非安全的信道来安全交换消息。所有的通信只涉及公钥，私钥是不用传递和分享的。

鉴于公钥的重要性，公钥密码中的一个主要问题是公钥认证。事实上，如果恶意攻击者能向别人证实它选的公钥是某个用户的，则可解密那些本来加密给该用户的消息或伪造该用户签名。这样，在一个公钥密码系统中，参与方对其他用户公钥有效性进行验证是至关重要的。

2.1.1 传统公钥密码体制

保证公钥真实性的传统方法是使用公钥基础设施[129]。公钥基础设施(PKI)经常需要和其他几个认证中心配合，每个中心具有不同的任务：认证机构(Certificate Authority，简称 CA)验证公钥的正确性，注册机构(Registration Authority，简称 RA)负责认证程序，验证机构(Verification Authority，简称 VA)保证证书的有效性，时间戳认证中心(Time Stamp Authentication Center，简称 TSAC)对电子文档添加时间。一个用户向 CA 证实自己身份(通过认证协议)，并把自己的公钥提交给 CA。接下来，用户提供拥有相应私钥的证据(这通常是通过用私钥对证书请求的签名来实现)。如果 CA 证实用户确实拥有公钥对应的私钥，它就发布一个包含用户身份、公钥和相关信息的证书，并用自己的私钥进行签名。参与者要想和某个用户进行安全通信需要查找 CA 发布的证书目录，一个 CA 的有效签名将向他们证实公钥有效性。为了简单起见，有时把所有的这些中心总称为 CA，CA 完成所有这些任务。

证书的存储、撤销和发布是公钥密码系统的瓶颈。为了解决这个问题，密码研究者提出了下面几种“新型”的公钥密码体制。

2.1.2 基于身份加密

传统的公钥加密系统需要认证机制安全分发公钥，事实上它必须运行在一个复杂的“公钥基础设施”结构之上。

为了解决这个问题，Shamir[130]提出基于身份的加密(IBE)概念。IBE是一种特殊类型的公钥加密，公钥可以是任意的可以标识用户身份的字符串，如电子邮件地址、身份证号码等。相应的私钥由私钥生成中心(Private Key Generator，简称 PKG)生成并提供给相关的用户。作为这样一个有意义的字符串可以自然地与用户联系起来，在 IBE 中不需要认证机制确保公钥属于某一个用户。

相比传统的 PKE，IBE 具有很大的优势。因此，IBE 激起了密码学研究者的极大兴趣，涌现出了大量研究成果。在 2001 年，Boneh 和 Franklin[131]给出了 IBE 正式的安全定义，并提出了基于椭圆曲线上有效可计算双线性映射(即配对)的第一个实用的 IBE 系统。

第一个在标准模型中可证安全的 IBE 是由 Boneh 和 Boyen[132]提出的。后来，Waters[90]提出高效的 IBE，并在标准模型中证明了方案的安全性。这些工作激励相关原语的进一步研究，其使用的哈希函数更是被用于不同的密码学原语。

需要指出的是，所有 IBE 方案几乎都是基于对称配对的。Kiltz 和 Vahlis[133]考虑到非对称配对的使用可能性。基于此，2009 年 Waters[71]构造了基于非对称配对的 IBE。

2.1.3 基于证书加密

为了克服传统 PKI、IBE 的弊端，在 2003 年欧洲密码学会议上，Gentry[134]提出了基于证书的加密(CBE)概念。相比传统的 PKI，CBE 提供一个有效的隐式认证机制。此外，CBE 允许一个定期更新的证书状态，同时取消了在传统 PKI 中第三方的证书状态查询。在 CBE 中，每个用户生成自己的公钥和私钥对且从 CA 处请求一个长期的证书(这点与传统的 PKI 体系一样)。但是，CA 产生长期证书以及短期证书(即证书状态)。一个短期证书只被发送给公钥和私钥对的所有者，且作为部分的解密密钥。短期证书也起到传统公钥证书的作用。这样，不需要发送方检查证书的存在，因为他知道如果没有相应的证书，密文无法解密。因此，CBE大大减轻证书管理负担。这些额外的功能提供了一个隐式认证机制，要求用户使用自己的私钥和从CA处获得的一个最新证书来解密密文。此外，CBE没有密钥托管和密钥分发问题。CBE没有密钥托管问题，因为作为解密的两个不可或缺方面之一的私钥是由用户自己产生，不是PKG生成的。此外，不同于IBE，CBE没有密钥的秘密分发问题，因为在CBE中每个用户的认证不需要保密。

在CBE中，由于缺乏证书检验，恶意参与方可以用假公钥替换某个实体的真实公钥，那么其他实体若用这个虚假的公钥进行加密就会被欺骗，这被称为密钥替换攻击。为此，CBE安全性中攻击者被分为两种类型：类型Ⅰ攻击者和类型Ⅱ攻击者。类型Ⅰ攻击者是恶意的外部攻击者：可以替换用户公钥，但不知道PKG的主私钥。类型Ⅱ攻击者是恶意的PKG：生成主私钥和证书但不允许替换公钥。需要信任PKG为授权方，也就是它永远不会替换任何用户的公钥。否则，没有CBE是安全的：因为授权方可以平凡地生成一个公钥和私钥对，并签发证书生成解密密钥。

自从CBE的概念被提出以来，已有很多具体的加密和签名方案被提出[135-142]。另外，也有一些通用的构造方案被提出。

Yum和Lee[143]提供了关于IBE、无证书公钥加密(CLE)[144]和CBE等价性定理。Yum和Lee指出IBE隐含CBE和CLE，且给出从IBE得到CBE和CLE的通用结构。

Lu等人[145]给出了不需要配对运算的基于证书可搜索加密方案。Li等人[146]提出了具有固定解密开销的匿名的基于证书广播加密方案。

2.1.4 无证书公钥加密

Al-Riyami和Paterson[144]提出了无证书公钥加密(Certificateless Encryption，简称CLE)的概念，主要也是为了克服传统PKI、IBE的弊端。在CLE中，每个用户有两个秘密：由PKG生成的秘密值和由用户选择的部分私钥。完整的私钥是以秘密值和部分私钥作为输入函数的输出，因此私钥只有用户自己知道。因此，一方面，与IBE比较，CLE不存在密钥托管，因为PKG不能访问用户的秘密值；另一方面，不同于传统的PKE，CLE不需要证书来保证公钥的真实性，因为除了 PKG 之外的任何攻击者均无法知道部分私钥信息，这样就不能进行认证或替换公钥。

由于缺乏证书检验，恶意参与方可以用假公钥替换某个实体的真实公钥，那么其他实体如果用虚假的公钥进行加密就会被欺骗，遭受到密钥替换攻击。为了定义 CLE 安全性，攻击者被分为两种类型：类型Ⅰ攻击者和类型Ⅱ攻击者。类型Ⅰ攻击者是恶意的外部攻击者：可以替换公钥，但不知道 PKG 的主私钥。类型Ⅱ攻击者是恶意的 PKG：生成主私钥和部分私人密钥但不允许替换公钥。需要信任 PKG 为授权方，也就是它永远不会替换任何用户的公钥。否则，没有 CLE 是可以安全的：因为授权方可以平凡地生成一个公钥和私钥对，并产生部分私钥生成解密密钥。

虽然 CBE 和 CLE 是独立提出的，但是两者在概念上可以看作是传统的 PKE 和 IBE 之间的中间体，都是寻求简化证书管理而避免 IBE 密钥托管问题。CBE 和 CLE 也有明显不同，CBE 具有公钥证书但 CLE 没有。因此，一个自然的问题是要探索这两个概念之间的关系。

2005，Al-Riyami 和 Paterson[147]提出从一个安全的 CLE 方案到一个安全的 CBE 方案转换方法并证明了其安全性。不久，Kang 和 Park[148]指出 Al-Riyami 和 Paterson[147]转换中安全性证明的一个关键错误。错误发生在对类型Ⅱ攻击的安全性证明中，但证明可以适用类型Ⅰ的攻击。Wu 等人[149]提出了一种从 CLE 到 CBE 可证安全的通用转换。Shen 等人[150]提出了适合无线网络的轻量级无证书数据传输协议。关于 CLE 的综述，请参考张福泰等人[151]的文献。

2.1.5　基于属性加密

为了解决传统公钥密码系统应用于分布式网络中存在的缺陷和复杂信息系统访问控制中的细粒度问题，在 2005 年，Sahai 和 Waters[152]开创性地提出基于属性加密（ABE）的概念。ABE 机制可以实现非常灵活的访问控制方式，因此在分布式环境中具有广泛的深入应用，比如精细化的访问控制、定向广播、隐私保护和组密钥管理等[153]。Goyal 等人[154]扩展了 ABE 的概念，把 ABE 划分为基于密钥策略 ABE（Key-Policy Attribute Based Encryption，简称 KP-ABE）和基于密文策略的 ABE（Ciphertext-Policy Attribute Based Encryption，简称 CP-ABE）。在 KP-ABE 中，解密密钥与访问控制策略相结合,而密文结合相应的属性集,用户可以解密数据的条件是:密文对应的属性集合能符合用户密钥所对应的访问控制策略。在 CP-ABE 中,解密密钥仅仅和属性集结合,密文与访问控制策略相结合,这与 KP-ABE 恰好相反,用户可以解密数据的条件是:用户私钥对应的属性集合符合密文相应的访问控制策略。

KP-ABE 方案适合查询类的业务,用户对接收消息提出具体要求,如视频点播服务、付费影视系统、数据业务访问等;而 CP-ABE 适合对访问进行控制的应用,发送者确定访问密文具体策略,如远程医疗系统、社交网站等。

近年来,很多专家和学者对 ABE 进行了深入的研究,获得了大量可证明安全的方案[155-159]。

2.2 可证安全性

在过去相当长的时间内,密码学方案的设计处于非常被动的状态。这主要是因为密码方案的安全性证明受到制约,一般依赖于实际证据来证明:首先设计出密码方案,然后等待被攻破,一旦被攻破,就修改方案,周而复始地重复该过程。很显然,这样的方式存在两个不足之处;第一,可能经过很多次修改之后的方案还是不安全的;第二,即使一个方案很长时间内都没有被攻破也不能说明它是安全的。经过密码专家的深入研究,发现某些公认困难问题与密码方案的安全性有很大关系。

Goldwasser 和 Micali[160]首次提出了著名的安全性证明思想:在一些被广泛认可的计算难题假设下,密码学方案的安全性是能够被证明的。这样的证明方法称为可证安全性或可证明安全性。因为密码学原语在信息安全领域中起到举足轻重的作用,所以密码算法或方案的安全性就特别重要。因此,可证安全性是密码学方案的根本需求。

可证安全性的基本思想是:首先选定一个或多个不可解的公认困难问题,然后将密码算法或方案的攻破转换到公认困难问题的求解。因为公认困难问题的难解性,所以密码方案被攻破是不可能的,因此方案的安全性得到证明。可证安全性思想使得密码算法研究者在算法被攻破之前便能够给出攻击模型并对安全性进行证明,这样在给定安全模型下,能够防止某些未知的攻击。因此,这种思想是正确且合理的。把其中对攻击者能力进行转变的方式称为归约。

具体来说,可证安全性的形式化过程是通过攻击者与挑战者之间的安全游戏来体现的。在游戏中要借助预言机(Oracle)的使用。在安全性游戏中,攻击者在有限次询问预言机之后可以获得攻击密码方案的一些能力,证明者要证明这种攻击能力与某个困难问题假设矛盾或这种攻击能力是不存在的,同时证明中会给出攻击成功的概率和需要时间等量化结果。

因为本书是对公钥加密方案进行研究,那么就以公钥加密为例来说明可证安全的具体过程。假设具有较好性质的困难问题已经存在,安全性证明过程具体如下:

(1) 确定一个攻击者模型并给出加密方案的安全性定义;

(2) 基于一个或几个特定的困难问题构造具体加密方案,具体分析方案是否满足安全性定义要求;

(3) 证明攻破该密码方案的唯一方法是攻破给定的困难问题。

起初,对公钥加密方案的研究引出了可证明安全思想。现在,可证安全性已成为绝大多数密码方案最基本的要求。Bellare[161]给出了面向实际应用的可证安全性思想,通过量化方式为密码方案提供相应的安全性结论。在现代密码研究领域,可证安全理论已经成为一个热点。

可证明安全性理论是由安全模型、困难问题假设和归约证明这三个要素组成,对于安全模型的介绍会在第三小节给出。此处,简单介绍困难问题假设和归约证明。

对于困难问题假设:一般认为困难问题假设越弱,方案的安全性越好,比如一个基于陷门单向函数的公钥密码方案,为了得到方案的可证安全性,需要的唯一假设是该单向函数是难解的。

对于归约证明,关键之处是如何巧妙地把给定的困难问题嵌入到密码方案中。在证明中,构造出的算法要可以为攻击者提供一个合理的模拟攻击环境,让攻击者在该环境中可以最大程度地发挥出相应的攻击能力,另外,要求攻击者在该模拟环境中得到的视图(View)与真实环境产生的视图是不可区分的。攻击者通过询问预言机来获得相应视图。预言机可以分为随机预言机和非随机预言机两种。因此,可证安全可以分为随机预言模型和标准模型。关于比较系统的可证明安全性理论,请参考文献[162]。

2.2.1 随机预言模型

文献[100,163]提出了随机预言模型(ROM)。在用于获得方案安全性的任何安全游戏设计中,假定敌手和挑战者等所有参与方都可以使用一个随机预言机。在密码方案中,随机预言机可以看成理论上的一个黑盒子:对于攻击者的每一个询问,随机预言机从输出域中选择一个随机值来响应,对于已经查询过的点,它返回与第一次返回相同的值。换言之,一个随机预言机就是一个随机函数。由于在现实世界中,真正的随机函数不存在,当在理想世界使用这些原语时,随机预言机的作用是通过一个安全的哈希函数来体现的。启发式的思想是:只要安全的哈希函数功能足够接近随机预言机,则使用哈希函数替代该随机预言机的密码方案也继续保持安全性。这个方法已经导致许多可证明安全(在 ROM 中)且实际有效的方案产生。

基于随机预言模型的可证安全性的基本思路:在归约证明中,挑战者来模拟随机预言机的行为,事实上,针对特定的困难问题,挑战者把看似随机的输入当作随机预言机的输出并发送给攻击者,借助于对随机预言机的灵活使用,挑战者利用攻击者的能力来解决困难问题。

在 ROM 中,挑战者在安全游戏中为攻击者模拟随机预言机。这种为攻击者模拟随机预言机的能力使挑战者能够解决一些困难问题,从而导致攻击者在安全游戏中可能获胜。模拟随机预言机的能力在两个方面增加挑战者的能力[164]:

第一,挑战者可以观察敌手查询随机预言机的输入点,称这种能力为挑战者的可观测性。

第二,挑战者可以控制输入点上随机预言机的响应,通常在响应中嵌入一些困难问题的实例,称挑战者的这种能力为可编程能力。

ROM 是一种在理想计算模型中证明密码方案安全性的模型[165]。实际上,在理想计算模型中证明密码方案安全性的模型还有理想密码模型和通用群模型[166]。其中,最广受关注的是 ROM 模型。Coron 等人[167]证明了 ROM 模型和理想密码模型的等价性。

可证安全中随机预言模型功不可没,但是由于随机预言机是通过哈希函数来模拟的,而实际上哈希函数不是真正随机的,所以 ROM 方法引起了很大争议[168]。Canetti 等人[168]就给出了这样的方案,在 ROM 中是安全的,但事实上是不安全的。虽然存在如此缺点,但是不能就说 ROM 模型中的方案没有任何用处,事实上 ROM 还是起到了很大的作用[169]。

2.2.2 标准模型

如 Canetti 等人[168]所述,随机预言机用哈希函数来实例化受到很多学者的质疑。这样的话,在可证明安全中,把随机预言机去除会更加令人信服,这就是所谓的标准模型。

标准模型,是指安全证明中不需把哈希函数看成是理想的随机函数,只要给定一些标准的困难问题假设,比如计算离散对数是困难的。

基于标准模型的可证安全性归约中,攻击者攻破方案的难度直接转变成挑战者攻击困难问题的难度,这个过程不需依赖于其他的假设或工具(比如随机预言机)。模拟者为攻击者提供的视图不用通过哈希函数来实现,因此哈希函数的实例化是否安全在标准模型证明中就不太重要了。这正是标准模型的优点。

在标准模型的证明中,由于没有对哈希函数的询问,所以通常需要更大的计算量来构造密码方案。这样,标准模型中构造的方案效率一般比随机预言模型中设计的方案要低。Okamoto[170]表明,在标准模型中构造的一些密码方案的效率已与随机预言模型中设计的方案效率达到了相应的水平。现在,构造标准模型中的方案已成为公钥密码学中一个热点研究问题。本书主要是构造可证安全的基于标准模型的加密方案。

2.3 安全性定义

安全性定义是密码方案安全性描述的关键所在。在可证安全性理论体系中,密码学方案安全性应该考虑两个方面:安全目标和攻击能力。因为本书主要是构造可证安全的基于标准模型的加密方案,所以,在本小节中,主要考虑公钥加密的安全性概念。

2.3.1 安全目标

语义安全性(Semantic Security,简称 SEM)[160]:攻击者即使知道密文,能推算出关于明文的信息也不比没有知道密文时要多。

不可区分性(Indistinguishablility,简称 IND)[160]:攻击者发给挑战者两个明文,挑战者随机选择一个来加密生成密文并发给攻击者,攻击者无法以明显高于 1/2 的概率猜出挑战者是对哪个明文的加密。

不可延展性(Non-malleable,简称 NM)[171]:给定某个密文,攻击者不能构造一个和该密文有关的新密文。

明文可识性(Plaintext-aqware,简称 PA)[172]:攻击者在不知道对应的明文时,不能以不可忽略的优势构造一个对应的密文。

2.3.2 攻击能力

对于加密方案而言,敌手的攻击能力主要有如下三种:

选择明文攻击(CPA):敌手可以选定任何明文,然后向挑战者询问对应的加密。所有公钥密码方案必须满足这种安全性,原因是攻击者知道加密的公钥,因此,可以选择任意明文进行加密询问来实现选择明文攻击。

非自适应选择密文攻击(CCA1)[173]:攻击者除了能得到公钥还可以访问解密预言机,允许攻击者在获得目标密文前对解密预言机询问,但得到密文后不能询问解密预言机。这种攻击也称为“午餐攻击”。

自适应选择密文攻击(CCA2)[174]:攻击者除了能得到公钥,还可以访问解密预言机。只是攻击者在获得挑战密文后,也可以进行解密询问。要求不能对挑战密文进行解密询问。这种攻击称为自适应的,是指敌手可以依靠挑战密文来进行解密询问。它给攻击者最强的攻击能力。

攻击能力最弱的是选择明文攻击,其次是非自适应选择密文攻击,攻击能力最强的是自适应选择密文攻击。

2.3.3 安全模型

通过对安全目标和攻击方式进行组合,可以得到相应的安全性概念,比如把公钥加密中通常考虑的不可区分性和攻击者能力进行组合,便可得到安全模型:选择明文攻击不可区分性(IND-CPA)(也称为语义安全)、非自适应选择密文攻击不可区分性(IND-CCA1)、自适应性选择密文攻击不可区分性(IND-CCA2)。事实上,IND-CCA2 隐含了 IND-CCA1,IND-CCA1 隐含了 IND-CPA。这样,IND-CCA2 具有最高的安全性。大量文献称 IND-

CCA2 为自适应 CCA。类似进行定义，可以得到：NM-CPA、NM-CCA1、NM-CCA2 等。

上述给出的安全模型都没有考虑边信道攻击，在边信道攻击中，攻击者可以通过电磁测量、故障检测或时序信息来获得系统部分秘密信息。这样，相当于攻击者的能力变强。在具体的安全游戏中，攻击者通过泄漏询问来实现。

2.3.4　各种安全模型之间关系

对于上面定义的各种安全性，它们之间存在有一定的关系。对于 CPA 来说，不可区分性和语义安全性是等价的[160]。Bellare 等人[175]给出了一些安全模型之间的关系，如图 2-1。

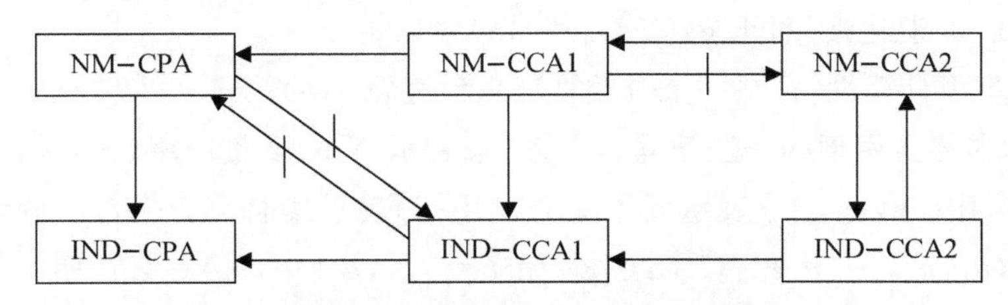

图 2-1　不可延展安全模型和不可区分安全模型关系

在图 2-1 中，A→B 表示满足安全模型 A 的方案一定满足安全模型 B。如果 A→B 的箭头上有条杠，表示满足安全模型 A 的方案未必满足安全模型 B。

对不可延展性的形式化表述是比较困难的，但是 Bellare 和 Sahai[176]证明了 NM-CCA2 与 IND-CCA2 的等价性，所以对 NM-CCA2 的讨论可以转化为对 IND-CCA2 的讨论。一般情况下，只讨论 IND-CCA2 安全性。在不至于引起混淆时，有时称 IND-CCA2 为 IND-CCA 安全的。

明文可识性可以用于实现 IND-CCA2，现有的许多安全性为 IND-CCA2 的方案是采用这样的方式获得的：先实现 IND-CPA 安全性，再通过 PA 达到 IND-CCA2 安全性。

在 IND-CPA 和 IND-CCA 之间存在非常有效的通用构造方法[177]，因此可以很容易地将具有 IND-CPA 安全的公钥加密方案转化为 IND-CCA 安全的对应方案。

2.4 基本概念和困难问题假设

在可证明安全性理论中，对方案的安全性证明通常归约到一些困难问题。本节简要介绍一些本书将要用到的基本概念和一些困难问题假设。

(1) 双线性映射

定义 1：假设 G 和 G' 是阶为 q 的乘法循环群。g 是 G 的一个生成元，双线性映射 $e: G\times G \to G'$ 满足如下条件：

(a) 双线性：任给 $g,h\in G$ 和 $a,b\in Z^*$，$e(g^a,h^b)=e(g,h)^{ab}$；

(b) 非退化性：对于 $g,h\in G$，$e(g,h)\neq 1_{G'}$；

(c) 可计算性：存在一个有效算法来计算 $e(g,h)$。

本书将要用到的一些记号：用 $|X|$ 来表示 X 的度量。用 $\langle\cdot,\cdot,\cdot\rangle$ 表示向量，用 $(\cdot,\cdot,\cdot)$ 表示元素集合。用 $[l]$ 表示集合 $\{1,\cdots,l\}$。假设 $g\in G$，$\vec{u}=\langle u_1,u_2,\cdots,u_n\rangle\in G^n$，$a\in Z_N$ 和 $\vec{b}=\langle b_1,b_2,\cdots,b_n\rangle\in Z_N^n$，用 $g^{\vec{b}}$ 表示 $\langle g^{b_1},g^{b_2},\cdots,g^{b_n}\rangle$，并用 $\vec{u}^a$ 表示 $\langle u_1^a,u_2^a,\cdots,u_n^a\rangle$。对于 $\vec{u}=\langle u_1,u_2,\cdots,u_n\rangle\in G^n$ 与 $\vec{\iota}=\langle \iota_1,\iota_2,\cdots,\iota_n\rangle\in G^n$，定义 $e(\vec{u},\vec{\iota})=\prod_{i=1}^{n} e(u_i,\iota_i)\in G'$。用 $\cdot$ 表示两个向量乘积（有时省略），用 $*$ 表示两个组元素对应的分量乘积。

(2) 访问结构

定义 2[178]：假定 $\{P_1,P_2,\cdots,P_n\}$ 是参与方的集合，一个集合 $\mathbb{A}\subseteq 2^{\{P_1,P_2,\cdots,P_n\}}$ 称为单调的，如果它满足条件：若 $B\in\mathbb{A}$ 和 $B\subseteq C$，那么 $C\in\mathbb{A}$。一个单调的访问结构是 $\{P_1,P_2,\cdots,P_n\}$ 的非空子集的单调集合 $\mathbb{A}$。也就是说，$\mathbb{A}\subseteq 2^{\{P_1,P_2,\cdots,P_n\}}\backslash\{\phi\}$。在 $\mathbb{A}$ 中的集合称为授权集，不在 $\mathbb{A}$ 中的集合称为非授权集。

在本书的抗泄漏基于属性加密方案中，属性充当参与方。

(3) 线性秘密分享

定义 3[178]：一个关于 Z_p 上的参与方集合 $\mathbb{A}$ 的线性秘密分享方案（Linear Secret Sharing Scheme，简称 LSSS）需要满足如下的条件：

(a) 所有参与方的分享组成 Z_p 上的一个向量；

(b) 存在一个分享产生矩阵 $\mathcal{A}$，假设 $\mathcal{A}$ 有 l 行和 m 列。对于 $\forall i\in\{1,$

$2,\cdots,l\}$，$\mathcal{A}$的第 i 行用一个参与方 $\phi(i)$来标识(ϕ 把$\{1,2,\cdots,l\}$映射到$\mathbb{A}$)。对于列向量 $\vec{\theta}=(s,\theta_2,\cdots,\theta_m)$，其中 $s\in Z_p$ 是被分享的秘密且 $\theta_2,\cdots,\theta_m\in Z_p$ 是随机选择的，$\mathcal{A}\vec{\theta}$ 是秘密 s 的 l 个分享组成的向量。用$\mathcal{A}_i$ 表示$\mathcal{A}$的第 i 行，则 $\lambda_i=\mathcal{A}_i\vec{\theta}$ 是属于参与方 $\phi(i)$的分享。

根据文献[122,179]，如果 LSSS 的访问结构是$\mathbb{A}$且 S 是$\mathbb{A}$中的一个授权集($S\in\mathbb{A}$)，便在多项式时间内可以找出常数$\{\omega_i\in Z_N\}$使得：当 λ_i 是 s 的分享时，可得 $\sum_{i\in I}\lambda_i\omega_i=s$，其中 $I=\{i:\phi(i)\in S\}\subseteq\{1,\cdots,l\}$。

(4) 统计距离和最小熵

定义 4：随机变量 X 和 Y 之间的统计距离定义为 $SD=\frac{1}{2}\sum_{\omega\in\Omega}|\Pr(X=\omega)-\Pr(Y=\omega)|$。

定义 5：随机变量 X 的最小熵定义为 $H_\infty(X)=-\log(\max_x\Pr([X=x]))$，它是一个变量的不确定性的度量。随机变量 X 关于另一个随机变量 Y 的条件平均最小熵定义为 $\widetilde{H}_\infty(X|Y)=-\log(E_{y\leftarrow Y}[\max_x\Pr[X=x|Y=y]])$，它体现在变量 Y 的情况下，X 的不确定性的度量。

引理 1[180]：如果 X、Y 和 Z 是随机变量且 Y 有 2^λ 个值，那么 $\widetilde{H}_\infty(X|(Y,Z))\geqslant\widetilde{H}_\infty(X|Z)-\lambda$。

(5) 二元提取器

定义 6：一个二元函数 $\mathrm{Ext}:\{0,1\}^\mu\times\{0,1\}^\nu\rightarrow\{0,1\}^\gamma$ 被称为(k,ε)强的提取器[181]，如果满足如下条件：U 是$\{0,1\}^\gamma$ 的均匀分布，S 是$\{0,1\}^\nu$ 上的均匀分布，且只要 $X\in\{0,1\}^\mu$ 与 $H_\infty(X)>k$，就有 $SD((\mathrm{Ext}(X,S),S),(U,S))\leqslant\varepsilon$($\varepsilon$ 是可以忽略的)。

(6) 非交互式零知识证明系统

定义 7：假定 R 是语言 L 上的一个二元关系。对于$(x,w)\in R$，x 称为陈述，w 称为证据。一个非交互式的零知识(Non-Interactive Zero-Knowledge，简称 NIZK)证明系统包含三个算法(Gen，Prf，Ver)。算法 Gen 以安全参数 1^ϑ 为输入，输出公共参考字符串 crs。证明者运行算法 Prf，Prf 以(crs,x,w)为输入，如果$(x,w)\in R$ 则给出一个论证或证明 π。验证者运行算法 Ver，Ver 以(crs,x,π)为输入，输出“接受”或“拒绝”。如果关系 R 上算法(Gen，Prf，Ver)满足三个条件：正确性、完备性、零知识，就称(Gen，Prf，Ver)为关系 R 上的一个 NIZK 证明系统。

(7) 抗碰撞的哈希函数

定义 8:对于哈希函数 $\overline{H}:\{0,1\}^* \to \{0,1\}^k$,如果算法 A 能以超过 ε 的概率找到不同的原像使得它们的像相同,也就是 $\Pr[A(\overline{H})=(m_0,m_1):m_0 \neq m_1,\overline{H}(m_0)=\overline{H}(m_1)] \geqslant \varepsilon$,则称算法 A 在破坏 $\overline{H}$ 抗碰撞性时获得优势为 ε,其中优势是针对 A 的所有随机数。假如任何 PPT 敌手可以获得的优势都是可以忽略的,则称哈希函数是抗碰撞的。

(8) 合数阶双线性群

Boneh 等人[182]引入了合数阶双线性群概念。用 Ψ 表示一个合数阶双线性群生成算法。Ψ 以安全参数 ϑ 为输入,输出合数阶双线性群描述 $\Omega=\{N=p_1p_2p_3,G,G',e\}$,其中 p_1、p_2 和 p_3 是三个不同的 λ 比特长的素数(也就是说,$\log p_1=\log p_2=\log p_3=\lambda$)。$G$ 和 G' 是阶为 $N=p_1p_2p_3$ 的循环群。$e:G\times G\to G'$ 是一个双线性映射。λ 由安全参数来确定。

说明:如无特别指出具体底数,本书取对数操作(log)的底数均为 2。

用 G_{p_1},G_{p_2} 和 G_{p_3} 分别表示群 G 中阶为 p_1、p_2 和 p_3 的子群。用 $G_{p_1p_2}$ 表示群 G 中阶为 p_1p_2 的子群。如果元素 X 可以写成 G_{p_1} 中一个元素和 G_{p_2} 中一个元素的积,那么分别称这两部分为"X 的 G_{p_1} 部分"和"X 的 G_{p_2} 部分"。假设 $h_i\in G_{p_i}$ 和 $h_j\in G_{p_j}$ $(i\neq j)$,可得 $e(h_i,h_j)=1$。这样,G_{p_i} 和 G_{p_j} 是正交的。比如,具体显示 G_{p_1} 和 G_{p_2} 是如何正交的。假定 g 是 G 的一个生成元,那么,$g^{p_1p_2}$ 是 G_{p_3} 的一个生成元,$g^{p_1p_3}$ 是 G_{p_2} 的一个生成元和 $g^{p_2p_3}$ 是 G_{p_1} 的一个生成元。那么存在 α_1,α_2 使得 $h_1=(g^{p_2p_3})^{\alpha_1}$ 和 $h_2=(g^{p_1p_3})^{\alpha_2}$。因此,$e(h_1,h_2)=e(g^{p_2p_3\alpha_1},g^{p_1p_3\alpha_2})=e(g^{\alpha_1},g^{p_3\alpha_2})^{p_1p_2p_3}=1$。所以,$G_{p_1}$ 和 G_{p_2} 是正交的。

(9) 通用子群判定假设

假设合数阶双线性群描述 $\Omega=\{N=p_1p_2p_3,G,G',e\}$,其中 p_1、p_2 和 p_3 是三个不同的 λ 比特长的素数(也就是说,$\log p_1=\log p_2=\log p_3=\lambda$)。$G$ 和 G' 是阶为 $N=p_1p_2p_3$ 的循环群。$e:G\times G\to G'$ 是一个双线性映射。下面给出与合数阶双线性群有关的 6 个假设。

首先,回顾三个重要的假设[71,183,184]。对于 $i\in\{1,2,3\}$,假定 g_i 是 G_{p_i} 的生成元。

假设 1:假定算法 Ψ 生成合数阶双线性群。给定下述分布:

$\Omega=(N=p_1p_2p_3,G,G',e)\xleftarrow{R}\Psi$, $g_1\xleftarrow{R}G_{p_1}$, $X_3\xleftarrow{R}G_{p_3}$, $D=(\Omega,g_1,$

X_3)。没有敌手能区分 $T_1 \xleftarrow{R} G_{p_1p_2}$ 与 $T_2 \xleftarrow{R} G_{p_1}$。

敌手破坏假设 1 的优势定义为 $Adv_{\Psi,\mathcal{A}}(\vartheta)=|\Pr[\mathcal{A}(D,T_1)=1]-\Pr[\mathcal{A}(D,T_2)=1]|$。

如果对于每个 PPT 敌手来说,$Adv_{\Psi,\mathcal{A}}(\vartheta)$都是可以忽略的,则称假设 1 成立。

假设 2:假定算法 Ψ 生成合数阶双线性群。给定下述分布:

$\Omega=(N=p_1p_2p_3,G,G',e)\xleftarrow{R}\Psi, g_1, X_1\xleftarrow{R}G_{p_1}, X_2, Y_2\xleftarrow{R}G_{p_2}, X_3, Y_3\xleftarrow{R}G_{p_3}, D=(\Omega, g_1, X_1X_2, X_3, Y_2Y_3)$。没有敌手可以区分 $T_1\xleftarrow{R}G$ 与 $T_2\xleftarrow{R}G_{p_1p_3}$。

敌手破坏假设 2 的优势定义为 $Adv_{\Psi,\mathcal{A}}(\vartheta)=|\Pr[\mathcal{A}(D,T_1)=1]-\Pr[\mathcal{A}(D,T_2)=1]|$。

如果对于每个 PPT 敌手来说,$Adv_{\Psi,\mathcal{A}}(\vartheta)$都是可以忽略的,则称假设 2 成立。

假设 3:假定算法 Ψ 生成合数阶双线性群。给定下述分布:

$\Omega=(N=p_1p_2p_3,G,G',e)\xleftarrow{R}\Psi, \alpha, s\xleftarrow{R}Z_N, g_1\xleftarrow{R}G_{p_1}, X_2, Y_2, Z_2\xleftarrow{R}G_{p_2}, X_3\xleftarrow{R}G_{p_3}, D=(\Omega, g_1, g_1^{\alpha}X_2, X_3, g_1^{s}Y_2, Z_2)$。没有敌手能区分 $T_1\xleftarrow{R}e(g_1,g_1)^{\alpha s}$ 和 $T_2\xleftarrow{R}G'$。

敌手破坏假设 3 的优势定义为 $Adv_{\Psi,\mathcal{A}}(\vartheta)=|\Pr[\mathcal{A}(D,T_1)=1]-\Pr[\mathcal{A}(D,T_2)=1]|$。

如果对于每个 PPT 敌手来说 $Adv_{\Psi,\mathcal{A}}(\vartheta)$都是可以忽略的,则称假设 3 成立。

下面的假设 4~7 是假设 1~3 的变体[121,183,185,186]。

假设 4:这是假设 1 的修改版。假定算法 Ψ 生成合数阶双线性群。给定下述分布:

$\Omega=(N=p_1p_2p_3,G,G',e)\xleftarrow{R}\Psi,\ g_1\xleftarrow{R}G_{p_1}, X_3\xleftarrow{R}G_{p_3},\ D=(\Omega, g_1, X_3)$。

没有敌手能区分 $T_{1,k}\xleftarrow{R}G_{p_1p_2}$ 和 $T_{2,k}\xleftarrow{R}G_{p_1}$, $\forall k\in[p]$。

对于敌手$\mathcal{A}$,如果存在一些不可忽略的值 $\varepsilon_1,\cdots,\varepsilon_p$ 使得

$Adv_{\Psi,\mathcal{A}}^{k}(\vartheta)=|\Pr[\mathcal{A}(D,T_{1,k})=1]-\Pr[\mathcal{A}(D,T_{2,k})=1]|\leqslant\varepsilon_k$, $\forall k\in$

$[p]$,则称假设 4 成立。

假设 5:这是假设 2 的修改版。假定算法 Ψ 生成合数阶双线性群。给定下述分布:

$\Omega=(N=p_1p_2p_3,G,G',e)\xleftarrow{R}\Psi,g_1,(X_{1,k})_{k\in[p]}\xleftarrow{R}G_{p_1},(X_{2,k})_{k\in[p]}$,$Y_2\xleftarrow{R}G_{p_2},X_3,Y_3\xleftarrow{R}G_{p_3},D=(\Omega,g_1,(X_{1,k}X_{2,k})_{k\in[p]},X_3,Y_2Y_3)$。对于 $\forall k\in[p]$,没有敌手能区分 $T_{1,k}\xleftarrow{R}G$ 和 $T_{2,k}\xleftarrow{R}G_{p_1p_3}$。

对于$\mathcal{A}$,如果 $\forall k\in[p]$,$Adv^k_{\Psi,\mathcal{A}}(\vartheta)=|\Pr[\mathcal{A}(D,T_{1,k})=1]-\Pr[\mathcal{A}(D,T_{2,k})=1]|\leqslant\varepsilon_k$,$\forall k\in[p]$,其中 $\varepsilon_1,\cdots,\varepsilon_p$ 是一些不可忽略的值,则称假设 5 成立。

假设 6:这是假设 3 的修改版。假定算法 Ψ 生成合数阶双线性群。给定下述分布:

$\Omega=(N=p_1p_2p_3,G,G',e)\xleftarrow{R}\Psi,\{\alpha_k,s_k\}_{k\in[p]}\xleftarrow{R}Z_N,g_1\xleftarrow{R}G_{p_1},X_2$,$Y_2,Z_2\xleftarrow{R}G_{p_2},X_3\xleftarrow{R}G_{p_3},D=(\Omega,g_1,(g_1^{\alpha_k}X_2)_{k\in[p]},X_3,(g_1^{s_k}Y_2)_{k\in[p]},Z_2)$。没有敌手能区分 $T_1=\prod_{k=1}^{p}e(g_1,g_1)^{\alpha_k s_k}$ 和 $T_2\xleftarrow{R}G'$。

敌手破坏假设 6 的优势定义为 $Adv_{\Psi,\mathcal{A}}(\vartheta)=|\Pr[\mathcal{A}(D,T_1)=1]-\Pr[\mathcal{A}(D,T_2)=1]|$。

如果对于每个 PPT 敌手来说,$Adv_{\Psi,\mathcal{A}}(\vartheta)$都是可以忽略的,则称假设 6 成立。

假设 7:假定算法 Ψ 生成合数阶双线性群。给定下述分布:

$\Omega=(N=p_1p_2p_3,G,G',e)\xleftarrow{R}\Psi,\alpha,s\xleftarrow{R}Z_N,g_1\xleftarrow{R}G_{p_1},X_2,Y_2$,$Z_2\xleftarrow{R}G_{p_2},X_3\xleftarrow{R}G_{p_3},D=(\Omega,g_1,g_1^{\alpha}X_2,X_3,g_1^{s}Y_2,Z_2)$。没有敌手能区分 $T_1\xleftarrow{R}g_1^{\alpha s}$ 和 $T_2\xleftarrow{R}G'$。

敌手破坏假设 7 的优势定义为 $Adv_{\Psi,\mathcal{A}}(\vartheta)=|\Pr[\mathcal{A}(D,T_1)=1]-\Pr[\mathcal{A}(D,T_2)=1]|$。

如果对于每个 PPT 敌手来说,$Adv_{\Psi,\mathcal{A}}(\vartheta)$都是可以忽略的,则称假设 7 成立。

(10) DBDH 假设和 DGBDH 假设

首先给出 Diffie-Hellman(DH)元组的定义:给定元组(P,aP,bP,cP)其中$a,b,c\in Z_q^*$,判定是否满足$cP=abP$,如果相等,则元组(P,aP,bP,cP)称为有效的 Diffie-Hellman(DH)元组。接着,给出两个具体假设。

假设 8:对于$a,b,c\in Z_q^*$,元组(P,aP,bP,cP)和$T\in G'$。判定双线性 Diffie-Hellman 问题(DBDH)就是判定是否满足$T=e(P,P)^{abc}$。PPT 算法A解决 DBDH 问题的优势定义为:

$Adv_A^{DBDH}=|\Pr[A(P,aP,bP,cP,e(P,P)^{abc})=1]-\Pr[A(P,aP,bP,cP,T)=1]|$,其中$a,b,c\in Z_q^*$。

如果在$\langle G,G\rangle$中每个 PPT 算法A解决 DBDH 问题的优势都是可以忽略的,则称 DBDH 假设成立。

假设 9:对于$a,b,c\in Z_q^*$,元组(P,aP,bP,cP)和$T\in G'$,推广的双线性判定 Diffie-Hellman 问题(DGBDH)就是判定是否满足$T=e(P,Y)^{abc}$,其中$Y\in G$。PPT 算法A解决 DGBDH 问题的优势定义为:

$Adv_A^{DGBDH}=|\Pr[A(P,aP,bP,cP,e(P,Y)^{abc})=1]-\Pr[A(P,aP,bP,cP,T)=1]|$,其中$a,b,c\in Z_q^*$。

如果在$\langle G,G\rangle$中每个 PPT 算法A解决 DGBDH 问题优势都是可以忽略的,则称 DGBDH 假设成立。

2.5 抗泄漏的公钥加密方案安全模型

为了刻画敌手的边信道攻击能力,在安全模型中一般允许敌手进行泄漏询问。在安全游戏中,敌手选择一个特定的有效可计算的函数f并把密钥和内部状态作为f的输入,得到f的输出作为系统的泄漏,对于输出所做的必要限制是没有完整的密钥可以从f获得。本书主要对基于身份密码体制、基于属性的密码体制和基于证书的密码体制抗泄漏加密方案进行了细致的研究,这三种密码体制都属于公钥密码体制,为了更好地理解这三种模型中的抗泄漏安全游戏,首先给出公钥加密的抗泄漏算法的形式化描述和安全定义。

2.5.1 公钥加密方案的形式化描述

公钥加密方案 $\prod$ =(KenGen,Enc,Dec)由下列三个算法组成：

密钥产生算法 KenGen：KenGen(1^{ϑ})→(SK,PK)。以安全参数 ϑ 为输入，输出公钥 PK 和私钥 SK。

加密算法 Enc：$\mathrm{Enc}_{PK}(M)\rightarrow CT$。加密者用公钥 PK 对消息 M 加密，得到密文 CT。

解密算法 Dec：$\mathrm{Dec}_{SK}(CT)\rightarrow M$。解密者接收到密文 CT 后，用私钥 SK 从 CT 中解密出明文 M。

2.5.2 抗泄漏的公钥加密方案安全游戏

对于 2.5.1 小节的加密方案而言，它在有秘密信息泄漏情况下的安全性由敌手(也称为攻击者)和挑战者之间交互进行的下述安全性游戏来体现。本书主要研究针对选择密文攻击的抗泄漏安全方案，因此首先以 2.5.1 小节中的公钥加密方案为例，给出抗泄漏安全的 CCA 游戏如下：

设置阶段：调用密钥产生算法 KenGen，以安全参数 ϑ 为输入，输出公钥 PK 和私钥 SK。

阶段 1：敌手可以对私钥 SK 进行泄漏询问 Leak(SK)，具体来说，敌手 $\mathcal{A}$ 可以选择一个泄漏函数 f 并发送给挑战者，挑战者 $\mathcal{B}$ 返还 $f(SK)$ 给敌手，需要的限制条件是 $|f(SK)|$ 不超过一个给定的值。另外敌手亦可以进行解密询问 Dec(CT)，挑战者把对应的明文发给敌手。

挑战阶段：敌手发送明文 M_0 和 M_1 给挑战者，挑战者随机选择 $b\in\{0,1\}$，加密 M_b 得到密文 CT^* 并发送给敌手。

阶段 2：敌手可以进行解密询问，挑战者把对应的明文发给敌手。

输出：敌手输出一个猜测 $b'\in\{0,1\}$，如果 $b'=b$，敌手赢得游戏。

如果对于任何敌手而言，在上述游戏中获得的优势都是可以忽略的，则称方案是针对选择密文攻击抗泄漏安全的。

以此来说明抗泄漏安全模型的基本框架，对于本书重点研究的抗泄漏的基于身份广播加密方案、具有特殊性质基于属性加密方案和基于证书加密方案，它们的抗泄漏安全模型和具体方案构造以及安全性证明会在后面的章节中给出。

第三章

抗泄漏的基于身份广播加密方案

在基于身份的密码体制中,信息安全专家和研究者已经取得一些抗私钥泄漏成果,但是对于广播情形,还鲜有抗泄漏成果。结合基于身份抗私钥泄漏加密和广播加密思想,本章构造了一个具有持续泄漏弹性的基于身份广播加密方案。持续泄漏弹性通过私钥更新算法实现。基于子群判定假设,在标准模型中,使用双系统加密技术证明了方案的安全性并给出泄漏率分析。最后,通过实验比较提出方案和相关方案的计算效率,并进一步阐释它们之间的关系。

3.1 相关工作和研究动机

Fiat 和 Naor[187]提出了广播加密(Broadcast Encryption,简称 BE)思想。在广播加密系统中,一个广播者加密消息并通过广播信道把密文发送给大量的接收者。但是,只有特定接收者才能通过自己的私钥解密出明文。每一次加密,广播者选定一个可以解密密文的用户子集 S。在 S 中任何用户都能用私钥解密密文。

文献[188-189]提出基于身份广播加密(IBBE)。IBBE 的概念是基于身份加密(IBE)概念的推广,在 IBE 中选定的接收者集合中用户数为 1。IBBE 通常可以简化为基于身份多接收者密钥封装机制(Multiple Identity-Based Key Encryption Mechanism,简称 MID-KEM)[190-191],其中 MID-KEM 是基于身份加密和多接收者密钥封装机制(Multiple Key Encryption Mechanism,简称 MKEM)的结合。在 MID-KEM[192]中,多方分享一个对称密钥,这个对称密钥将用于未来的安全通信。对于一个 IBBE 方案来说,身份是具有任意长度的字符串,因此一个 IBBE 方案应该能容纳指数多的用户。但是,一个 IBBE 方案中接收者的最大数量应该在系统设置阶段确定。这些方案的公钥或私钥通常与系统的用户总数是线性增长的。Gentry 和 Waters[193]提出了第一个具有亚线性长度密文的自适应安全的 IBBE。作为内积加密(Inner Product Encryption,简称 IPE)的一个重要应用,Attrapadung 和 Libert[194]提出一个具有常数级密文的 IBBE 方案,文献[188,189,195-198]提出一些 IBBE 方案,其中[188,197,198]的密文和私钥具有常数多个元素。这些方案都没有考虑密钥泄漏问题。

Brakerski 等人[33]和 Dodis 等人[34]提出了"持续泄漏模型"。受到 Waters[71]双系统加密技术启发,Lewko 等人[70]给出了基于身份、基于身份分层、基于属性的抗持续泄漏加密方案。

受文献[71]和[197]启发,本章给出了抗持续泄漏的基于身份广播加密(CLR-IBBE)的形式化定义和安全模型并构造了一个具体的 CLR-IBBE 方案。通过双系统加密技术证明了方案安全性。

3.2 CLR-IBBE 形式化定义与安全模型

3.2.1 CLR-IBBE 形式化定义

受 Lewko 等人[70]启发，基于文献[196 - 197]，给出 CLR-IBBE 的形式化定义。CLR-IBBE 方案由以下算法组成。

初始化算法：Setup(ϑ,m)→(MPK,MSK)。该算法输入安全参数 ϑ 和用户的最大数 m。算法输出主公钥 MPK 和主私钥 MSK。主公钥 MPK 对所有用户公开，主私钥 MSK 作为秘密。

私钥产生算法：KeyGen(MPK,MSK,ID)→SK_{ID}。算法输入主公钥 MPK、主私钥 MSK 和一个用户身份 ID。算法产生用户 ID 的私钥 SK_{ID}。

私钥更新算法：KeyUpd(MPK,SK_{ID})→$\widehat{SK_{ID}}$。输入 SK_{ID}、MPK，输出更新后的私钥 $\widehat{SK_{ID}}$。

加密算法：Encrypt(MPK,M,S)→CT。算法以主公钥 MPK 和一个身份集 $S=\{ID_1,\cdots,ID_d\}(d\leqslant m)$ 为输入，输出(Hdr,DK)，其中 Hdr 称为头部，DK 是用于加密消息 M 的对称密钥。当广播者将要把消息 M 对应的密文发送给 S 中用户时，广播者用 DK 对 M 加密得到 C，生成密文 $CT=(C,Hdr)$ 并广播(C,Hdr,S)。

解密算法：Decrypt(MPK,SK_{ID_i},S,CT)→M。算法输入主公钥 MPK、私钥 SK_{ID_i}、用户身份集 S 和密文 CT。首先，划分 CT 为(C,Hdr)。如果 $ID_i\in S$，算法用 Hdr 计算出对称密钥 DK。然后，用 DK 解密 C 恢复出明文消息 M。

半功能私钥产生算法：KeyGenSF(MPK,MSK,ID)→$\widetilde{SK_{ID}}$。算法输入主公钥 MPK、主私钥 MSK 和身份 ID。输出半功能私钥 $\widetilde{SK_{ID}}$。

半功能加密算法：EncryptSF(MPK,M,S)→$\widetilde{CT}$。算法输入主公钥 MPK、消息 M 和身份集 S。算法输出半功能密文 $\widetilde{CT}$。

系统的功能结构示意图如图 3 - 1 所示。

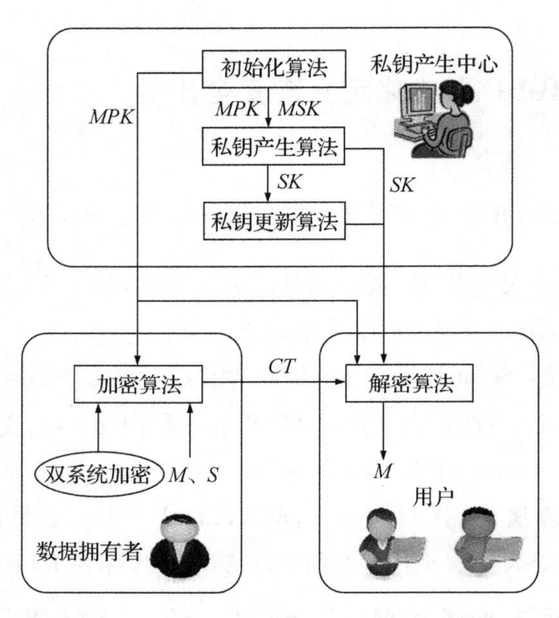

图 3-1 CLR-IBBE 系统功能结构示意图

初始化算法、私钥产生算法和私钥更新算法由私钥产生中心(Key Generator Center,简称 KGC)运行,其他算法由用户运行。半功能私钥产生与半功能加密仅仅用于安全性证明。

3.2.2 CLR-IBBE 安全模型

CLR-IBBE 方案的安全性通过敌手和挑战者之间交互进行的游戏获得。敌手和挑战者都把广播中接收者的最大数目 m 作为输入。本方案是针对选择密文攻击安全的。

CLR-IBBE 方案的安全性由下面游戏Game_R 来定义。在Game_R 中,挑战者持有一个列表$\mathcal{L}=\{(\mathcal{H},\mathcal{I},\mathcal{SK},\mathcal{LK})\}$,其中$\mathcal{H}$,$\mathcal{I}$,$\mathcal{SK}$和$\mathcal{LK}$分别是句柄空间、身份空间、私钥空间和泄漏量空间。假定$\mathcal{H}=\mathbb{N}$和$\mathcal{LK}=\mathbb{N}$。

敌手$\mathcal{A}$和挑战者$\mathcal{B}$进行游戏Game_R 如下:

Game_R:

初始化:挑战者调用初始化算法产生主公钥 MPK 和主私钥MSK,发送主公钥 MPK 给敌手。

阶段 1:敌手进行下面询问:

$\mathcal{O}$-Create(ID)：创建询问。给定身份 ID，挑战者在列表$\mathcal{L}$中查找身份 ID 对应的项。如果 ID 对应的项在列表$\mathcal{L}$中，终止操作；否则，挑战者运行私钥产生算法生成私钥 SK_{ID} 并更新句柄 $h \leftarrow h+1$。然后，挑战者把($h, ID, SK_{ID}, 0$)放入$\mathcal{L}$中。

$\mathcal{O}$-Leak(h, f)：泄漏询问。敌手询问关于句柄 h 对应的私钥泄漏。敌手选择一个在多项式时间内可计算的泄漏函数 f。f 以私钥为输入。挑战者把 f 的输出发给敌手$\mathcal{A}$。

具体来说，挑战者在列表$\mathcal{L}$中查找句柄 h 的对应项。假设找到的项为(h, ID, SK_{ID}, L)。挑战者判断是否 $L+|f(SK_{ID})| \leqslant L_{SK}$，其中 L_{SK} 是允许私钥泄漏的最大值。如果 $L+|f(SK_{ID})| \leqslant L_{SK}$，挑战者把 $f(SK_{ID})$发给敌手并用($h, ID, SK_{ID}, L+|f(SK_{ID})|$)来更新($h, ID, SK_{ID}, L$)；否则，挑战者输出$\perp$。

$\mathcal{O}$-Reveal(h)：私钥查询。敌手询问句柄 h 对应项中的私钥。挑战者在列表$\mathcal{L}$中查找句柄 h 对应的项。假设找到的项为(h, ID, SK_{ID}, L)。挑战者把 SK_{ID}发给敌手$\mathcal{A}$。

$\mathcal{O}$-KeyUpd：私钥更新询问。敌手询问关于句柄 h 对应的私钥更新。挑战者在列表$\mathcal{L}$中查找句柄 h 对应的项。假设找到的项为(h, ID, SK_{ID}, L)。挑战者运行私钥更新算法来获得更新的私钥$\widehat{SK_{ID}}$。挑战者把$\widehat{SK_{ID}}$发给敌手并用($h, ID, \widehat{SK_{ID}}, 0$)来更新($h, ID, SK_{ID}, L$)。

$\mathcal{O}$-Decrypt：解密询问。敌手询问关于(ID, CT)的明文，挑战者查找列表$\mathcal{L}$并找出 ID 对应的私钥 SK_{ID}。挑战者运行解密算法获得相应的明文并把它发给敌手$\mathcal{A}$。

挑战：敌手提交等长的消息 M_0 和 M_1。挑战者随机选择 $\beta \leftarrow \{0,1\}$。然后，挑战者以主公钥 MPK 和用户集 $S^*=\{ID_1^*, \cdots, ID_d^*\}$($d \leqslant m$)为输入，输出($Hdr^*, DK^*$)。挑战者用 DK^* 加密消息 M_β 得到 C^*。密文是 $CT^*=(C^*, Hdr^*)$。挑战者广播(C^*, Hdr^*, S^*)。

阶段 2：$\mathcal{A}$可以询问$\mathcal{O}$-Create，$\mathcal{O}$-Reveal 和$\mathcal{O}$-Decrypt。基本的限制和阶段 1 相同。其他的限制条件是不能对 $ID \in S^*$ 和 $Hdr=Hdr^*$ 进行询问。另外，不能进行泄漏询问。因为如果允许泄漏询问，敌手可以把解密算法、挑战密文和两个挑战消息 M_0 和 M_1 编码为泄漏函数的输入并获得 1 比特的输出 β，这样便可平凡地赢得游戏。

猜测:敌手$\mathcal{A}$给出猜测 $\beta'\in\{0,1\}$。如果 $\beta'=\beta$,$\mathcal{A}$赢得游戏Game_R。$\mathcal{A}$赢得游戏Game_R 的优势定义为 $Adv_{\mathcal{A}}(L_{SK})=\left|\Pr[\beta'=\beta]-\frac{1}{2}\right|$。

如果任何 PPT 敌手$\mathcal{A}$在游戏Game_R 中仅能赢得可以忽略的优势,那么就称给出的 CLR-IBBE 方案是抗泄漏安全的。

3.3 CLR-IBBE 方案具体构造

用 Ψ 表示合数阶双线性群生成算法。Ψ 以安全参数 ϑ 为输入,输出合数阶双线性群 $\Omega=\{N=p_1p_2p_3,G,G',e\}$,其中 $N=p_1p_2p_3$(p_1,p_2,p_3 是三个长度为 λ 比特的不同素数),G 和 G'是阶为 $N=p_1p_2p_3$ 的循环群,e 是一个双线性映射:$G\times G\to G'$。(λ 对于泄漏率有重要影响,将在 3.5 小节给出具体分析。)

假定每个身份信息都是 Z_N 中的元素且每个消息都是群 G'中的元素。假定 g_1,g_2,g_3 分别是子群 G_{p_1},G_{p_2} 和 G_{p_3} 的生成元。第一个子群 G_{p_1} 提供系统关于明文和每个用户私钥的必要信息;第二个子群 G_{p_2} 提供证明中用到的半功能性;第三个子群 G_{p_3} 对私钥进行随机化。

初始化算法:用 m 表示用户最大数。随机选择 $g_1,h_1\in G_{p_1}$,$g_3\in G_{p_3}$,$u_1,\cdots,u_m\in G_{p_1}$,$\alpha,r\in Z_N$,$x_1,\cdots,x_n\in Z_N$,$y_1,\cdots,y_n\in Z_N$,$\vec{\rho}=(\rho_1,\cdots,\rho_{n+2})\in Z_N^{n+2}$ 和 $\rho_{n+2+i}\in Z_N(i=\{1,\cdots,m\})$。其中,$n\geqslant 2$ 是一个可变的整数。当 n 取值较大时,相对泄漏率就较高,但是主公钥较长。当 n 取值较小时,相对泄漏率较低,但是主公钥较短。可以从两个角度来理解 n 的作用。一方面,用动态视角看待 n,通过 n 的不同取值获得不同的相对泄漏率。另一方面,用静态视角看待 n,一旦某种应用中 n 取值确定下来,可以把 n 看成常数,此时方案具有常数量级密文和私钥。(关于 n 的具体讨论在 3.5 小节给出。)

主公钥是 $MPK=\{N,g_1,g_3,h_1,u_1,\cdots,u_m,e(g_1,g_1)^{\alpha},g_1^{x_1},\cdots,g_1^{x_n}\}$。

主私钥是 $MSK=(\vec{K}_0,K_i(i=\{1,\cdots,m\}))$

$$=\left\{\langle g_1^{y_1},\cdots,g_1^{y_n},\left(g_1^{\alpha}h_1^{-r}\prod_{j=1}^{n}g_1^{-x_jy_j}\right),g_1^{r}\rangle * g_3^{\vec{\rho}},u_i^{r}g_3^{\rho_{n+2+i}}\ (i\in\{1,\cdots,m\})\right\}。$$

私钥产生算法:对于身份 $ID_i \in S$,其中 $S=(ID_1,\cdots,ID_d)(d\leqslant m)$是可以解密密文的用户集合。算法以主公钥、主私钥和身份为输入。随机选择 $z_1,\cdots,z_n\in Z_N,\vec{\boldsymbol{\rho}}'=(\rho_1',\cdots,\rho_{n+2}')\in Z_N^{n+2}$ 和 $r_i\in Z_N$。

产生私钥:

$$SK_{ID_i}=(\vec{\boldsymbol{K}})$$

$$=\Big(\vec{K}_0\langle g_1^{z_1},\cdots,g_1^{z_n},\Big((K_i)^{-ID_i}(u_i^{ID_i}h_1)^{-r_i}\prod_{j=1}^{n}g_1^{-x_jz_j}\Big)\cdot$$

$$\Big(\Big(\prod_{j=1,j\neq i}^{d}(K_j)^{-ID_j}\Big)\prod_{j=1,j\neq i}^{d}(u_j^{ID_j})^{-r_i}\Big),g_1^{r_i}\rangle * g_3^{\vec{\rho}'}\Big)$$

$$=\Big(\langle g_1^{y_1},\cdots,g_1^{y_n},\Big(g_1^{\alpha}h_1^{-r}\prod_{j=1}^{n}g_1^{-x_jy_j}\Big),g_1^{r}\rangle * g_3^{\vec{\rho}} *$$

$$\langle g_1^{z_1},\cdots,g_1^{z_n},\Big((K_i)^{-ID_i}(u_i^{ID_i}h_1)^{-r_i}\prod_{j=1}^{n}g_1^{-x_jz_j}\Big)\cdot$$

$$\Big(\Big(\prod_{j=1,j\neq i}^{d}(K_j)^{-ID_j}\Big)\prod_{j=1,j\neq i}^{d}(u_j^{ID_j})^{-r_i}\Big),g_1^{r_i}\rangle * g_3^{\vec{\rho}'}\Big)$$

$$=\Big(\langle g_1^{y_1+z_1},\cdots,g_1^{y_n+z_n},g_1^{\alpha}(u_i^{ID_i}h_1)^{-(r+r_i)}\Big(\prod_{j=1}^{n}g_1^{-x_j(y_j+z_j)}\Big)$$

$$\Big(\prod_{j=1,j\neq i}^{d}(u_j^{ID_j})^{-(r_i+r)}\Big)\cdot\Big(g_3^{-\sum_{j=1}^{d}(\rho_{n+2+j}ID_j)}\Big),g_1^{r+r_i}\rangle * g_3^{\vec{\rho}+\vec{\rho}'}\Big)$$

$$=\Big(\langle g_1^{w_1},\cdots,g_1^{w_n},\Big(g_1^{\alpha}(u_i^{ID_i}h_1)^{-r_i'}\prod_{j=1}^{n}g_1^{-x_jw_j}\Big)$$

$$\Big(\prod_{j=1,j\neq i}^{d}(u_j^{ID_j})^{-r_i'}\Big)\cdot\Big(g_3^{-\sum_{j=1}^{d}(\rho_{n+2+j}ID_j)}\Big),g_1^{r_i'}\rangle * g_3^{\vec{\rho}+\vec{\rho}'}\Big)$$

$$=\Big(\langle g_1^{w_1},\cdots,g_1^{w_n},\Big(g_1^{\alpha}h_1^{-r_i'}\prod_{j=1}^{n}g_1^{-x_jw_j}\Big)\Big(\prod_{j=1}^{d}(u_j^{ID_j})^{-r_i'}\Big),g_1^{r_i'}\rangle * g_3^{\vec{\rho}''}\Big)。$$

其中 $w_j=y_j+z_j(j=\{1,\cdots,n\})$, $r_i'=r+r_i$, $\vec{\rho}''=\vec{\rho}+\vec{\rho}^{+}\langle 0,\cdots,-\sum_{j=1}^{d}(\rho_{n+2+j}ID_j),0\rangle$。

私钥更新算法:算法以主公钥 MPK 和私钥 SK_{ID_i} 为输入,输出一个新的私钥 $\widehat{SK_{ID_i}}$。对于私钥 $SK_{ID_i}=\Big(\langle g_1^{w_1},\cdots,g_1^{w_n},\Big(g_1^{\alpha}h_1^{-r_i'}\prod_{j=1}^{n}g_1^{-x_jw_j}\Big)\prod_{j=1}^{d}(u_j^{ID_j})^{-r_i'},g^{r_i'}\rangle * g^{\vec{\rho}''}\Big)$,随机选择 $\Delta w_j\in Z_N(j\in\{1,2,\cdots,n\})$, $\Delta\vec{\rho}''=\{\Delta\rho_1'',\Delta\rho_2'',\cdots,\Delta\rho_{n+2}''\}\in Z_N^{n+2}$ 和 $\Delta r_i'\in Z_N$。计算新的私钥:

$$\widehat{SK_{ID_i}}=(\hat{\vec{K}})$$

$$=\left(\langle g_1^{w_1+\Delta w_1},\cdots,g_1^{w_n+\Delta w_n},\left(g_1^{\alpha}h_1^{-(r_i'+\Delta r_i')}\prod_{j=1}^{n}g_1^{-x_j(w_j+\Delta w_j)}\right)\right.$$

$$\left.\prod_{j=1}^{d}(u_j^{ID_j})^{-(r_i'+\Delta r_i')},g_1^{r_i'+\Delta r_i'}\rangle * g_3^{\vec{\rho}''+\Delta\vec{\rho}''}\right)。$$

由于 $\Delta w_j\in Z_N(j=\{1,\cdots,n\})$，$\Delta\vec{\rho}''\in Z_N^{n+2}$ 和 $\Delta r_i'\in Z_N$ 都是随机的，那么 $w_j+\Delta w_j(j=\{1,\cdots,n\})$，$\vec{\rho}''+\Delta\vec{\rho}''$ 和 $r'_i+\Delta r'_i$ 也是随机的。私钥 $\widehat{SK_{ID_i}}$ 和 SK_{ID_i} 有同样的分布。

令 $w_j'=w_j+\Delta w_j(j=\{1,\cdots,n\})$，$r_i''=r_i'+\Delta r_i'$，$\vec{\rho}'''=\vec{\rho}''+\Delta\vec{\rho}''$。更新后的私钥可表示为 $\widehat{SK_{ID_i}}=(\hat{\vec{K}})=\left(\langle g_1^{w_1'},\cdots,g_1^{w_n'},\left(g_1^{\alpha}h_1^{-r_i''}\prod_{j=1}^{n}g_1^{-x_jw_j'}\right)\prod_{j=1}^{d}(u_j^{ID_j})^{-r_i''},g_1^{r_i''}\rangle * g_3^{\vec{\rho}'''}\right)$。可以看出新的私钥 $\widehat{SK_{ID_i}}$ 和原始私钥 SK_{ID_i} 具有相同的形式。

加密算法：算法以消息 M 和将要接收密文的用户身份集 $S=(ID_1,\cdots,ID_d)$ 为输入。随机选择 $s\in Z_N$，计算密文：$CT=(C,Hdr)=\left(Me(g_1,g_1)^{\alpha s},\langle(g_1^{x_1})^s,\cdots,(g_1^{x_n})^s,g_1^s,\left(h_1\prod_{j=1}^{d}u_j^{ID_j}\right)^s\rangle\right)$。

对称加密密钥为 $e(g_1,g_1)^{\alpha s}$，发送者发送 (CT,S) 给接收者。

解密算法：如果接收者 ID_i 在集合 S 中，按如下方式解密接收到的密文。接收者划分 $CT=(C,Hdr)$。

首先，用原始私钥计算出 $e(\vec{K},Hdr)$ 或用更新后私钥计算出 $e(\hat{\vec{K}},Hdr)$：

(1) $e(\vec{K},Hdr)$

$$=e\left(\langle g_1^{w_1},\cdots,g_1^{w_n},\left(g_1^{\alpha}h_1^{-r_i'}\prod_{j=1}^{n}g_1^{-x_jw_j}\right)\prod_{j=1}^{d}(u_j^{ID_j})^{-r_i'},g_1^{r_i'}\rangle * g_3^{\vec{\rho}''},\right.$$

$$\left.\langle(g_1^{x_1})^s,\cdots,(g_1^{x_n})^s,g_1^s,\left(h_1\prod_{j=1}^{d}u_j^{ID_j}\right)^s\rangle\right)$$

$$=e\left(g_1,\prod_{j=1}^{n}g_1^{x_jw_js}\right)e(g_1,g_1)^{\alpha s}e\left(g_1,\prod_{j=1}^{n}g_1^{-x_jw_js}\right)e(g_1^s,h_1^{-r_i'})$$

$$e\left(g_1^s,\prod_{j=1}^{d}(u_j^{ID_j})^{-r_i'}\right)e\left(g_1^{r_i'},\left(h_1\prod_{j=1}^{d}u_j^{ID_j}\right)^s\right)$$

$=e(g_1,g_1)^{\alpha s}$。

(2) $e(\overrightarrow{\hat{K}},Hdr)$

$$=e\Big(\langle g_1^{w_1'},\cdots,g_1^{w_n'},\Big(g_1^{\alpha}h_1^{-r_i''}\prod_{j=1}^{n}g_1^{-x_jw_j'}\Big)\prod_{j=1}^{d}(u_j^{ID_j})^{-r_i''},g_1^{r_i''}\rangle * g_3^{\vec{\rho}'''},$$

$$\langle(g_1^{x_1})^s,\cdots,(g_1^{x_n})^s,g_1^s,\Big(h_1\prod_{j=1}^{d}u_j^{ID_j}\Big)^s\rangle\Big)$$

$$=e\Big(g_1,\prod_{j=1}^{n}g_1^{x_jw_j's}\Big)e(g_1,g_1)^{\alpha s}e\Big(g_1,\prod_{j=1}^{n}g_1^{-x_jw_j's}\Big)e(g_1^s,h_1^{-r''})$$

$$e\Big(g_1^s,\prod_{j=1}^{d}(u_j^{ID_j})^{-r''}\Big)e\Big(g_1^{r''},\Big(h_1\prod_{j=1}^{d}u_j^{ID_j}\Big)^s\Big)$$

$=e(g_1,g_1)^{\alpha s}$。

然后,计算$\dfrac{C}{e(\vec{K},Hdr)}=\dfrac{Me(g_1,g_1)^{\alpha s}}{e(g_1,g_1)^{\alpha s}}=M$或$\dfrac{C}{e(\overrightarrow{\hat{K}},Hdr)}=\dfrac{Me(g_1,g_1)^{\alpha s}}{e(g_1,g_1)^{\alpha s}}=M$。

一方面,注意到更新后的私钥和原始私钥都能正确解密密文。另一方面,注意到更新后的私钥$\widehat{SK_{ID_i}}$与原始私钥SK_{ID_i}具有相同形式。不失一般性,如果之后需要一个私钥,为了方便起见,将用原始的私钥形式SK_{ID_i}。

半功能私钥产生算法:首先,调用私钥产生算法,生成正常私钥$SK_{ID_i}=(\vec{K})$。其次,随机选择$\vec{\gamma}=(\gamma_1,\cdots,\gamma_{n+2})\in Z_N^{n+2}$,生成半功能私钥:

$$\widetilde{SK_{ID_i}}=(\vec{K}*g_2^{\vec{\gamma}})$$

$$=\Big(\langle g_1^{w_1},\cdots,g_1^{w_n},\Big(g_1^{\alpha}h_1^{-r_i'}\prod_{j=1}^{n}g_1^{-x_jw_j}\Big)\prod_{j=1}^{d}(u_j^{ID_j})^{r_i'},g_1^{r_i'}\rangle * g_3^{\vec{\rho}''} * g_2^{\vec{\gamma}}\Big)。$$

半功能加密算法:首先,运行加密算法产生正常密文$CT=(C,Hdr)$。接着,随机选择$\vec{\chi}=(\chi_1,\cdots,\chi_{n+2})\in Z_N^{n+2}$,生成半功能密文:

$$\widetilde{CT}=(C,Hdr*g_2^{\vec{\chi}})$$

$$=\Big(Me(g_1,g_1)^{\alpha s},\langle(g_1^{x_1})^s,\cdots,(g_1^{x_n})^s,g_1^s,\Big(h_1\prod_{j=1}^{d}u_j^{ID_j}\Big)^s\rangle * g_2^{\vec{\chi}}\Big)。$$

初始化算法、私钥产生算法和私钥更新算法由私钥生成中心(PKG)运行,其他算法由用户产生。

3.4 安全性证明

如果私钥的泄漏量不超过$(n-2\Lambda-1)\lambda$比特，其中$\lambda=\log p_2$，$n\geqslant 2$是一个整数且Λ是一个正常数，提出的CLR-IBBE方案是抗私钥泄漏安全的。

定理3-1 如果假设1,2,3成立且私钥的泄漏量不超过$L_{SK}=(n-2\Lambda-1)\lambda$比特，其中$\lambda=\log p_2$，$n\geqslant 2$是一个整数且$\Lambda$是一个正常数，提出的CLR-IBBE方案在标准模型下是CCA安全的。

当n较大时，方案泄漏率较高；当n较小时，主公钥较短。（具体抗泄漏性能分析在第3.5小节给出。）

证明中会借助一系列游戏。这些游戏都是真实安全性游戏Game_R的修改版。系列游戏中的第一个游戏是真实的安全性游戏，在最后一个游戏中敌手没能取得任何优势。证明连续两个游戏在敌手看来是不可区分的。这样，便可获得方案的安全性。用q表示游戏中最大的私钥询问次数。

系列游戏定义如下：

Game_R：真实的CLR-IBBE安全游戏。

Game_0：这个游戏和Game_R类似，不同之处是，在Game_0中挑战密文是半功能的。

对于$i\in[1,q]$，Game_i定义如下：

Game_i：在这个游戏中，挑战密文是半功能的。对于前面第i个私钥询问，挑战者用半功能私钥回应。对于其他的私钥询问，挑战者用正常的私钥回应。如果$i=q(\mathrm{Game}_q)$，对于每个私钥询问，挑战者都用半功能私钥回应。

Game_F：该游戏与Game_q类似，不同之处是，在游戏Game_F中广播者加密一个随机的消息，在Game_q中广播者加密一个随机的挑战消息（从两个给定的挑战消息中任意选择一个）。

表3-1中给出了不同游戏中的密文和私钥类型。用SF表示密文或私钥是半功能的。用N表示密文或私钥是正常的。用TP_{SK}和TP_{CT}分别来表示私钥和密文类型。用$(\underbrace{(\mathrm{TP}_{CT},\mathrm{TP}_{SK}),\cdots,(\mathrm{TP}_{CT},\mathrm{TP}_{SK})}_{q})$表示一个游戏中$q$次询问私钥和密文的对应类型。因为在每次询问中密文的类型都是相同

的，所以（$\underbrace{(TP_{CT},TP_{SK}),\cdots,(TP_{CT},TP_{SK})}_{q}$）可以简记为（$TP_{CT}$，$\underbrace{TP_{SK},\cdots,TP_{SK}}_{q}$）。

表 3-1　不同游戏中的密文和私钥类型(CLR-IBBE)

游戏	密文和私钥类型（$TP_{CT},TP_{SK},\cdots,TP_{SK}$）
Game_R	(N,N,…,N)
Game_0	(SF,N,…,N)
Game_i $i\in(1,\cdots,q-1)$	$(\text{SF},\text{SF},\cdots,\underbrace{\text{SF}}_{i+1},\text{N},\cdots,\text{N})$
Game_q	(SF,SF,…,SF)
Game_F	(SF,SF,…,SF)

证明：通过一系列游戏Game_R，$\text{Game}_i(i\in(0,1,\cdots,q))$和 Game_F 以及引理 3-1 至引理 3-4 来完成证明。首先，用引理 3-1 来获得泄漏允许的界。接着，用引理 3-2 至引理 3-4 来证明这一系列游戏是不可区分的。最后，证明敌手在游戏 Game_F 中获得的优势是可以忽略的。这样，便可证明方案的安全性。

表 3-2 给出了敌手在连续两个游戏中取得的优势差异。先给出引理 3-1 至引理 3-4 的结论。引理 3-1 至引理 3-4 的具体证明稍后给出。用 $Adv_{\mathcal{A}}^{\text{Game}_R}$ 或 $Adv_{\mathcal{A}}^{\text{Game}_R}(L_{SK})$来表示敌手$\mathcal{A}$在游戏$\text{Game}_R$ 中取得的优势。用 $Adv_{\mathcal{A}}^{\text{Game}_i}$ 或 $Adv_{\mathcal{A}}^{\text{Game}_i}(L_{SK})$来表示敌手$\mathcal{A}$在游戏 $\text{Game}_i(i\in(0,\cdots,q))$中取得的优势。用 $Adv_{\mathcal{A}}^{\text{Game}_F}$ 或 $Adv_{\mathcal{A}}^{\text{Game}_F}(L_{SK})$来表示敌手$\mathcal{A}$在游戏 Game_F 中取得的优势。

表 3-2　敌手在连续两个游戏中取得的优势差异(CLR-IBBE)

连续两个游戏	优势差异	相关引理
Game_R 与Game_0	$\lvert Adv_{\mathcal{A}}^{\text{Game}_R}-Adv_{\mathcal{A}}^{\text{Game}_0}\rvert\leqslant\varepsilon$	引理 3-2
Game_i 与 Game_{i-1} $i\in(1,\cdots,q)$	$\lvert Adv_{\mathcal{A}}^{\text{Game}_{i-1}}-Adv_{\mathcal{A}}^{\text{Game}_i}\rvert\leqslant\varepsilon$	引理 3-3
Game_q 与 Game_F	$\lvert Adv_{\mathcal{A}}^{\text{Game}_q}-Adv_{\mathcal{A}}^{\text{Game}_F}\rvert\leqslant\varepsilon$	引理 3-4

由表 3-2 可得：

$$
\begin{aligned}
&|Adv_{\mathcal{A}}^{\mathrm{Game}_R}-Adv_{\mathcal{A}}^{\mathrm{Game}_F}| \\
=&|Adv_{\mathcal{A}}^{\mathrm{Game}_R}-Adv_{\mathcal{A}}^{\mathrm{Game}_0}+Adv_{\mathcal{A}}^{\mathrm{Game}_0}-\cdots-Adv_{\mathcal{A}}^{\mathrm{Game}_i}+Adv_{\mathcal{A}}^{\mathrm{Game}_i}-\cdots- \\
&Adv_{\mathcal{A}}^{\mathrm{Game}_q}+Adv_{\mathcal{A}}^{\mathrm{Game}_q}-Adv_{\mathcal{A}}^{\mathrm{Game}_F}| \\
\leqslant&|Adv_{\mathcal{A}}^{\mathrm{Game}_R}-Adv_{\mathcal{A}}^{\mathrm{Game}_0}|+|Adv_{\mathcal{A}}^{\mathrm{Game}_0}-Adv_{\mathcal{A}}^{\mathrm{Game}_1}|+\cdots+|Adv_{\mathcal{A}}^{\mathrm{Game}_q}- \\
&Adv_{\mathcal{A}}^{\mathrm{Game}_F}| \\
\leqslant&(q+2)\varepsilon
\end{aligned}
$$

因此，$|Adv_{\mathcal{A}}^{\mathrm{Game}_R}-Adv_{\mathcal{A}}^{\mathrm{Game}_F}|\leqslant(q+2)\varepsilon$。此外，用 Lewko 等人[70]完整版的定理 6.8 类似方法易证 $Adv_{\mathcal{A}}^{\mathrm{Game}_F}\leqslant\varepsilon$。这样，$|Adv_{\mathcal{A}}^{\mathrm{Game}_R}|\leqslant(q+2)\varepsilon$。另外，引理 3-1 给出了泄漏的界。这样，完成了定理 3-1 的证明。

引理 3-1 私钥的最大泄漏量可以达到 $L_{SK}=(n-2\Lambda-1)\lambda$。

证明：用文献[33]中的一个结论来完成引理证明。

结论 1[33]：给定素数 p，选取 $n_1\geqslant n_2\geqslant 2(n_1,n_2\in\mathbf{N})$并选择一个 $n_1\times n_2$ 矩阵 $\boldsymbol{X}\leftarrow Z_p^{n_1\times n_2}$，一个秩为 1 的$(n_2-1)\times 1$ 矩阵 $\boldsymbol{Y}\leftarrow Rk_1(Z_p^{n_2\times 1})$与 $\boldsymbol{\Phi}\leftarrow Z_p^{n_1}$。泄漏函数：$f:Z_p^{n_1}\to\boldsymbol{W}$。只要 $|\boldsymbol{W}|\leqslant 4\cdot\left(1-\dfrac{1}{p}\right)\cdot p^{n_2-1}\cdot\varepsilon^2$，统计距离 $SD((\boldsymbol{X},f(\boldsymbol{X}\cdot\boldsymbol{Y})),(\boldsymbol{X},f(\boldsymbol{\Phi}))\leqslant\varepsilon$，其中 ε 是一个可以忽略的值。

根据结论 1，给出下面的推论 1。

推论 1：给定一个素数 p，选取 $n_1\geqslant 3$ 并选择 $\vec{\delta}\leftarrow Z_p^{n_1}$，$\vec{\tau}\leftarrow Z_p^{n_1}$ 与 $\vec{\tau}'\leftarrow Z_p^{n_1}$ 使得 $\vec{\tau}'$ 和 $\vec{\delta}$ 关于模 p 的点积是正交的。设 f 是某个泄漏函数 $f:Z_p^{n_1}\to\boldsymbol{W}$。只要 $|\boldsymbol{W}|\leqslant 4\cdot\left(1-\dfrac{1}{p}\right)\cdot p^{n_1-2}\cdot\varepsilon^2$，统计距离 $SD((\vec{\delta},f(\vec{\tau}')),(\vec{\delta},f(\vec{\tau})))\leqslant\varepsilon$。

证明：根据结论 1，令 $n_2=n_1-1$，则 $n_1=n_2+1\geqslant n_2\geqslant 2$。$\vec{\tau}$ 对应用于 $\boldsymbol{\Phi}$ 且 $\vec{\delta}$ 的正交空间的基对应于 $\boldsymbol{X}$。这样，当 $\boldsymbol{Y}\leftarrow Rk_1(Z_p^{(n_1-1)\times 1})$时，$\vec{\tau}'$ 的分布与 $\boldsymbol{X}\cdot\boldsymbol{Y}$ 相同。由于 $\vec{\delta}$ 是随机选择的，$\boldsymbol{X}\leftarrow Z_p^{n_1\times(n_1-1)}$ 是由 $\vec{\delta}$ 唯一确定的。根据结论 1，可得 $SD((\vec{\delta},f(\vec{\tau}')),(\vec{\delta},f(\vec{\tau})))=SD((\boldsymbol{X},f(\boldsymbol{X}\cdot\boldsymbol{T})),(\boldsymbol{X},f(\boldsymbol{\Phi}))$。

如果设置 $n_2=n,p_2=p,\varepsilon=p_2^{-\Lambda}$，便可得到私钥泄漏允许的值为 $\log|\boldsymbol{W}|\leqslant(n-1)\log p_2-2\Lambda\log p_2=(n-2\Lambda-1)\log p_2=(n-2\Lambda-1)\lambda$，其中 $\log p_2=\lambda$。这样，可得私钥泄漏的最大值为 $L_{SK}=(n-2\Lambda-1)\lambda$。

引理 3-2 如果有一个敌手$\mathcal{A}$使得$|Adv_{\mathcal{A}}^{\mathrm{Game}_R}(L_{SK})-Adv_{\mathcal{A}}^{\mathrm{Game}_0}(L_{SK})|\geqslant\varepsilon$，挑战者$\mathcal{B}$能以优势 ε 破坏假设 1。

证明：给挑战者$\mathcal{B}$一个实例 $D=(\Omega,g_1,X_3)$和挑战项 $T(T\in G_{p_1p_2}$ 或 $T\in$

G_{p_1}),$\mathcal{B}$和$\mathcal{A}$交互如下:

初始化:$\mathcal{B}$随机选择 $g_3 \in G_{p_3}, \alpha, r \in Z_N, b, a_1, \cdots, a_n \in Z_N$ 并设置 $u_i = g_1^{a_i}(i \in \{1,2,\cdots,m\})$ 和 $h_1 = g_1^b$。此外,$\mathcal{B}$随机选择 $x_1, \cdots, x_n \in Z_N, y_1, \cdots, y_n \in Z_N, \vec{\rho} = (\rho_1, \cdots, \rho_{n+2}) \in Z_N^{n+2}, \rho_{n+2+i} \in Z_N (i = \{1, \cdots, m\})$。

主公钥为 $MPK = \{N, g_1, g_3, h_1, u_1, \cdots, u_m, e(g_1, g_1)^\alpha, g_1^{x_1}, \cdots, g_1^{x_n}\}$。

主私钥为 $MSK = (\vec{K}_0, K_i(i = \{1, \cdots, m\})) = \Big\{\langle g_1^{y_1}, \cdots, g_1^{y_n}, (g_1^\alpha h_1^{-r} \prod_{j=1}^{n} g_1^{-x_j y_j}), g_1^r \rangle * g_3^{\vec{\rho}}, u_i^r g_3^{\rho_{n+2+i}} (i \in \{1, \cdots, m\})\Big\}$。

$\mathcal{B}$发送 MPK 给$\mathcal{A}$。

阶段 1:$\mathcal{A}$询问关于 $ID_i \in S$ 的私钥,其中 $S = \{ID_1, \cdots, ID_d\}$。$\mathcal{B}$随机选择 $r_i' \in Z_N, w_1, \cdots, w_n \in Z_N$ 和 $\vec{\rho}'' = (\rho_1'', \cdots, \rho_{n+2}'') \in Z_N^{n+2}$。$\mathcal{B}$用私钥 SK_{ID_i} 来回应,其中:

$$
\begin{aligned}
SK_{ID_i} &= \vec{K} \\
&= \Big(\langle g_1^{w_1}, \cdots, g_1^{w_n}, \Big(g_1^\alpha (u_i^{ID_i} h_1)^{-r_i'} \prod_{j=1}^{n} g_1^{-x_j w_j}\Big) \prod_{j=1, j\neq i}^{d} (u_j^{ID_j})^{r_j}, g_1^{r_i'} \rangle * g_3^{\vec{\rho}''}\Big)。
\end{aligned}
$$

挑战:敌手$\mathcal{A}$给$\mathcal{B}$挑战身份集 $S^* = \{ID_1^*, \cdots, ID_d^*\}$ 和两个等长的挑战消息 M_0 与 M_1。$\mathcal{B}$随机选择 $\beta \in \{0,1\}$ 并计算密文:

$$CT = (C, Hdr) = (M_\beta e(g_1, T)^\alpha, \langle T^{x_1}, \cdots, T^{x_n}, T, T^{\sum_{i=1}^{d} a_i ID_i^* + b} \rangle)。$$

阶段 2:敌手继续进行私钥询问,但要求 $ID_i \notin S^*$。

猜测:$\mathcal{A}$输出一个猜测 β'。如果 $\beta' = \beta$,$\mathcal{A}$赢得游戏。

概率分析:当 $T = g_1^z g_2^v \in G_{p_1 p_2}$($z, v$ 是随机选择的),$\mathcal{B}$恰当模拟游戏 Game_0。当 $T = g_1^z \in G_{p_1}$(z 是随机选择的),$\mathcal{B}$恰当模拟游戏Game_R。可得:

$|\Pr[\mathcal{B}(D, T \in G_{p_1 p_2}) = 0] - \Pr[\mathcal{B}(D, T \in G_{p_1}) = 0]| = |Adv_A^{\text{Game}_0} - Adv_A^{\text{Game}_R}| \geqslant \varepsilon$。也就是说,在私钥允许泄漏 $L_{SK} = (n - 2\Lambda - 1)\lambda$ 的情况下,如果存在一个敌手$\mathcal{A}$能以不可忽略的优势区分Game_R 和Game_0,则挑战者$\mathcal{B}$能以同样的优势破坏假设 1。这和假设 1 矛盾。所以$|Adv_A^{\text{Game}_0} - Adv_A^{\text{Game}_R}| \leqslant \varepsilon$。

引理 3 - 3 如果存在一个敌手$\mathcal{A}$使得$|Adv_A^{\text{Game}_{k-1}}(L_{SK}) - Adv_A^{\text{Game}_k}(L_{SK})| \geqslant \varepsilon$ $(k \in (1, \cdots, q))$,那么挑战者$\mathcal{B}$以优势 ε 来破坏假设 2。

证明:给定挑战者$\mathcal{B}$一个实例 $D = (\Omega, g_1, X_1 X_2, X_3, Y_2 Y_3)$ 和挑战项 T

$(T\in G_{p_1p_2}$ 或 $T\in G)$。$\mathcal{B}$与$\mathcal{A}$交互如下：

初始化：$\mathcal{B}$随机选择 $g_3\in G_{p_3},\alpha,r\in Z_N,b,a_1,\cdots,a_n\in Z_N$ 并设置 $u_i=g_i^{a_i}(1\in\{1,2,\cdots,m\})$ 和 $h_1=g_1^b$。此外，$\mathcal{B}$随机选择 $x_1,\cdots,x_n\in Z_N,y_1,\cdots,y_n\in Z_N,\vec{\rho}=(\rho_1,\cdots,\rho_{n+2})\in Z_N^{n+2},\rho_{n+2+i}\in Z_N(i=\{1,\cdots,m\})$。

主公钥为：$MPK=\{N,g_1,g_3,h_1,u_1,\cdots,u_m,e(g_1,g_1)^\alpha,g_1^{x_1},\cdots,g_1^{x_n}\}$。

主私钥为：$MSK=(\vec{K}_0,K_i(i=\{1,\cdots,m\}))=\left\{\langle g_1^{y_1},\cdots,g_1^{y_n},\left(g_1^\alpha h_1^{-r}\prod_{j=1}^{n}g_1^{-x_jy_j}\right),g_1^r\rangle*g_3^{\vec{\rho}},u_i^r g_3^{\rho_{n+2+i}}\ (i\in\{1,\cdots,m\})\right\}$。

$\mathcal{B}$发送 MPK 给$\mathcal{A}$。

阶段1：$\mathcal{A}$询问第 i 个身份 $ID_i\in S$ 对应的私钥，其中 $S=\{ID_1,\cdots,ID_d\}$。$\mathcal{B}$回应如下：

(1) 如果 $i<k$，$\mathcal{B}$用半功能的私钥回应。$\mathcal{B}$随机选择 $t_1,\cdots,t_{n+2}\in Z$，半功能私钥 $\widetilde{SK_{ID_i}}=\langle g_1^{w_1}(g_2^u g_3^\zeta)^{t_1},\cdots,g_1^{w_n}(g_2^u g_3^\zeta)^{t_n},\left(g_1^\alpha h_1^{-r_i'}\prod_{j=1}^{n}g_1^{-x_jw_j}\right)\prod_{j=1}^{d}(u_j^{ID_j})^{r_i'}(g_2^u g_3^\zeta)^{t_{n+1}},g_1^{r_i'}(g_2^u g_3^\zeta)^{t_{n+2}}\rangle$。

(2) 如果 $i>k$，$\mathcal{B}$运行私钥产生算法产生正常私钥来回应。

(3) 如果 $i=k$，$\mathcal{B}$随机选择 $w_1,\cdots w_n\in Z_N,\vec{\rho}''=(\rho_1'',\cdots,\rho_{n+2}'')\in Z_N^{n+2},r_i'\in Z_N$。$\mathcal{B}$设置 $SK_{ID_i}=\vec{K}=\left(\langle T^{w_1},\cdots,T^{w_n},\left(g_1^\alpha h_1^{-r'_i}\prod_{j=1}^{n}g_1^{-x_jw_j}\right)\prod_{j=1}^{n}(T^{a_jID_j})^{-r'_i},T^{r'_i}\rangle*g_3^{\vec{\rho}''}\right)$。

如果 $T=g_1^\omega g_3^\sigma\in G_{p_1p_3}$，私钥是正常的，$\mathcal{B}$正确地模拟游戏$\mathrm{Game}_{k-1}$。

如果 $T=g_1^\omega g_2^\kappa g_3^\sigma\in G_{p_1p_3}$，私钥是半功能的，$\mathcal{B}$正确地模拟游戏$\mathrm{Game}_k$。

挑战：敌手$\mathcal{A}$给$\mathcal{B}$一个挑战身份集 $S^*=\{ID_1^*,\cdots,ID_d^*\}$和两个等长挑战消息 M_0 与 M_1。$\mathcal{B}$随机选择 $\beta\in\{0,1\}$并计算密文：

$$CT=(C,Hdr)=\left(M_\beta e(g_1,g_1^z,g_2^v)^\alpha,\langle(g_1^zg_2^v)^{x_1},\cdots,(g_1^zg_2^v)^{x_n},g_1^zg_2^v,(g_1^zg_2^v)^{\sum_{i=1}^{d}a_iID_i^*+b}\rangle\right)。$$

阶段2：敌手$\mathcal{A}$继续进行私钥询问，需要满足条件 $ID_i\notin S^*$。

猜测：$\mathcal{A}$输出猜测 β'。如果 $\beta'=\beta$，$\mathcal{A}$赢得游戏。

概率分析：当 $T\in G_{p_1p_3}$，$\mathcal{B}$正确模拟游戏Game$_{k-1}$，当 $T\in G$，$\mathcal{B}$正确模拟游戏Game$_k$。可得：$|\Pr[\mathcal{B}(D,T\in G_{p_1p_3})=0-\Pr[\mathcal{B}(D,T\in G)=0]|=|Adv_{\mathcal{A}}^{\mathrm{Game}_{k-1}}-Adv_{\mathcal{A}}^{\mathrm{Game}_k}|\geqslant\varepsilon$。也就是说，在私钥泄漏为 $L_{SK}=(n-2\Lambda-1)\lambda$ 的情况下，如果存在一个敌手$\mathcal{A}$能以不可忽略的优势区分游戏Game$_{k-1}$和Game$_k$，挑战者$\mathcal{B}$能以同样的优势破坏假设 2。这和假设 2 矛盾，所以 $|Adv_{\mathcal{A}}^{\mathrm{Game}_0}-Adv_{\mathcal{A}}^{\mathrm{Game}_R}|\leqslant\varepsilon$。

类似地，对于 $i=k$ 到 $i=q$，可得 $|Adv_{\mathcal{A}}^{\mathrm{Game}_k}-Adv_{\mathcal{A}}^{\mathrm{Game}_{k+1}}|\leqslant\varepsilon,\cdots,|Adv_{\mathcal{A}}^{\mathrm{Game}_{q-1}}-Adv_{\mathcal{A}}^{\mathrm{Game}_q}|\leqslant\varepsilon$，因此：

$$\begin{aligned}&|Adv_{\mathcal{A}}^{\mathrm{Game}_k}-Adv_{\mathcal{A}}^{\mathrm{Game}_q}|\\&=|Adv_{\mathcal{A}}^{\mathrm{Game}_k}-Adv_{\mathcal{A}}^{\mathrm{Game}_{k+1}}+\cdots+Adv_{\mathcal{A}}^{\mathrm{Game}_{q-1}}-Adv_{\mathcal{A}}^{\mathrm{Game}_q}|\\&\leqslant|Adv_{\mathcal{A}}^{\mathrm{Game}_k}-Adv_{\mathcal{A}}^{\mathrm{Game}_{k+1}}|+\cdots+|Adv_{\mathcal{A}}^{\mathrm{Game}_{q-1}}-Adv_{\mathcal{A}}^{\mathrm{Game}_q}|\\&\leqslant(q-k)\varepsilon\end{aligned}$$

此外，$|Adv_{\mathcal{A}}^{\mathrm{Game_q}}(L_{SK})-Adv_{\mathcal{A}}^{\mathrm{Game_F}}(L_{SK})|\geqslant\varepsilon$（将在引理 3－4 中给出证明）。这样，可得：

$$\begin{aligned}&Adv_{\mathcal{A}}^{\mathrm{Game}_k}\\&=|Adv_{\mathcal{A}}^{\mathrm{Game}_k}-Adv_{\mathcal{A}}^{\mathrm{Game}_q}+Adv_{\mathcal{A}}^{\mathrm{Game}_q}(L_{SK})-Adv_{\mathcal{A}}^{\mathrm{Game}_F}(L_{SK})|\\&\leqslant|Adv_{\mathcal{A}}^{\mathrm{Game}_k}-Adv_{\mathcal{A}}^{\mathrm{Game}_q}|+|Adv_{\mathcal{A}}^{\mathrm{Game}_q}(L_{SK})-Adv_{\mathcal{A}}^{\mathrm{Game}_F}(L_{SK})|\\&\leqslant(q-k+1)\varepsilon\end{aligned}$$

也就是说，敌手在游戏 Game$_k$（对于第 k 次私钥询问，挑战者用半功能私钥回应）中取得的优势是可以忽略的。换言之，当第 k 个私钥是半功能时，第 k 个私钥和挑战密文的相关关系对于敌手来说是隐藏的。引理 3－3 证毕。

引理 3－4　如果存在一个敌手$\mathcal{A}$使得$|Adv_{\mathcal{A}}^{\mathrm{Game_q}}(L_{SK})-Adv_{\mathcal{A}}^{\mathrm{Game_F}}(L_{SK})|\geqslant\varepsilon$，那么挑战者$\mathcal{B}$能以优势 ε 破坏假设 3。

证明：给定挑战者$\mathcal{B}$一个实例 $D=(\Omega,g_1,g_1^{\alpha}X_2,X_3,g_1^{s}Y_2,Z_2)$和挑战项 $T(T=e(g_1,g_1)^{\alpha s}$ 或 $T\in G'$，其中 $s\in Z_N$ 是随机选择的)。$\mathcal{B}$和$\mathcal{A}$交互如下：

初始化：$\mathcal{B}$随机选择 $g_1\in G_{p_1},g_3\in G_{p_3},\alpha,r\in Z_N,b,a_1,\cdots,a_n\in Z_N$ 并设置 $u_i=g_1^{a_i}(i\in\{1,2,\cdots,m\})$和 $h_1=g_1^{b}$。此外，$\mathcal{B}$随机选择 $x_1,\cdots,x_n\in Z_N$，$y_1,\cdots,y_n\in Z_N$，$\vec{\rho}=(\rho_1,\cdots,\rho_{n+2})\in Z_N^{n+2}$，$\rho_{n+2+i}\in Z_N(i=\{1,\cdots,m\})$。$\mathcal{B}$发送公钥 MPK 给敌手$\mathcal{A}$，主公钥为：

$$MPK=\{N,g_1,g_3,h_1,u_1,\cdots,u_m,e(g_1^{\alpha}g_2^{v},g_1),g_1^{x_1},\cdots,g_1^{x_n}\}。$$

主私钥：

$$MSK=(\vec{K}_0,K_i(i=\{1,\cdots,m\}))$$

$$=\left\{\langle g_1^{y_1},\cdots,g_1^{y_n},\left(g_1^{\alpha}h_1^{-r}\prod_{j=1}^{n}g_1^{-x_jy_j}\right),g_1^{r}\rangle * g_3^{\vec{\rho}},u_i^{r}g_3^{\rho_{n+2+i}}(i\in\{1,\cdots,m\})\right\}。$$

阶段 1：$\mathcal{A}$询问关于第 i 个身份 $ID_i\in S$ 的私钥，其中 $S=\{ID_1,\cdots,ID_d\}$。$\mathcal{B}$回应如下：$\mathcal{B}$随机选择 $t_1,\cdots,t_{n+2}\in Z$。半功能私钥为：

$$\widetilde{SK_{ID_i}}=\langle g_1^{w_1}(g_2^{u}g_3^{\zeta})^{t_1},\cdots,g_1^{w_n}(g_2^{u}g_3^{\zeta})^{t_n},\left(g_1^{\alpha}h_1^{-r_i'}\prod_{j=1}^{n}g_1^{-x_jw_j}\right)\prod_{j=1}^{d}(u_j^{ID_j})^{r_i'}(g_2^{u}g_3^{\zeta})^{t_{n+1}},g_1^{r_i'}(g_2^{u}g_3^{\zeta})^{t_{n+2}}\rangle。$$

挑战：敌手$\mathcal{A}$发给$\mathcal{B}$挑战身份集 $S^*=\{ID_1^*,\cdots,ID_d^*\}$和两个等长的消息 M_0 与 M_1。$\mathcal{B}$随机选择 $\beta\in\{0,1\}$并计算密文：$CT=(C,Hdr)=(M_\beta T,\langle(g_1^{s}g_2^{u})^{x_1},\cdots,(g_1^{s}g_2^{u})^{x_n},g_1^{s}g_2^{u},(g_1^{s}g_2^{u})^{\sum_{i=1}^{d}a_iID_i^*+b}\rangle)$。

阶段 2：敌手继续对 ID_i 进行私钥询问，要求满足条件 $ID_i\notin S^*$。

猜测：$\mathcal{A}$输出关于 β 的猜测 β'。如果 $\beta'=\beta$，$\mathcal{A}$赢得游戏。

概率分析：当 $T=e(g_1,g_1)^{\alpha s}$ 时，$\mathcal{B}$恰当地模拟游戏Game_q。当 $T\in G'$ 时，$\mathcal{B}$恰当地模拟游戏Game_F。可得：$|\Pr[\mathcal{B}(D,T=e(g_1,g_1)^{\alpha s})=0]-\Pr[\mathcal{B}(D,T\in G')=0]|=|Adv_{\mathcal{A}}^{\mathrm{Game_q}}-Adv_{\mathcal{A}}^{\mathrm{Game_F}}|\geqslant\varepsilon$。也就是说，在私钥至多泄漏 $L_{SK}=(n-2\Lambda-1)\lambda$ 的情况下，如果存在一个敌手$\mathcal{A}$能以不可忽略的优势区分Game_q 和Game_F，挑战者$\mathcal{B}$能以同样的优势破坏假设 3。这和假设 3 矛盾，所以，$|Adv_{\mathcal{A}}^{\mathrm{Game_q}}-Adv_{\mathcal{A}}^{\mathrm{Game_F}}|\leqslant\varepsilon$。引理 3-4 证毕。

如果私钥不进行更新的话，随着时间的推移泄漏将会超出一定的界，这就会破坏系统的安全性。为了保持方案持续泄漏的性能，私钥必须周期性更新。通过私钥更新算法，CLR-IBBE 方案具有持续弹性泄漏的功能。

定理 3-2　给出 CLR-IBBE 方案具有持续泄漏的性能。

证明：类似于文献[199]，通过私钥更新算法，给出的方案 CLR-IBBE 获得了持续的泄漏弹性。私钥更新算法以私钥 SK_{ID}和公钥 MPK 为输入，输出一个新的私钥$\widehat{SK_{ID}}$。在私钥更新算法中，在私钥原始指数的随机值中加入了额外的值。由于新加入的值是从 Z_N 中随机选取的，这样，新的私钥

$\widehat{SK_{ID}}$和原来的私钥具有相同的分布。私钥更新算法运行之后，一个新的私钥就产生了。如果周期性更新私钥，便可获得持续的泄漏弹性。

3.5 相对泄漏率分析

私钥(或主私钥)的相对泄漏率是指私钥(或主私钥)的泄漏量和私钥(或主私钥)长度的比值。

在本章提出的方案中，p_1, p_2, p_3 都是长度为 λ 比特的素数。私钥的长度是 $3(n+2)\lambda$ 比特。私钥的泄漏量至多为$(n-2\Lambda-1)\lambda$ 比特，其中 $n\geqslant 2$ 是一个可变的整数(不同的值可以获得不同的泄漏率)，Λ 是一个定的常数。那么，私钥的相对泄漏率为$\frac{(n-2\Lambda-1)\lambda}{3(n+2)\lambda}=\frac{(n-2\Lambda-1)}{3(n+2)}$。

需要强调的是 n 的值是可变的，如果想获取高的相对泄漏率，可以选择一个较大的 n，这样抗泄漏的性能越好。但是，私钥相应较长。如果选取较小的 n，方案的泄漏率较低，私钥相应较短。

本章方案和[70,197]的比较由表 3 - 3 给出。具体进行私钥 SK 大小、泄漏量、存储需求和泄漏率比较。

表 3 - 3 本章方案和方案[70,197]抗泄漏性比较

性能	文献[197]中 IBBE	文献[70]中 LR-IBE	本章方案(CLR- IBBE)
SK 大小	$3\times 3\lambda$	$3(n+2)\lambda$	$3(n+2)\lambda$
SK 泄漏量	无	$(n-2\Lambda-1)\lambda$	$(n-2\Lambda-1)\lambda$
存储单元	3	$n+2$	$n+2$
私钥更新	无	无	有
SK 泄漏率	0	$\frac{(n-2\Lambda-1)}{3(n+2)}$	$\frac{(n-2\Lambda-1)}{3(n+2)}$
CLR 功能	无	无	有

Zhang 等人[197] 给出了一个 IBBE 方案，但是没有考虑泄漏的情况。Lewko 等人[70] 提出了一个抗泄漏的 IBE 方案，但是没有考虑到广播情况。本章给出的方案同时考虑到这两方面情况。

从表 3 - 3 中，可以看出本章给出方案的泄漏弹性、存储需求和方案[70]

一样好。根据具体的需求，可以设置不同的 n 来获得不同的泄漏率。如果 $n=0$，本章方案与文献[70]方案就不能抵抗泄漏攻击。这样，Lewko 等人[70]给出的方案 LR-IBE 与本章给出方案的存储需求就和 Zhang 等人[197]的方案是一样的。相对泄漏率依赖于 n。事实上，当 n 非常大时，提出的 CLR-IBBE 方案相对泄漏率可以接近 1/3。

3.6 计算效率比较

表 3-4 给出本章方案和文献[70，197]方案的计算效率比较。

表 3-4　本章方案和文献[70，197]方案的计算效率比较

方案	初始化	私钥产生	私钥更新	加密	解密
[70]方案	$(4n+8)E+P$	$(3n+6)E$	无	$(n+3)E$	$(n+2)P$
[197]方案	$mE+P$	$(2d+4)E$	无	$(d+3)E$	$2P$
本章方案	$(4n+3m+5)E+P$	$(3n+2d+4)E$	$(3n+d+5)E$	$(n+d+2)E$	$(n+2)P$

表 3-4 中列出了主要操作(配对运算和群指数)的个数。P 表示配对运算，E 表示群指数操作，m 为系统中用户总数，d 为广播组中的用户数。由表 3-4 可知，解密计算需要 $n+2$ 配对。当 n 变化时，表 3-5 给出了本章方案的解密计算需要的配对运算个数和相对泄漏率。

表 3-5　参数 n 变化引起的解密计算和泄漏率变化(CLR-IBBE)

n	2	3	4	5	…	n	…	$+\infty$
解密中配对运算	4	5	6	7	…	$n+2$	…	$+\infty$
相对泄漏率	$\frac{1}{12}$	$\frac{2}{15}$	$\frac{1}{6}$	$\frac{4}{21}$	…	$\frac{n-1}{3(n+1)}$	…	$\frac{1}{3}$

根据表 3-3 和表 3-5，易知：当 n 非常大时，解密成本和泄漏率都相应增大；另一方面，当 n 较小时，解密成本和泄漏率都相对较小。即使 $n=2$，相对泄漏率已经可以达到$\frac{1}{12}$，在实践中这也是一个不错的泄漏率。同时，如果 $n=2$，解密仅需 4 个配对运算，这样的计算成本是比较小的。退一步来说，当 $n=4$ 时，泄漏率可以达到$\frac{1}{6}$，这是一个非常好的泄漏率了(请参考文献

[20]),即使这样解密也只不过需要6个配对运算,在工程实践中也是可以接受的。这样,从工程实践的角度,可以选取较小的 n 值,比如 $n=2$,$n=3$ 或 $n=4$。同时本章给出方案的抗泄漏性是非常好的。

3.7 仿真实验

(1) 实验环境和基准时间

为了对提出方案和相关方案[70,197]进行具体运行时间比较,进行了仿真实验。实验平台是安装64位操作系统 Windows 7、主频为3.40 GHz、RAM 为8.00 GB和CPU为 Intel(R) Core(TM) i7-6700 的计算机。基于 JPBC (Java Pairing-Based Cryptography Library) 2.0.0[200]用Eclipse(版本4.4.1)软件进行仿真。JPBC 是基于配对操作的免费库,是 PBC (Pairing-Based Cryptography)[201]的 Java 版本,实现了合数阶群和对偶配对向量空间操作。实验选用160比特合数阶椭圆曲线 $y^2=x^3+x$,具体信息如表3-6所示。

表3-6 椭圆曲线相关信息(合数阶)

类型	椭圆曲线	对称与否	合数阶	安全水平
A1	$y^2=x^3+x$	是	$N=p_1p_2p_3=3 \bmod 4$	$\log p_i=256 \quad i=1,2,3$

基于上述实验环境和选定的A1类型曲线,测试了基本操作需要的时间。运行100次,取平均值,具体情况如表3-7。时间单位为毫秒(ms)。

表3-7 基本操作时间(合数阶)

预处理	基本操作								
	常规运算				指数运算			配对	
	群 G			群 Z_N	群 G	群 G'	子群	群 G	子群
	加	乘	除	加					
无	0.24	0.03	0.27	0.02	162	23.3	163	214	211
有	0.24	0.03	0.27	0.02	25	5.1	25.1	85	76

在表3-7中,子群具体是指子群 G_{p_1},G_{p_2} 或 G_{p_3}。从表3-7可以看出,有无预处理,常规运算的时间均相同,但是对于指数运算和配对运算,进行

预处理之后,运算速度提高很多。本章实验和后续章节实验内容均考虑到了预处理情况。

(2) 实验结果与分析

本章给出的方案是可以抗私钥泄漏的基于身份广播加密方案(CLR-IBBE),而 Lewko 等人[70]给出的是抗泄漏基于身份加密方案(LR_IBE),Zhang 等人[197]给出的是没有抗泄漏性能的基于身份广播加密方案(IBBE),这三个方案尽管有联系,但不完全是同类的方案,因此运行时间本来不具有可比性,但是为了进行相关性能比较,按如下的思路进行实验:要比较本章给出方案和某一方案的某种性能,先把相关方案的某些参数进行固定设置,然后调节具体性能参数进行比较。比如说要比较本章提出方案和 Zhang 等人[197]的方案中系统用户总数对方案的性能影响,由于 Zhang 等人[197]的方案没有抗泄漏的性能,那么在实验时,事先把本章方案的泄漏参数调整为 0,然后再具体调节用户总数进行比较。下面的实验均运行 10 次,取平均值。

(a) 首先,对本章方案和文献[70,197]的方案进行总体比较,为了使比较结果有意义,尽量让三个方案的运行条件相同。具体来说,把本章方案的泄漏参数设置为 0,另外把本章方案和文献[197]方案的用户总数和接收消息的广播组中用户数设置为 1。具体运行时间如表 3-8 所示,并通过图 3-2 来直观显示三种方案共有的算法运行时间。时间单位为毫秒(ms)。

表 3-8　三种方案在等同条件下运行时间　(单位:ms)

方案	泄漏量	初始化时间	私钥产生时间	私钥更新时间	加密时间	解密时间
本章方案	0	291	182	181	113	157
[197]方案	无	105	182	无	136	157
[70]方案	0	291	182	无	113	157

从表 3-8 可以看出,三种方案在解密阶段所用时间相同,因为三个方案解密都只需要 2 个配对。本章方案和 Lewko 等人[70]的 LR_IBE 方案所用的加密时间是一样的,略低于 Zhang 等人[197]的 IBBE 方案。另外,LR_IBE 和 IBBE 方案可以看成是本章方案的特例。这是因为:本章方案如果不考虑泄漏情况,便可得到类似 IBBE 方案;在本章方案中,如果设定系统用户总数和广播组用户数均为 1,可以得到类似 LR_IBE 方案。为了清晰显示比对效果,表 3-8 中信息用图 3-2 显示。

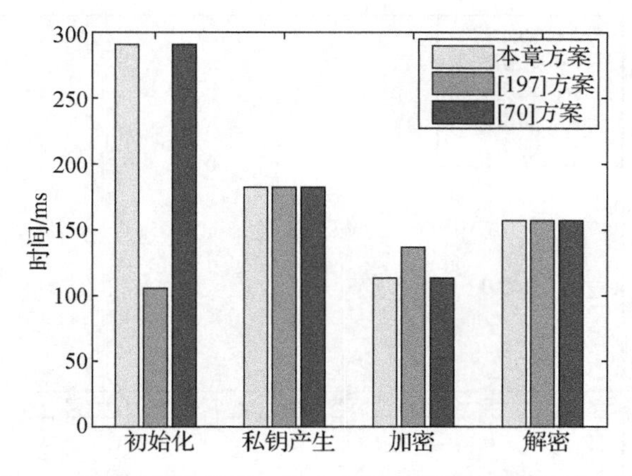

图 3-2　在同等条件下三个方案的共有算法运行时间对比

(b) 考察 CLR-IBBE 方案中的不同参数对系统性能的影响，首先测试系统总用户数对各个算法运行时间的影响，设定广播组中用户数为 5，泄漏参数为 1，变化系统中总的用户数，得到具体的运行时间如表 3-9 所示。时间单位为(ms)。

表 3-9　CLR-IBBE 方案在总用户数不同时的运行时间　　(单位:ms)

用户总数	初始化时间	私钥产生时间	私钥更新时间	加密时间	解密时间
10	1707	1268	1160	1052	233
20	2180	1268	1160	1052	233
30	2670	1268	1160	1052	233
40	3214	1268	1160	1052	233
50	3683	1268	1160	1052	233
60	4197	1268	1160	1052	233

从表 3-9 可以看出，系统初始化算法随着系统中用户总数的增多而线性增长，其他四个算法运行时间基本稳定，不受用户总数影响。图 3-3 给出了各个算法运行时间随系统中用户总数增加的变化趋势。

下面考察泄漏参数对本章方案的影响，为此设定系统的总用户数为 20，广播组中的用户数为 5。调节泄漏参数，获得相应运行时间如表 3-10 所示。时间单位为毫秒(ms)。

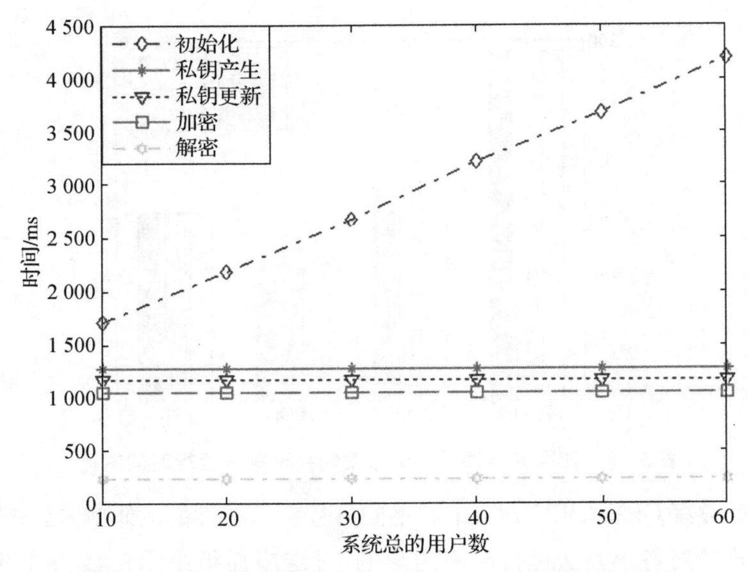

图 3-3　系统总的用户数改变时各算法执行时间变化趋势

表 3-10　泄漏参数取不同值时 CLR-IBBE 方案中各个算法的运行时间

（单位：ms）

泄漏量	初始化时间	私钥产生时间	私钥更新时间	加密时间	解密时间
1	2180	1268	1160	1052	233
2	2426	1327	1222	1076	310
3	2680	1422	1324	1116	390
4	2919	1499	1390	1143	463
5	3154	1561	1457	1170	546

从表 3-10 可以看出，系统每个算法运行时间都随着泄漏量的增多而线性增长。图 3-4 给出了各个算法运行时间随系统中泄漏量增加的变化趋势。

3.8 算法实现

程序共由七个类组成：CLRIBBECiphertext. java；CLRIBBEMasterKey. java；CLRIBBESecretKey. java；Util. java；TypeA1CurveGenerator.

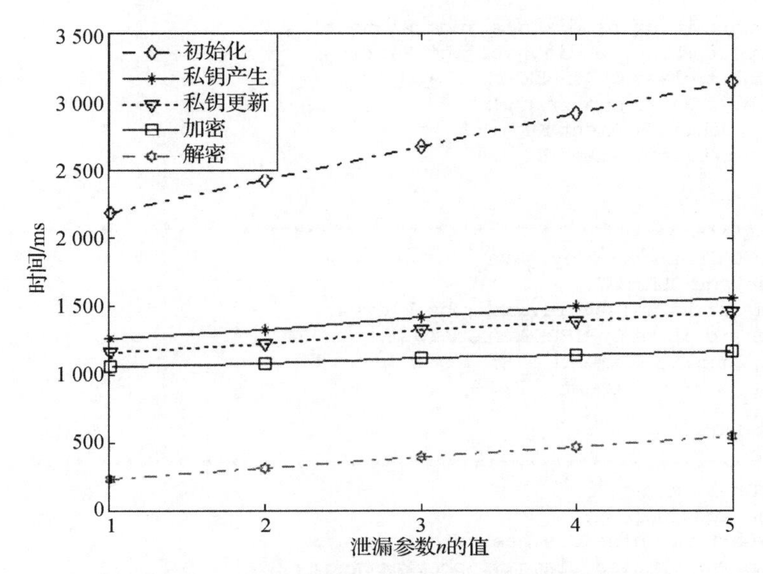

图 3-4　泄漏参数取不同值时系统运行时间变化趋势

java; CLR-IBBE. java; CLRIBBETest. java。

TypeA1CurveGenerator. java 类:用来生成 A1 类型曲线。

Util. java 类:用于描述 Hash 函数结构。

CLRIBBECiphertext. java 类:用来描述密文的结构。

CLRIBBEMasterKey. java 类:用来描述主密钥的结构。

CLRIBBESecretKey. java 类:用来描述私钥的结构。

CLR-IBBE. java 类:用来生成初始化算法、私钥产生算法、私钥更新算法、加密算法、解密算法等。

CLRIBBETest. java 类:调用初始化算法、私钥产生算法、私钥更新算法、加密算法、解密算法等 5 个算法,具体测试它们的运行时间。

```
//***********************************************************************//
//CLRIBBECiphertext.java
package CLRIBBE;
import it.unisa.dia.gas.jpbc.Element;
class CLRIBBECiphertext {
      public  Element C;
      public  Element Hdr[];
}

//***********************************************************************//
// CLRIBBEMasterKey.java
package CLRIBBE;
```

```
import it.unisa.dia.gas.jpbc.Element;
import it.unisa.dia.gas.jpbc.Pairing;
public class CLRIBBEMasterKey {
public Pairing pairingM;
    public Element K0[];
    public Element K1[];
}

//**********************************************************//
//CLRIBBESecretKey.java
package CLRIBBE;
import it.unisa.dia.gas.jpbc.Element;
public class CLRIBBESecretKey {
    public Element[] ID;
    public Element[] K;;
}

//**********************************************************//
//Util.java
package CLRIBBE;
import it.unisa.dia.gas.jpbc.Element;
import it.unisa.dia.gas.jpbc.Pairing;
public class Util {
    public static Element hash_id(Pairing pairing, String id){
        byte[] byte_identity = id.getBytes();
         Element hash = pairing.getZr().newElement().setFromHash
                        (byte
                        _identity, 0, byte_identity.length);
        return hash;
    }
}

//**********************************************************//
//TypeA1CurveGenerator.java
package CLRIBBE;
import it.unisa.dia.gas.jpbc.* ;
import it.unisa.dia.gas.jpbc.PairingParameters;
import it.unisa.dia.gas.jpbc.PairingParametersGenerator;
import it.unisa.dia.gas.plaf.jpbc.pairing.parameters.PropertiesPa-
  rameters;
import it.unisa.dia.gas.plaf.jpbc.util.math.BigIntegerUtils;

import it.unisa.dia.gas.plaf.jpbc.pairing.PairingFactory;
import it.unisa.dia.gas.plaf.jpbc.util.ElementUtils;

import java.math.BigInteger;
import java.security.SecureRandom;

public class TypeA1CurveGenerator implements PairingParametersGen-
  erator {
    protected SecureRandom random;
    protected int numPrimes, bits;

    public TypeA1CurveGenerator(SecureRandom random, int numPrimes,
```

```
    int bits) {
      this.random = random;
      this.numPrimes = numPrimes;
      this.bits = bits;
  }
  public TypeA1CurveGenerator(int numPrimes, int bits) {
      this(new SecureRandom(), numPrimes, bits);
  }

  public PairingParameters generate() {
      BigInteger[] primes = new BigInteger[numPrimes];
      BigInteger order, n, p;
      long l;
      while (true) {
          while (true) {
              order = BigInteger.ONE;
              for (int i = 0; i < numPrimes; i+ + ) {

                  boolean isNew = false;
                  while (! isNew) {
                        primes[i] = BigInteger.probablePrime(bits,
                                    random);
                      isNew = true;
                      for (int j = 0; j < i; j+ + ) {
                          if (primes[i].equals(primes[j])) {
                              isNew = false;
                              break;
                          }
                      }
                  }

                  order = order.multiply(primes[i]);
              }

              break;
          }

          l = 4;
          n = order.multiply(BigIntegerUtils.FOUR);

          p = n.subtract(BigInteger.ONE);
          while (! p.isProbablePrime(10)) {
              p = p.add(n);
              l + = 4;
          }
          break;
      }

      PropertiesParameters params = new PropertiesParameters();
      params.put("type", "a1");
      params.put("p", p.toString());
      params.put("n", order.toString());
      for (int i = 0; i < primes.length; i+ + ) {
          params.put("n" +  i, primes[i].toString());
```

```
        }
        params.put("l", String.valueOf(l));
        return params;
    }

    public static void main(String[] args) {
        long time1,time2,time3,time4;
        System.out.println(System.currentTimeMillis());
        time1= System.currentTimeMillis();
        System.out.println(System.nanoTime());
        time3= System.nanoTime();

        System.out.println(System.currentTimeMillis());
        time2= System.currentTimeMillis();
        System.out.println(time2- time1);
        System.out.println(System.nanoTime());
        time4= System.nanoTime();
        System.out.println(time4- time3);
        System.out.println();

        TypeA1CurveGenerator pg = new TypeA1CurveGenerator(3, 512);
        PairingParameters typeA1Params = pg.generate();
        Pairing pairing = PairingFactory.getPairing(typeA1Params);

        /* 设定并存储一个生成元。由于椭圆曲线是加法群,所以 G 群中任意一
           个元素都可作为生成元* /
         Element generator1 = pairing.getG1().newRandomElement().
                              getImmutable();
        //随机产生一个 G_p_1 中的元素
        Element G_p_1 = ElementUtils.getGenerator(pairing, genera-
                        tor1, typeA1Params, 0, 3).getImmutable();
        //随机产生一个 G_p_2 中的元素
        Element G_p_2 = ElementUtils.getGenerator(pairing, genera-
                        tor1, typeA1Params, 1, 3).getImmutable();

        //随机产生一个 G_p_3 中的元素
        Element G_p_3 = ElementUtils.getGenerator(pairing, genera-
                        tor1, typeA1Params, 2, 3).getImmutable();
        System.out.println(System.nanoTime());

        System.out.println(G_p_1);
        System.out.println(G_p_2);
        System.out.println(G_p_3);

        Element ez = pairing.getZr().newRandomElement();
        BigInteger z= BigInteger.valueOf(5);

        time1 = System.currentTimeMillis();
        time3 = System.nanoTime();
        G_p_1.pow(z);
        time2 = System.currentTimeMillis();
        System.out.println(time2 - time1);
        time4 = System.nanoTime();
        System.out.println(time4 - time3);
```

```
        time1 = System.currentTimeMillis();
        time3 = System.nanoTime();
        G_p_1.powZn(ez);
        time2 = System.currentTimeMillis();
        System.out.println(time2- time1);
        time4 = System.nanoTime();
        System.out.println(time4- time3);

        time1= System.currentTimeMillis();
        time3= System.nanoTime();
        Element G1_p_G2 = pairing.pairing(G_p_1, G_p_1);
        System.out.println(G1_p_G2);
        time2= System.currentTimeMillis();
        System.out.println(time2- time1);
        time4= System.nanoTime();
        System.out.println(time4- time3);

        time1= System.currentTimeMillis();
        time3= System.nanoTime();
        Element G2_p_G3 = pairing.pairing(G_p_2, G_p_3);
        System.out.println(G2_p_G3);
        time2= System.currentTimeMillis();
        System.out.println(time2- time1);
        time4= System.nanoTime();
        System.out.println(time4- time3);

        time1= System.currentTimeMillis();
        time3= System.nanoTime();
        Element G1_p_G3 = pairing.pairing(G_p_1, G_p_3);
        System.out.println(G1_p_G3);
        time2= System.currentTimeMillis();
        System.out.println(time2- time1);
        time4= System.nanoTime();
        System.out.println(time4- time3);
    }
}
//*************************************************************//
// CLR-IBBE.java
package CLRIBBE;
import CLRIBBE.TypeA1CurveGenerator;
import it.unisa.dia.gas.jpbc.Element;
import it.unisa.dia.gas.jpbc.ElementPowPreProcessing;
import it.unisa.dia.gas.jpbc.Pairing;
import it.unisa.dia.gas.jpbc.PairingParameters;
import it.unisa.dia.gas.jpbc.PairingPreProcessing;
import it.unisa.dia.gas.plaf.jpbc.pairing.PairingFactory;
import CLRIBBE.CLRIBBECiphertext;
import CLRIBBE.CLRIBBEMasterKey;
import CLRIBBE.CLRIBBESecretKey;
import CLRIBBE.Util;
import it.unisa.dia.gas.plaf.jpbc.util.ElementUtils;

public class CLR-IBBE {
```

```
public static final boolean isDebug = true;
public Pairing pairing;//声明为 public
private int MAX_USER;//系统最大用户数
private int USER_NUM;//广播中用户数
private int LEAK_NUM;//泄漏参数个数
//Public parameters
private Element g1Pre,h1Pre,g3Pre;
private ElementPowPreProcessing g1,h1,g3;//预处理

private Element uPre[];
private ElementPowPreProcessing u[];//预处理

private Element alpha, r;
private Element x[];
private Element y[];
private Element p[];

private Element z[];
private Element p1[];
private Element r1[];
//用于密钥更新
private Element w[];
private Element p2[];
private Element r2[];

private Element EPre[];
private ElementPowPreProcessing E[];//预处理

PairingParameters typeA1Params;

CLR-IBBE(){
    System.out.println("CLR-IBBE()");

    long time1,time2,time3,time4;

    time1= System.currentTimeMillis();
    time2= System.nanoTime();
    TypeA1CurveGenerator pg = new TypeA1CurveGenerator(3,256);
    time3= System.currentTimeMillis();
    System.out.println(time3- time1);
    time4= System.nanoTime();
    System.out.println(time4- time2);

    time1= System.currentTimeMillis();
    time2= System.nanoTime();
    typeA1Params = pg.generate();

    time3= System.currentTimeMillis();
    System.out.println(time3- time1);
    time4= System.nanoTime();
    System.out.println(time4- time2);

    time1= System.currentTimeMillis();
    time2= System.nanoTime();
```

```
    pairing = PairingFactory.getPairing(typeA1Params);

    time3= System.currentTimeMillis();
    System.out.println(time3- time1);
    time4= System.nanoTime();
    System.out.println(time4- time2);
}

public CLRIBBEMasterKey Setup(int M, int U,int L){
    System.out.println("Generate master key:");
    long time1,time2,time3,time4,time5,time6,time11,time12,
      time13,time14;
    time11= System.currentTimeMillis();
    time13= System.nanoTime();

    this.MAX_USER = M;
    this.USER_NUM = U;
    this.LEAK_NUM = L;


    this.alpha = pairing.getZr().newRandomElement().getImmuta-
                 ble();
    this.r = pairing.getZr().newRandomElement().getImmutable();

     Element generator1 = pairing.getG1().newRandomElement().
                          getImmutable();

    System.out.println("预处理时间 1");
    time1= System.currentTimeMillis();
    time3= System.nanoTime();

    this.g1Pre = ElementUtils.getGenerator(pairing, generator1,
                 this.typeA1Params, 0, 3).getImmutable();
    this.h1Pre = ElementUtils.getGenerator(pairing, generator1,
                 this.typeA1Params, 0, 3).getImmutable();
    this.g3Pre = ElementUtils.getGenerator(pairing, generator1,
                 this.typeA1Params, 2, 3).getImmutable();

    this.uPre = new Element[this.MAX_USER+ 1];
    this.u= new ElementPowPreProcessing[this.MAX_USER+ 1];
    for (int i= 0; i< this.uPre.length; i+ + ){

        this.uPre[i] = ElementUtils.getGenerator(pairing, generator1,
                       this.typeA1Params, 0, 3).getImmutable();
    }

    time2= System.currentTimeMillis();
    System.out.println(time2- time1);
    time4= System.nanoTime();
    System.out.println(time4- time3);
    time5= time2- time1;
    time6= time4- time3;

    this.x = new Element[this.LEAK_NUM+ 1];
```

```
this.EPre= new Element[this.LEAK_NUM+ 1];
this.E= new ElementPowPreProcessing[this.LEAK_NUM+ 1];

System.out.println("预处理时间 2:g1Pre.getElementPowPrePro-
  cessing()");
time1= System.currentTimeMillis();
time3= System.nanoTime();

g1= g1Pre.getElementPowPreProcessing();

time2= System.currentTimeMillis();
System.out.println(time2- time1);
time4= System.nanoTime();
System.out.println(time4- time3);
time5= time5+ time2- time1;
time6= time6+ time4- time3;

System.out.println("预处理时间 3");
time1= System.currentTimeMillis();
time3= System.nanoTime();

h1= h1Pre.getElementPowPreProcessing();
g3= g3Pre.getElementPowPreProcessing();
for (int i= 0; i< this.uPre.length; i+ + ){
    this.u[i]= this.uPre[i].getElementPowPreProcessing();//
      预处理
}

for (int i= 0; i< this.x.length; i+ + ){
    this.x[i] = pairing.getZr().newRandomElement().getImmu-
                table();
    this.EPre[i]= g1.powZn(this.x[i]);  //存储 g^x_i
}

for (int i= 0; i< this.x.length; i+ + ){
     this.E[i]= EPre[i].getElementPowPreProcessing();//预
处理
}

time2= System.currentTimeMillis();
System.out.println(time2- time1);
time4= System.nanoTime();
System.out.println(time4- time3);
time5= time5+ time2- time1;
time6= time6+ time4- time3;
System.out.println("zong 预处理时间");
System.out.println(time5);
System.out.println(time6);

this.y = new Element[this.LEAK_NUM+ 1];

for (int i= 0; i< this.y.length; i+ + ){
    this.y[i] = pairing.getZr().newRandomElement().getImmu-
                table();
```

```
        }
        this.p = new Element[this.LEAK_NUM+ this.MAX_USER+ 1+ 2];
        for (int i= 0; i< this.p.length; i+ + ){
            this.p[i] = pairing.getZr().newRandomElement().getImmu-
                        table();
        }

        CLRIBBEMasterKey masterKey = new CLRIBBEMasterKey();
        masterKey.pairingM= pairing;
        masterKey.K0= new Element[this.LEAK_NUM+ 1+ 2];
        masterKey.K1= new Element[this.MAX_USER+ 1];

        for (int i= 1; i< = this.LEAK_NUM; i+ + ){
            masterKey.K0[i] = g1.powZn(y[i]).mul(g3.powZn(p[i]));
        }

        masterKey.K0[this.LEAK_NUM+ 1]= g1.powZn(alpha).div(h1.
                                        powZn(r));
        for (int i= 1; i<  this.LEAK_NUM+ 1; i+ + ){
            masterKey.K0[this.LEAK_NUM+ 1] = masterKey.K0[this.LEAK_
                                            NUM+ 1].div(g1.powZn(x
                                            [i].mul(y[i])));
        }
        masterKey.K0[this.LEAK_NUM+ 1]= masterKey.K0[this.LEAK_NUM
                                        + 1].mul(g3.powZn(p[this.
                                        LEAK_NUM+ 1]));
        masterKey.K0[this.LEAK_NUM+ 2]= g1.powZn(r);

        for (int i= 1; i< = this.MAX_USER; i+ + ){
            masterKey.K1[i] = u[i].powZn(r).mul(g3.powZn(p[this.LEAK
                        _NUM+ 2+ i]));
        }

        System.out.println("最终时间:");
        time12= System.currentTimeMillis();
        time14= System.nanoTime();
        System.out.println(time12- time11- time5);
        System.out.println(time14- time13- time6);
        System.out.println("Master key has been generated.");
        return masterKey;
    }

    public CLRIBBESecretKey KeyGen(CLRIBBEMasterKey msk, Element ID
      []){

        System.out.println("Secret key:");

        long time1,time2,time3,time4,time5,time6,time11,time12,
          time13,time14;
        time11= System.currentTimeMillis();
        time13= System.nanoTime();

        assert(ID.length < = this.USER_NUM);
```

```
this.z = new Element[this.LEAK_NUM+ 1];

for (int i= 0; i< this.z.length; i+ + ){
    this.z[i] = pairing.getZr().newRandomElement().getImmu-
                table();
}
this.r1 = new Element[this.USER_NUM+ 1];

for (int i= 0; i< this.r1.length; i+ + ){
    this.r1[i] = pairing.getZr().newRandomElement().getIm-
                mutable();
}
this.p1 = new Element[this.LEAK_NUM+ 1+ 2];

for (int i= 0; i< this.p1.length; i+ + ){
    this.p1[i] = pairing.getZr().newRandomElement().getIm-
                mutable();
}

CLRIBBESecretKey secretKey = new CLRIBBESecretKey();
secretKey.ID = new Element[this.USER_NUM+ 1];
for (int i= 0; i< = this.USER_NUM; i+ + ){
    secretKey.ID[i] = ID[i];
}
secretKey.K = new Element[this.LEAK_NUM+ 1+ 2];

for (int i= 1; i< = this.LEAK_NUM; i+ + ){
secretKey.K[i] = msk.K0[i].mul(g1.powZn(this.z[i])).mul(g3.
                powZn(p1[i]));
}

secretKey.K[this.LEAK_NUM+ 1]= msk.K0[this.LEAK_NUM+ 1];

for (int i= 1; i< = this.LEAK_NUM; i+ + ){
    secretKey.K[this.LEAK_NUM+ 1]= secretKey.K[this.LEAK_
                                   NUM+ 1].div(E[i].powZn
                                   (z[i]));
}

System.out.println("预处理时间:msk.K1[1]");
time1= System.currentTimeMillis();
time3= System.nanoTime();

ElementPowPreProcessing mskK1[]= new ElementPowPreProcess-
                                 ing[this.USER_NUM+ 1];

g1= g1Pre.getElementPowPreProcessing();

for (int i= 1; i< = this.USER_NUM; i+ + ){
    mskK1[i]= msk.K1[i].getElementPowPreProcessing();
}

time2= System.currentTimeMillis();
System.out.println(time2- time1);
```

```
    time4= System.nanoTime();
    System.out.println(time4- time3);
    time5= time2- time1;
    time6= time4- time3;
    secretKey.K[this.LEAK_NUM+ 1]= secretKey.K[this.LEAK_NUM+
                                   1].div(u[1].powZn(ID[1].mul
                                   (r1[1])));
    secretKey.K[this.LEAK_NUM+ 1]= secretKey.K[this.LEAK_NUM+
                                   1]. div (mskK1 [1]. powZn (ID
                                   [1]));
    secretKey.K[this.LEAK_NUM+ 1]= secretKey.K[this.LEAK_NUM+
                                   1]. div (this. h1. powZn (r1
                                   [1]));

    for (int i= 2; i< = this.USER_NUM; i+ + ){
        secretKey.K[this.LEAK_NUM+ 1]= secretKey.K[this.LEAK_
                                       NUM+ 1].div(mskK1[i].
                                       powZn(ID[i]));
    }
    for (int i= 2; i< = this.USER_NUM; i+ + ){
    secretKey.K[this.LEAK_NUM+ 1]= secretKey.K[this.LEAK_NUM+
                                   1].div(this.u[i].powZn(ID
                                   [i].mul(r1[1])));
    }
    secretKey.K[this.LEAK_NUM+ 1]= secretKey.K[this.LEAK_NUM+ 1].
    mul(g3.powZn(p1[this.LEAK_NUM+ 1]));
    secretKey.K[this.LEAK_NUM+ 2]= msk.K0[this.LEAK_NUM+ 2].mul
                                  (g1.powZn(r1[1])).
    mul(g3.powZn(p1[this.LEAK_NUM+ 2]));

    System.out.println("最终时间:");
    time12= System.currentTimeMillis();
    time14= System.nanoTime();
    System.out.println(time12- time11- time5);
    System.out.println(time14- time13- time6);
    System.out.println("Secret key has been generated.");
    return secretKey;
}

public CLRIBBESecretKey KeyUpdate (CLRIBBESecretKey secretKey,
  Element ID[]){
    System.out.println("Key is updating:");
    assert(secretKey.ID.length < = this.USER_NUM);
    CLRIBBESecretKey updateKey= new CLRIBBESecretKey();
    updateKey.ID = new Element[this.USER_NUM+ 1];
    updateKey.K = new Element[this.LEAK_NUM+ 1+ 2];
    this.w = new Element[this.LEAK_NUM+ 1+ 1+ 1];
    for (int i= 0; i< this.w.length; i+ + ){
        this.w[i] = pairing.getZr().newRandomElement().getImmu-
                table();
    }
    this.r2 = new Element[this.USER_NUM+ 1];
    for (int i= 0; i< this.r2.length; i+ + ){
        this.r2[i] = pairing.getZr().newRandomElement().getIm-
```

```
                    mutable();
        }
        this.p2 = new Element[this.LEAK_NUM+ this.MAX_USER+ 1+ 2];
        for (int i= 0; i< this.p2.length; i+ + ){
            this.p2[i] = pairing.getZr().newRandomElement().getIm-
                    mutable();
        }
        for (int i= 1; i< = this.LEAK_NUM; i+ + ){
            updateKey.K[i] = secretKey.K[i].mul(g1.powZn(w[i])).mul
                        (g3.powZn(p2[i]));
        }
        updateKey.K[this.LEAK_NUM+ 1]= secretKey.K[this.LEAK_NUM+
                                    1].div(h1.powZn(r2[1]));
        for (int i= 1; i< = this.LEAK_NUM; i+ + ){
            updateKey.K[this.LEAK_NUM+ 1]= updateKey.K[this.LEAK_
                                    NUM+ 1].div(g1.powZn(w
                                    [i]).powZn(x[i]));
        }
        for (int i= 1; i< = this.USER_NUM; i+ + ){
            updateKey.K[this.LEAK_NUM+ 1]= updateKey.K[this.LEAK_
                                    NUM+ 1].div(u[i].powZn
                                    (r2[1]).powZn(ID[i]));
        }
        updateKey.K[this.LEAK_NUM+ 1]= updateKey.K[this.LEAK_NUM+
                                    1]. mul (g3. powZn (p2 [this.
                                    LEAK_NUM+ 1]));
        updateKey.K[this.LEAK_NUM+ 2]= secretKey.K[this.LEAK_NUM+
                                    2].mul(g1.powZn(r2[1])).
                                    mul(g3.powZn(p2[this.LEAK_
                                    NUM+ 2]));
        System.out.println("Key has been updated.");
        return updateKey;
    }
    public CLRIBBECiphertext Encrypt(Element[] ID){
        System.out.println("Encrypt is doing:");
        long time1,time2,time3,time4,time11,time12,time13,time14;
        time11= System.currentTimeMillis();
        time13= System.nanoTime();
        assert(ID.length < = this.USER_NUM);

        Element message = pairing.getGT().newRandomElement();
        if (isDebug){
            System.out.println("Infor -  encrypt: the generated ran-
              dom message is " +  message);
        }
        Element s = pairing.getZr().newRandomElement().getImmutable
                ();

        CLRIBBECiphertext ciphertext = new CLRIBBECiphertext();
        ciphertext.Hdr = new Element[this.LEAK_NUM+ 1+ 2];

        System.out.println("预处理时间 PairingPreProcessing[g1]");
        time1= System.currentTimeMillis();
        time3= System.nanoTime();
```

```
    PairingPreProcessing g1PPre= pairing.getPairingPreProcess-
                                  ingFromElement(g1Pre);

    time2= System.currentTimeMillis();
    time2= time2- time1;
    System.out.println(time2);
    time4= System.nanoTime();
    time4= time4- time3;
    System.out.println(time4);
    ciphertext.C = g1PPre.pairing(g1Pre).powZn(alpha).powZn(s).
                   mul(message).getImmutable();
    for (int i= 1; i< = this.LEAK_NUM; i+ + ){
        ciphertext.Hdr[i] = this.E[i].powZn(s).getImmutable();//
                          E[i]= g1^x[i]
    }
    ciphertext.Hdr[this.LEAK_NUM+ 1] = g1.powZn(s);
    ciphertext.Hdr[this.LEAK_NUM+ 2] = h1.powZn(s);
    for (int i= 1; i< = this.USER_NUM; i+ + ){
    ciphertext.Hdr[this.LEAK_NUM+ 2] = ciphertext.Hdr[this.LEAK_NUM
                                       + 2].mul(u[i].powZn(ID[i]).
                                       powZn(s)).getImmutable();
    }
    System.out.println("Encrypt has been done.");
    System.out.println("最终时间:");
    time12= System.currentTimeMillis();
    time14= System.nanoTime();
    time12= time12- time11;
    time12= time12- time2;
    time14= time14- time13;
    time14= time14- time4;
    System.out.println(time12);
    System.out.println(time14);
    return ciphertext;
}

public Element decrypt(Element[] IdSet, CLRIBBECiphertext ci-
  phertext, CLRIBBESecretKey secretKey){
    System.out.println("Decrypt is doing:");
    long time1,time2,time3,time4,time5,time6,time11,time12,
      time13,time14;
    time11= System.currentTimeMillis();
    time13= System.nanoTime();
    assert(IdSet.length > = secretKey.ID.length);
    for (int i= 0; i< secretKey.ID.length; i+ + ){
        assert(secretKey.ID[i].equals(IdSet[i]));
    }

    Element KK[]= new Element[secretKey.K.length+ 1];
     System.out.println("预处理时间 pairing.getPairingPrePro-
       cessingFromElement(secretKey.K[i])");
    time1= System.currentTimeMillis();
    time3= System.nanoTime();
    this.g1= g1Pre.getElementPowPreProcessing();
```

```
        Pa iringPreProcessing KKPre[]= new PairingPreProcessing[se-
          cretKey.K.length+ 1];
        for (int i= 1; i< this.LEAK_NUM+ 3; i+ + ){
             KKPre[i]= pairing.getPairingPreProcessingFromElement
                        (secretKey.K[i]);
        }
        time2= System.currentTimeMillis();
        System.out.println(time2- time1);
        time4= System.nanoTime();
        System.out.println(time4- time3);
        for (int i= 1; i< this.LEAK_NUM+ 3; i+ + ){
            KK[i]= KKPre[i].pairing(ciphertext.Hdr[i]);
        }

        for (int i= 2; i< this.LEAK_NUM+ 3; i+ + ){
            KK[1]= KK[1].mul(KK[i]);
    }
        Element message = ciphertext.C.div(KK[1]);
        System.out.println("Infor -  decrypt: the message is " +  mes-
          sage);
        System.out.println("最终时间:");
        time12= System.currentTimeMillis();
        time14= System.nanoTime();
        System.out.println(time12- time11- (time2- time1));
        System.out.println(time14- time13- (time4- time3));
        System.out.println("Decrypt has been done.");
        return message;
    }
}

//*************************************************************//
// CLRIBBETest.java
package CLRIBBE;

import it.unisa.dia.gas.jpbc.Element;
import it.unisa.dia.gas.jpbc.Pairing;
import it.unisa.dia.gas.plaf.jpbc.pairing.PairingFactory;
    public class CLRIBBETest {
        private static void CLRIBBETest() {
        Pairing pairing;
        long time1,time2,time3,time4;
        time1= System.currentTimeMillis();
        time2= System.nanoTime();
        CLR-IBBE clrIBBE = new CLR-IBBE();
        time3= System.currentTimeMillis();
        System.out.println(time3- time1);
        time4= System.nanoTime();
        System.out.println(time4- time2);

        time1= System.currentTimeMillis();
        time2= System.nanoTime();

        CLRIBBEMasterKey msk= clrIBBE.Setup(1,1,0);
```

```
        time3= System.currentTimeMillis();
        System.out.println(time3- time1);
        time4= System.nanoTime();
        System.out.println(time4- time2);

        pairing= msk.pairingM;
        Element ID[]= new Element[31];
        for(int i= 0;i< = 30;i+ + )
        {
            ID[i]= pairing.getZr().newRandomElement().getImmutable();
        }
        time1= System.currentTimeMillis();
        time2= System.nanoTime();

        CLRIBBESecretKey secretKey= clrIBBE.KeyGen(msk, ID);

        time3= System.currentTimeMillis();
        System.out.println(time3- time1);
        time4= System.nanoTime();
        System.out.println(time4- time2);

        time1= System.currentTimeMillis();
        time2= System.nanoTime();
        CLRIBBESecretKey updateKey= clrIBBE.KeyUpdate(secretKey, ID);
        time3= System.currentTimeMillis();
        System.out.println(time3- time1);
        time4= System.nanoTime();
        System.out.println(time4- time2);

        time1= System.currentTimeMillis();
        time2= System.nanoTime();

        CLRIBBECiphertext ciphertext= clrIBBE.Encrypt(ID);

        time3= System.currentTimeMillis();
        System.out.println(time3- time1);
        time4= System.nanoTime();
        System.out.println(time4- time2);
        time1= System.currentTimeMillis();
        time2= System.nanoTime();
        Element plaintext= clrIBBE.decrypt(ID, ciphertext, secret-
                          Key);
        time3= System.currentTimeMillis();
        System.out.println(time3- time1);
        time4= System.nanoTime();
        System.out.println(time4- time2);
    }
        public static void main(String[] args)
          {
            CLRIBBETest();
          }
}
```

3.9 本章小结

本章给出了 CLR-IBBE 的形式化描述和安全定义，并提出了一个具体的 CLR-IBBE 方案。提出的方案可以抵抗私钥持续泄漏。基于通用子群判定假设，证明了提出的方案是可证安全的。通过实验对提出方案和相关方案进行效率比较，给出的方案具有较好的弹性泄漏功能，相对泄漏率可以达到 1/3。

第四章

抗泄漏的基于属性加密方案

为了解决传统公钥密码系统和基于身份的密码系统应用于分布式网络中存在的缺陷和复杂信息系统访问控制中的细粒度问题,基于属性加密的概念被提出。尽管有的学者已经开始考虑基于属性加密的抗泄漏问题,但是密码学研究者对基于属性加密的抗泄漏研究还是非常少，尤其是还没有关于对具有特殊性质的基于属性加密方案(如分层的基于属性加密、可搜索基于属性加密、多中心基于属性加密等)的抗泄漏研究。

本章对抗泄漏的分层密文策略基于属性的加密方案和抗泄漏的密钥策略基于属性加密方案进行研究,构造了第一个能抗持续泄漏的分层基于属性加密方案,给出了安全性证明和性能比较并进行实验验证。此外,构造了一个能抵抗持续辅助输入泄漏的密钥策略基于属性加密方案并给出了安全性证明。

4.1 研究动机

2005年，Sahai和Waters[152]开创性地提出了基于属性加密(ABE)的概念。ABE机制可以实现非常灵活的访问控制方式，因此在分布式环境中具有广泛的深入应用，比如精细化的访问控制、定向广播、隐私保护和组密钥管理[153]，ABE分为基于密文策略ABE(CP-ABE)和基于密钥策略ABE(KP-ABE)。针对有边信道攻击的情况，本章给出了两个抗泄漏的基于属性加密方案，这两个方案分别是基于密文策略ABE(CP-ABE)和基于密钥策略ABE(KP-ABE)。

第一，提出了第一个抗持续泄漏的分层基于属性加密。分层的基于属性加密(HABE)是一类重要的基于属性加密，它把ABE延展到私钥可以授权的情况。当系统中有很多属性时，ABE系统的私钥产生中心必须投入大量的精力来管理私钥。在这样的情况下，HABE可以通过私钥分层管理来减轻私钥产生中心的负担。文献[202 - 203]正式地给出ABE的分层思想。在HABE中，用户和属性向量集合相结合，其中属性向量的长度就是用户所在的层数。高层用户可以为它的子孙用户产生私钥。

本章给出了具有抗持续泄漏功能的分层基于属性加密(CLR-HABE)的形式化定义和安全模型，提出了第一个抗持续泄漏的分层基于属性加密方案。提出的方案可以抵抗主私钥和私钥泄漏。通过双系统加密技术证明了方案的安全性，给出了抗泄漏性能分析，并进一步通过实验验证了层数和泄漏参数对方案的运行影响。

第二，提出了能抵抗持续辅助输入泄漏的密钥策略基于属性加密(CAI-KP-ABE)方案。KP-ABE方案适合查询类的业务，用户对接收消息提出具体要求，如视频点播服务、付费影视系统、数据业务访问等；现有的KP-ABE方案都是在“黑盒”模式下设计的。这些方案没有考虑秘密信息的泄漏问题。

在BLM和CLM模型中，要求泄漏函数从信息论角度不能揭露整个私钥。为了弱化这样的要求，文献[36 - 37]提出了辅助输入(AIM)泄漏模型。在AIM中，概率时间多项式(PPT)敌手可以选择很难求逆的泄漏函数。泄漏函数以私钥和加密过程中用到的随机数为输入。Dodis 等人[37]构造了能抵抗辅助输入函数求逆是指数级困难的对称加密方案。Guo 等人[76]构造出抗持续辅助输入泄漏安全的基于属性加密方案。

Lai 等人[179]提出了具有快速解密功能的 KP-ABE，但是他们的方案没有泄漏弹性。受文献[70，179]启发，本章提出了能抵抗持续辅助输入泄漏的密钥策略基于属性加密(CAI-KP-ABE)。给出了 CAI-KP-ABE 的形式化定义和安全模型，提出了一个具体的 CAI-KP-ABE 方案。基于三个静态假设，通过双系统加密技术证明了 CAI-KP-ABE 方案的安全性。

4.2　抗持续泄漏的分层基于属性加密方案

4.2.1　CLR-HABE 形式化定义和安全模型

在给出的 CLR-HABE 中，所有参与方都被安排在矩阵 $\boldsymbol{U}$ 中。假设 $\boldsymbol{U}$ 是 l 行 m 列的矩阵。设 $\boldsymbol{U}=(\boldsymbol{U}_1,\boldsymbol{U}_2,\cdots,\boldsymbol{U}_l)^{\mathrm{T}}$，用 $\boldsymbol{U}^{\mathrm{T}}$ 表示矩阵 $\boldsymbol{U}$ 的转置矩阵。$\boldsymbol{U}_i(\forall i\in\{1,2,\cdots,l\})$是 $\boldsymbol{U}$ 的第 i 行，$\boldsymbol{U}_i$ 有 m 个属性。

深度为 k 的属性向量定义为$\vec{u}=(u_1,u_2,\cdots,u_k)$，也称 $\vec{u}$ 是第 k 层的分层属性集。对于 $\forall i\in\{1,2,\cdots,k\}$和 $u_i\in\boldsymbol{U}_i$，如果 $\vec{u}=(\vec{u}',u_{k'+1},\cdots,u_k)$($k$ 是属性向量 $\vec{u}$ 的深度)，那么 $\vec{u}'$称为$\vec{u}$ 的前缀。用 $S=\{\vec{u}\}$表示属性向量集合，用$|S|$表示 S 的势。

对于深度为 $k+1$ 的属性向量集合 S 和深度为 k 的属性向量集合 S'，如果$\forall\vec{u}\in S,\exists\vec{u}'\in S'$使得 $\vec{u}=(\vec{u}',u_{k+1})$，其中 $u_{k+1}\in\boldsymbol{U}_{k+1}$，则称 S 可由 S'导出，表示为 $S\Leftarrow S'$。

根据定义 2，一个访问结构是一组参与方的非空子集。在给出的 CLR-HABE 方案中，用属性向量充当参与方。这样，对于深度为 k 的属性向量，定义相应的访问结构$\mathbb{A}$是深度为 k 的所有属性向量的非空子集。当一个用户拥有集合 S 且 $S\in\mathbb{A}$，则称 S 是$\mathbb{A}$中的一个授权集，或称集合 S 满足访问结构$\mathbb{A}$。

根据定义 3，把 LSSS 拓展到深度为 k 的属性向量对应的访问结构$\mathbb{A}$的情形。分享产生矩阵$\mathcal{A}$应该满足条件：第 i 行与把秘密作为第一个分量的一个向量的内积构成深度为 k 的属性向量的分享。为了保证第 k 层的分层属性只能与$\mathcal{A}$的一行有关，选择一个单射函数 ϕ：把$\mathcal{A}$第 i 行映射到深度为 k 的属性向量。

(1) CLR-HABE 形式化定义

CLR-HABE 由以下算法构成：

初始化算法：Setup$(\vartheta)\to(MPK,MSK)$。算法以安全参数 ϑ 为输入，输出主公钥 MPK 和主私钥 MSK。MPK 对所有用户公开。

私钥产生算法：KeyGen$(MPK,MSK,S)\to SK_S$。算法以 MPK、MSK 和一个属性向量集 S 为输入，算法产生 S 对应的私钥 SK_S。

私钥更新算法：KeyUpd$(MPK,SK_S)\to\widehat{SK_S}$。算法以 S 对应的私钥 SK_S、MPK 为输入，产生更新后的私钥$\widehat{SK_S}$。

授权算法：Delegate$(MPK,SK_S,S')\to SK_{S'}$。算法输入深度为 k 的属性向量集 S 对应的私钥 SK_S、MPK 和深度为 $k+1$ 的属性向量集 S'。如果 $S'\Leftarrow S$，算法输出 S'对应的私钥 $SK_{S'}$；否则算法终止，输出失败。

加密算法：Encrypt$(MPK,M,\mathbb{A})\to CT$。算法以主公钥 MPK、消息 M 与一个访问结构$\mathbb{A}$为输入，输出密文 CT。

解密算法：Decrypt$(MPK,SK_S,CT)\to M$。算法输入 MPK、私钥 SK_S 和密文 CT。如果 $S\in\mathbb{A}$，输出 M；否则终止算法，输出失败。

半功能私钥产生算法：KeyGenSF$(MPK,MSK,S)\to\widetilde{SK_S}$。算法以 MPK、MSK 和一个属性向量集 S 为输入。算法产生 S 对应的半功能私钥$\widetilde{SK_S}$。

半功能加密算法：EncryptSF$(MPK,M,\mathbb{A})\to\widetilde{CT}$。算法以主公钥 MPK、消息 M 与一个访问结构$\mathbb{A}$为输入，输出半功能密文$\widetilde{CT}$。

CLR-HABE 系统功能结构如图 4-1 所示。

半功能私钥产生算法和半功能加密算法只用于证明，并不用于真实的构造。

(2) CLR-HABE 安全模型

给出的方案针对选择明文攻击和选择访问结构是语义安全的。CLR-HABE 的安全性通过游戏Game$_R$ 来定义。在游戏中挑战者$\mathcal{B}$持有列表$\mathcal{L}=$

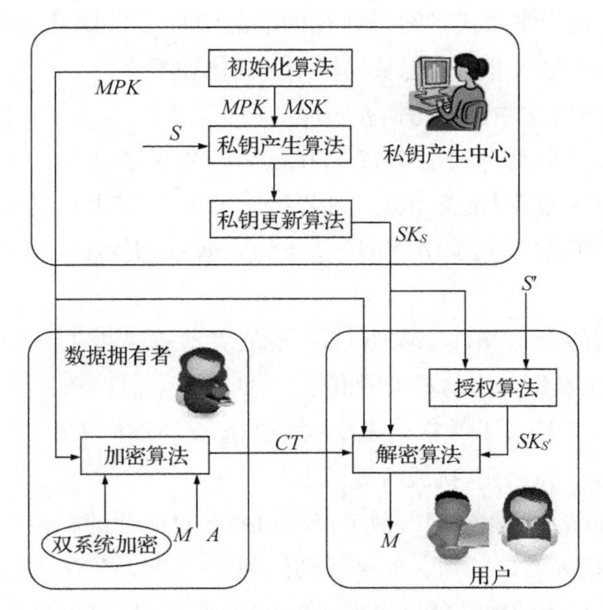

图 4-1　CLR-HABE 系统功能结构示意图

$\{(\mathcal{L},\mathcal{H},\mathcal{SK}\cup\mathcal{MSK},\mathbb{L})\}$，其中$\mathcal{H}$、$\mathcal{U}$、$\mathcal{SK}$、$\mathcal{MSK}$与$\mathbb{L}$分别表示句柄空间、属性空间、私钥空间、主私钥空间和泄漏量空间。假定$\mathcal{H}=\mathbb{N}$和$\mathbb{L}=\mathbb{N}$。$\mathcal{B}$同时持有列表$\mathcal{R}$来记录被询问过的属性集。

挑战者$\mathcal{B}$和敌手$\mathcal{A}$之间的游戏 Game_R 如下：

Game_R：

初始化：挑战者调用初始化算法产生主公钥 MPK 和主私钥 MSK。主私钥 MSK 保持为秘密。挑战者把 MPK 发给敌手。挑战者把句柄 h 设置为 0，增加一项$(0,U,MSK,0)$在列表$\mathcal{L}$中。这样，列表$\mathcal{L}$具有一项主私钥信息，它包含所有属性，暂没有泄漏信息。

阶段 1：敌手可以询问如下预言机。

$\mathcal{O}$-Create(h,S)：创建询问。给定句柄 h 和属性向量集，挑战者在列表$\mathcal{L}$中查找句柄 h 对应的项。如果 $S\not\subset U$ 或 h 不在$\mathcal{L}$中，输出$\perp$。否则，假设该项是(h,S,SK,L)。挑战者调用私钥产生算法生成新的私钥 SK_S 并增加一项$(h+1,S,SK_S,0)$到列表$\mathcal{L}$中。挑战者更新句柄 $h\leftarrow h+1$。事实上，如果 $S=U$，这是对主私钥的更新。

$\mathcal{O}$-Leak(h,f)：泄漏询问。敌手对句柄 h 对应项的主私钥或私钥进行泄漏询问。敌手选定多项式时间可计算的泄漏函数 f 发给挑战者，函数 f 以私钥或主私钥为输入并给出定长的输出。具体如下：

挑战者在列表$\mathcal{L}$中查找句柄 h 对应的项。

如果找到的项是(h,S,SK,L)，挑战者检查是否 $L+|f(SK)|\leqslant L_{SK}$（$L_{SK}$是私钥允许的最大泄漏量）。如果 $L+|f(SK)|\leqslant L_{SK}$，挑战者把$f(SK)$发给敌手并在列表$\mathcal{L}$中用项$(h,S,SK,L+|f(SK)|)$更新$(h,S,SK,L)$；否则，挑战者返回$\perp$。

如果找到的项是(h,U,MSK,L)，挑战者检查是否 $L+|f(MSK)|\leqslant L_{MSK}$（$L_{MSK}$是主私钥允许的最大泄漏量）。如果 $L+|f(MSK)|\leqslant L_{MSK}$，挑战者把 $f(MSK)$发给敌手并在列表$\mathcal{L}$中用项$(h,U,MSK,L+|f(MSK)|)$更新(h,U,MSK,L)；否则，挑战者返回$\perp$。

$\mathcal{O}$-Reveal(h)：私钥询问。敌手询问句柄 h 对应项的私钥。挑战者在列表$\mathcal{L}$中查找句柄 h 对应的项。如果找到的项是(h,U,MSK,L)，挑战者返回$\perp$；否则，假设找到的项是(h,S,SK,L)，挑战者把 SK 发给敌手并把 S 放入列表$\mathcal{R}$。

$\mathcal{O}$-KeyUpd(h)：私钥更新询问。敌手对句柄 h 对应项进行私钥更新询问。假设找到的项是(h,S,SK,L)。挑战者运行私钥更新算法。挑战者把更新后的私钥$\widehat{SK_S}$发给敌手并在列表$\mathcal{L}$中用项$(h,S,\widehat{SK},0)$更新(h,S,SK,L)。如果 $S=U$，更新主私钥。

$\mathcal{O}$-Delegate(h,SK_S,S')：私钥授权询问。敌手给出句柄 h 的深度为 k 属性向量 S 对应的私钥 SK_S 和深度为 $k+1$ 的属性向量 S'。挑战者在列表$\mathcal{L}$中查找句柄 h 对应的项。如果 $S'\Leftarrow S$，挑战者调用授权算法产生 S'对应的私钥$SK_{S'}$。增加一项$(h+1,S',SK_{S'},0)$到列表$\mathcal{L}$中。并用 $h+1$ 来更新对应句柄。如果 $S=U$，一个新的主私钥被创建。

挑战：敌手提交两个等长消息 M_0 和 M_1。此外，敌手选择一个挑战访问结构$\mathbb{A}^*$。需要满足的限制是$\mathcal{R}$中任何子集不能满足$\mathbb{A}^*$。挑战者随机选择$\beta\leftarrow\{0,1\}$并加密 M_β：Encrypt$(MPK,M_\beta,\mathbb{A}^*)\rightarrow CT^*$。挑战者发送 CT^* 给敌手。

阶段 2：与阶段 1 类似，敌手$\mathcal{A}$可以询问预言机$\mathcal{O}$-Create(h,S)，$\mathcal{O}$-Delegate(h,SK_S,S')和$\mathcal{O}$-Reveal(h)。基本的限制与阶段 1 相同。此外，要求任何被询问过私钥的属性向量不能满足$\mathbb{A}^*$且要求任何被询问过私钥的授权属性向

量也不能满足$\mathbb{A}^*$。

猜测:敌手$\mathcal{A}$输出猜测的$\beta'\in\{0,1\}$。如果$\beta'=\beta$,$\mathcal{A}$赢得游戏。敌手$\mathcal{A}$赢得上述游戏的优势定义为$Adv_A(L_{SK},L_{MSK})=\left|\Pr[\beta'=\beta]-\frac{1}{2}\right|$。

如果任何 PPT 敌手$\mathcal{A}$赢得游戏Game_R 的优势都是可以忽略的,方案 CLR-HABE 称为是抗(L_{SK},L_{MSK})泄漏安全的。

4.2.2 CLR-HABE 方案具体构造

假定 Ψ 表示一个合数阶双线性群的生成算法。Ψ 输入安全参数 ϑ,产生合数阶双线性群 $\Omega=\{N=p_1p_2p_3,G,G',e\}$,其中 p_1,p_2,p_3 是三个 λ 比特长的素数($\log p_1=\log p_2=\log p_3=\lambda$),$G$ 和 G' 是阶为 $N=p_1p_2p_3$ 的循环群,e 是双线性映射:$G\times G\to G'$。假定每个属性都是 Z_N 中的元素且每个消息都是群 G' 中的元素。在给出的 CLR-HABE 方案中,私钥和主私钥用子群 G_{p_3} 进行随机化,子群 G_{p_2} 不用于真实的构造仅在证明中提供半功能特性。具体的 CLR-HABE 方案如下:

初始化算法:假定方案 CLR-HABE 的最大深度(层数)为 l。算法随机选择 $g_1,h_1,\cdots,h_l\in G_{p_1}$,$g_3\in G_{p_3}$,$\alpha,a\in Z_N$,$y_1,\cdots,y_n$,$t\in Z_N$ 与 $\rho_{n+2},\cdots,\rho_{n+2+l}\in Z_n$。对于 $\forall i\in U$,随机选择 $\rho_{n+2+l+i}\in Z$ 和 $s_i\in Z_N$。此外,随机选择 $x_1,\cdots,x_n\in Z_N$ 和一个向量 $\vec{\rho}=\langle\rho_1,\cdots,\rho_{n+1}\rangle\in Z_N^{n+1}$。$n\geqslant 2$ 是一个整数,n 的值是可变的。如果 n 的值比较大,泄漏率也相对较高。如果 n 较小的话,主公钥相应较短。

主公钥 $MPK=(U,g_1,g_3,g_1^a,e(g_1,g_1)^\alpha,h_1,\cdots,h_l,g_1^{x_1},\cdots,g_1^{x_n},\forall i\in U,Q_i=g_1^{s_i})$。

主私钥是:$MSK=(U,\vec{K}_0^*,K_1^*,E_1^*,\cdots,E_l^*,\forall i\in U,T_i^*)=\Big(U,\langle g_1^{y_1},\cdots,g_1^{y_n},g_1^{\alpha}g_1^{at}\prod_{i=1}^{n}g_1^{-x_iy_i}\rangle\cdot g_3^{\vec{\rho}},\ g_1^tg_3^{\rho_{n+2}},\ h_1^tg_3^{\rho_{n+3}},\ \cdots,\ h_l^tg_3^{\rho_{n+2+l}},\ \forall i\in U,\ Q_i^tg_3^{\rho_{n+2+l+i}}\Big)$。

私钥产生算法:$\text{KeyGen}(MPK,MSK,S)\to SK_S$。给定深度 $k\leqslant l$ 的属性向量 S、主公钥 MPK 和主私钥 MSK,算法按如下方式产生属性向量 S 的私钥 SK_S。算法随机选择 $t',\rho'_{n+2}\in Z_N$,$\vec{\rho}'=\langle\rho'_1,\cdots,\rho'_{n+1}\rangle\in Z_N^{n+1}$,$z_1,\cdots,z_n$

$\in Z_N$ 和 $\forall i \in S, \rho'_{n+2+l+i} \in Z_N$。私钥为：

$$\vec{K}_0 = \vec{K}_0^* \langle g_1^{z_1}, \cdots, g_1^{z_n}, g_1^{at'} \prod_{i=1}^{n} g_1^{-x_i z_i} \rangle g_3^{\vec{\rho}'}$$

$$= \langle g_1^{y_1}, \cdots, g_1^{y_n}, g_1^{\alpha} g_1^{at} \prod_{i=1}^{n} g_1^{-x_i y_i} \rangle g_3^{\vec{\rho}} \cdot \langle g_1^{z_1}, \cdots, g_1^{z_n}, g_1^{at'} \prod_{i=1}^{n} g_1^{-x_i z_i} \rangle g_3^{\vec{\rho}'}$$

$$= \langle g_1^{y_1+z_1}, \cdots, g_1^{y_n+z_n}, g_1^{\alpha} g_1^{a(t+t')} \prod_{i=1}^{n} g_1^{-x_i(y_i+z_i)} \rangle * g_3^{\vec{\rho}} * g_3^{\vec{\rho}'}$$

$$= \langle g_1^{y_1+z_1}, \cdots, g_1^{y_n+z_n}, g_1^{\alpha} g_1^{a(t+t')} \prod_{i=1}^{n} g_1^{-x_i(y_i+z_i)} \rangle g_3^{\vec{\rho}+\vec{\rho}'},$$

$K_1 = K_1^* g_1^{t'} g_3^{\rho'_{n+2}} = g_1^{t} g_3^{\rho_{n+2}} g_1^{t'} g_3^{\rho'_{n+2}} = g_1^{t+t'} g_3^{\rho_{n+2}+\rho'_{n+2}}$。

令 $\vec{\rho}+\vec{\rho}'=\vec{\rho}''$，$\rho_{n+2}+\rho'_{n+2}=\rho''_{n+2}$，$t+t'=t''$ 和 $y_i+z_i=y'_i(\forall i \in \{1,\cdots,n\})$。可得：$\vec{K}_0 = \langle g_1^{y'_1}, \cdots, g_1^{y'_n}, g_1^{\alpha} g_1^{at''} \prod_{i=1}^{n} g_1^{-x_i y'_i} \rangle g_3^{\vec{\rho}''}$，$K_1 = g_1^{t''} g_3^{\rho''_{n+2}}$。

对于每个 $j \in \{1,2,\cdots,|S|\}$，随机选择 $t_j \in Z_N$，$r_{(j,0)}, r_{(j,1)}, r_{(j,k+1)}, \cdots, r_{(j,l)} \in Z_N$。

因为每个属性向量都可由属性矩阵获得且属性矩阵的每一项都有两个索引；所以对于在属性向量集 S 中的每个属性向量 $\vec{u}=(u_1,\cdots,u_k)$，可以用索引 $(1,x)$ 来表示第一个属性 u_1 是属性矩阵第一行的第 x 个元素。根据索引 x，随机选择 Q_x。接着，计算：

$K_{(j,0)} = Q_x^{t''} \left(\prod_{i=1}^{k} h_i^{u_i} \right)^{t_j} g_3^{r_{(j,0)}}$，$K_{(j,1)} = g_1^{t_j} g_3^{r_{(j,1)}}$，

$K_{(j,k+1)} = h_{k+1}^{t_j} g_3^{r_{(j,k+1)}}, \cdots, K_{(j,l)} = h_l^{t_j} g_3^{r_{(j,l)}}$。

得到私钥 $SK_S=(S, \vec{K}_0, K_1, \{K_{(j,0)}, K_{(j,1)}, K_{(j,k+1)}, \cdots, K_{(j,l)}\}_{j=1}^{|S|}, \forall i \in S, T_i = T_i^* Q_i^{t'} g_3^{\rho'_{n+2+l+i}})$。当 $S=U$ 时，重新随机化主私钥。对于 $\forall i \in S$，令 $\rho_{n+2+l+i}+\rho'_{n+2+l+i}=\rho''_{n+2+l+i}$，可得 $SK_S=(S, \vec{K}_0, K_1, \{K_{(j,0)}, K_{(j,1)}, K_{(j,k+1)}, \cdots, K_{(j,l)}\}_{j=1}^{|S|}, \forall i \in S, T_i = Q_i^{t''} g_3^{\rho''_{n+2+l+i}})$。

私钥更新算法：KeyUpd$(MPK, SK_S) \to \widehat{SK}_S$。算法以私钥 SK_S 和主公钥 MPK 为输入，产生 S 的新私钥 $\widehat{SK}_S$。

给定 $SK_S=(S, \vec{K}_0, K_1, \{K_{(j,0)}, K_{(j,1)}, K_{(j,k+1)}, \cdots, K_{(j,l)}\}_{j=1}^{|S|}, \forall i \in S, T_i = Q_i^{t''} g_3^{\rho''_{n+2+l+i}})$。随机选择 $\Delta y_i \in Z_N$，$\Delta\vec{\rho}'' \in Z_N^{n+1}$，$\Delta t'' \in Z_N$，$\Delta\rho''_{n+2} \in Z_N$，$\Delta\rho''_{n+2+l+i} \in Z_N$。计算：$\hat{\vec{K}}_0 = \langle g_1^{y'_1+\Delta y_1}, \cdots, g_1^{y'_n+\Delta y_n}, g_1^{\alpha} g_1^{a(t''+\Delta t'')} \prod_{i=1}^{n} g_1^{-x_i(y'_i+\Delta y_i)} \rangle$

$g_3^{\vec{\rho}''+\Delta\vec{\rho}''}$，$\hat{K}_1=g_1^{t''+\Delta t''}+g^{\rho''_{n+2}+\Delta\rho''_{n+2}}$。

对于每个 $j\in\{1,2,\cdots,|S|\}$，随机选择 $\Delta t_j\in Z_N$，$\Delta r_{(j,0)}$，$\Delta r_{(j,1)}$，$\Delta r_{(j,k+1)}$，$\cdots$，$\Delta r_{(j,l)}\in Z_N$。计算：

$$\hat{K}_{j,0}=Q^{t''+\Delta t''}\Big(\prod_{i=1}^{k}h_i^{u_i}\Big)^{t_j+\Delta t_j}g_3^{r_{(j,0)}+\Delta r_{(j,0)}},\hat{K}_{(j,1)}=g_1^{t_j+\Delta t_j}g_3^{r_{j+1}+\Delta r_{j+1}},$$

$$\hat{K}_{(j,k+1)}=h_{k+1}^{t_j+\Delta t_j}g_3^{r_{(j,k+1)}+\Delta r_{(j,k+1)}},\cdots,\hat{K}_{(j,l)}=h_l^{t_j+\Delta t_j}g_3^{r_{(j,l)}+\Delta r_{(j,l)}}。$$

新的私钥为：

$$\widehat{SK_S}=(\widehat{\vec{K}_0},\hat{K}_1,\{\hat{K}_{(j,0)},\hat{K}_{(j,1)},\hat{K}_{(j,k+1)},\cdots,\hat{K}_{(j,l)}\}_{j=1}^{|S|},\forall i\in S,\widehat{T_i}=Q_i^{t''+\Delta t''}g_3^{\rho''_{n+2+l+i}+\Delta\rho''_{n+2+l+i}})。$$

因为 $\Delta y_i\in Z_N$，$\Delta\vec{\rho}''\in Z_N^{n+1}$，$\Delta t''\in Z_N^{n+1}$，$\Delta\rho''_{n+2}\in Z_N$，$\Delta\rho''_{n+2+l+i}\in Z_N$，$t_j\in Z_N$，$\Delta t_j\in Z_N$ 和 $\Delta r_{(j,0)}$，$\Delta r_{(j,1)}$，$\Delta r_{(j,k+1)}$，$\cdots$，$\Delta r_{(j,l)}\in Z_N$ 都是随机选择的，所以 $y'_i+\Delta y_i$，$\vec{\rho}''+\Delta\vec{\rho}''$，$t''+\Delta t''$，$\rho''_{n+2}+\Delta\rho''_{n+2}$，$t_j+\Delta t_j$ 和 $r_{(j,i)}+\Delta r_{(j,i)}$ 都是随机的。这样，私钥 $\widehat{SK_S}$ 和由私钥产生算法生成的私钥具有相同分布。当 $S=U$ 时，重新随机化主私钥。

本质上，在私钥或主私钥指数的原有随机值上增加了额外的随机值。由于新增的值也是从 Z_N 中随机均匀选择的，这样新的私钥值和原来的私钥值具有相同的分布。

授权算法：Delegate$(MPK,SK_S,S')\to SK_{S'}$。算法以深度 k 的属性向量集 S 对应的私钥 SK_S、主公钥 MPK 和深度为 $k+1$ 的属性向量集 S' 为输入。假定私钥 $SK_S=(\vec{K}_0,K_1,\{K_{(j,0)},K_{(j,1)},K_{(j,k+1)},\cdots,K_{(j,l)}\}_{j=1}^{|S|},\forall i\in S,T_i=Q_i^{t''}g_3^{\rho''_{n+2+l+i}})$。如果 $S'\Leftarrow S$，算法按如下方式产生 S' 对应的私钥 $SK_{S'}$。

随机选择 t'''，$\rho'''_{n+2}\in Z_N$，$\vec{\rho}'''=(\rho'''_1,\cdots,\rho'''_{n+1})\in Z_N^{n+1}$，$z'_1,\cdots,z'_n\in Z_N$ 和 $\forall i\in S'$，$\rho'''_{n+2+l+i}\in Z_N$。授权后的私钥如下：

$$\vec{K}'_0=\vec{K}_0\langle g_1^{z'_1},\cdots,g_1^{z'_n},g_1^{at'''}\prod_{i=1}^{n}g_1^{-x_iz'_i}\rangle g_3^{\vec{\rho}'''}$$

$$=\langle g_1^{y'_1},\cdots,g_1^{y'_n},g_1^{\alpha}g_1^{at''}\prod_{i=1}^{n}g_1^{-x_iy'_i}\rangle g_3^{\vec{\rho}''}\cdot\langle g_1^{z'_1},\cdots,g_1^{z'_n},g_1^{at'''}\prod_{i=1}^{n}g_1^{-x_iz'_i}\rangle g_3^{\vec{\rho}'''}$$

$$=\langle g_1^{y'_1+z'_1},\cdots,g_1^{y'_n+z'_n},g_1^{\alpha}g_1^{a(t''+t''')}\prod_{i=1}^{n}g_1^{-x_i(y'_i+z'_i)}\rangle*g_3^{\vec{\rho}''}*g_3^{\vec{\rho}'''}$$

$$=\langle g_1^{y'_1+z'_1},\cdots,g_1^{y'_n+z'_n},g_1^{\alpha}g_1^{a(t''+t''')}\prod_{i=1}^{n}g_1^{-x_i(y'_i+z'_i)}\rangle*g_3^{\vec{\rho}''+\vec{\rho}'''},$$

$K_1' = K_1 g_1^{t'''} g_3^{\rho'''_{n+2}} = g_1^{t''} g_3^{\rho''_{n+2}} g_1^{t'''} g_3^{\rho'''_{n+2}} = g_1^{t''+t'''} g_3^{\rho''_{n+2}+\rho'''_{n+2}}$。

令 $\vec{\rho}'' + \vec{\rho}''' = \vec{\rho}^*$，$\rho''_{n+2} + \rho'''_{n+2} = \rho^*_{n+2}$，$t'' + t''' = t^*$ 和 $\forall i \in \{1, \cdots, n\}$，$y_i' + z_i' = y_i^*$。可得 $\vec{K}_0' = \langle g_1^{y_1^*}, \cdots, g_1^{y_n^*}, g_1^{\alpha} g_1^{at^*} \prod_{i=1}^{n} g_1^{-x_i y_i^*} \rangle g_3^{\vec{\rho}^*}$，$K_1' = g_1^{t^*} g_3^{\rho^*_{n+2}}$。

对于每个 $j \in \{1, 2, \cdots, |S'|\}$，随机选择 $t_j' \in Z_N$ 和 $r'_{(j,0)}, r'_{(j,1)}, r'_{(j,k+2)}, \cdots, r'_{(j,l)} \in Z_N$。对于每个属性向量 $\vec{u}' \in S'$，获得前缀 $\vec{u}$ 使得 $\vec{u}' = (\vec{u}, u_{k+1})$。通过从 $\vec{u}$ 中获得的组件 $(K_{(j,0)}, K_{(j,1)}, K_{(j,k+1)}, \cdots, K_{(j,l)})$ 来计算：

$$\begin{aligned} K'_{(j,0)} &= K_{(j,0)} Q_x^{t'''} (K_{(j,k+1)})^{u_{k+1}} \left(\prod_{i=1}^{k+1} h_i^{u_i} \right)^{t_j'} g_3^{r'_{(j,0)}} \\ &= Q_x^{t''} \left(\prod_{i=1}^{k} h_i^{u_i} \right)^{t_j} g_3^{r_{(j,0)}} Q_x^{t'''} (h_{k+1}^{t_j} g_3^{r_{(j,k+1)}})^{u_{k+1}} \left(\prod_{i=1}^{k+1} h_i^{u_i} \right)^{t_j'} g_3^{r'_{(j,0)}} \\ &= Q_x^{t''+t'''} \left(\prod_{i=1}^{k+1} h_i^{u_i} \right)^{t_j+t_j'} g_3^{r_{(j,0)}+r'_{(j,0)}+r_{(j,k+1)}u_{k+1}} \end{aligned}$$

$$K'_{(j,1)} = K_{(j,1)} g_1^{t_j'} g_3^{r'_{(j,1)}} = g_1^{t_j} g_3^{r_{(j,1)}} g_1^{t_j'} g_3^{r'_{(j,1)}} = g_1^{t_j+t_j'} g_3^{r_{(j,1)}+r'_{(j,1)}}$$

$$\begin{aligned} K'_{(j,k+2)} &= K_{(j,k+2)} h_{k+2}^{t_j'} g_3^{r'_{(j,k+2)}} = h_{k+2}^{t_j} g_3^{r_{(j,k+2)}} h_{k+2}^{t_j'} g_3^{r'_{(j,k+2)}} \\ &= h_{k+2}^{t_j+t_j'} g_3^{r_{(j,k+2)}+r'_{(j,k+2)}} \cdots, \end{aligned}$$

$$K'_{(j,l)} = K_{(j,l)} h_l^{t_j'} g_3^{r'_{(j,l)}} = h_l^{t_j} g_3^{r_{(j,l)}} h_l^{t_j'} g_3^{r'_{(j,l)}} = h_l^{t_j+t_j'} g_3^{r_{(j,l)}+r'_{(j,l)}}$$

$$\forall i \in S', T_i' = Q_i^{t''} g_3^{\rho''_{n+2+l+i}} Q_i^{t'''} g_3^{\rho'''_{n+2+l+i}} = Q_i^{t''+t'''} g_3^{\rho''_{n+2+l+i}+\rho'''_{n+2+l+i}}。$$

对于 $\forall i \in S'$，令 $\rho''_{n+2+l+i} + \rho'''_{n+2+l+i} = \rho^*_{n+2+l+i}$，可得 $T_i' = Q_i^{t^*} g_3^{\rho^*_{n+2+l+i}}$。私钥为 $SK_{S'} = (\vec{K}_0', K_1', \{K'_{(j,0)}, K'_{(j,1)}, K'_{(j,k+1)}, \cdots, K'_{(j,l)}\}_{j=1}^{|S'|}, \forall i \in S', T_i' = Q_i^{t^*} g_3^{\rho^*_{n+2+l+i}})$。

因为 $t_j' \in Z_N$ 且 $r'_{(j,0)}, r'_{(j,1)}, r'_{(j,k+2)}, \cdots, r'_{(j,l)} \in Z_N$ 都是随机选择的，此外 $t_j + t_j'$，$r_{(j,0)} + r'_{(j,0)} + r_{(j,k+1)} u_{k+1}$ 与 $r_{(j,1)} + r'_{(j,1)} + \cdots + r_{(j,1)} r'_{(j,l)}$ 也是随机的，所以私钥 $SK_{S'}$ 和由私钥产生算法产生的私钥具有相同分布。当 $S' = U$ 时，重新随机化主私钥。

加密算法：Encrypt$(MPK, M, \mathbb{A}) \rightarrow CT$。算法输入主公钥 MPK、消息 M 和访问结构 $\mathbb{A} = (\mathcal{A} + \phi)$，输出密文 CT。$\mathcal{A}$ 是一个 l 行 m 列的分享产生矩阵，ϕ 是一个映射：把 $\mathcal{A}$ 的每一行映射为一个深度为 k 的属性向量。加密者选择 $\vec{\theta} = (s, \theta_2, \cdots, \theta_m) \in Z_N^m$。

$\mathcal{A}$ 的第 i 行 $\mathcal{A}_i$ 被映射到一个属性向量 $\vec{u} = (u_1, u_2, \cdots, u_k)$ 且它的分享是 $\lambda_i = \mathcal{A}_i \vec{\theta}$。假定 $\vec{u}$ 的第一个元素 u_1 是 U 的第一行第 x 个元素。加密者选择

Q_x。然后，加密者随机选择 $r_i \in Z_N(i \in \{1,2,\cdots,l\})$ 并计算：

$$C_0 = Me(g_1,g_1)^{\alpha s}, \vec{C}_1 = \langle g_1^{x_1 s},\cdots,g_1^{x_n s},g_1^s\rangle, C_{(i,0)} = g_i^{a\lambda_i} Q_x^{r_i}, C_{(i,1)} = g_1^{r_i},$$

$$C_{(i,2)} = \Big(\prod_{j=1}^{k} h_j^{u_j}\Big)^{r_i}。$$

密文是 $CT = (C_0, \vec{C}_1, \{C_{(i,0)}, C_{(i,1)}, C_{(i,2)}\}_{i=1}^{l})$。

解密算法：Decrypt$(MPK, SK_S, CT) \to M$。算法以主公钥 MPK、一个私钥 $SK_S = (S, \vec{K}_0, K_1, \{K_{(j,0)}, K_{(j,1)}, K_{(j,k+1)}, \cdots, K_{(j,l)}\}_{j=1}^{|S|}, \forall i \in S, T_i = Q_i^{t''} g_3^{\theta''_{n+2+l+i}})$ 和密文 $CT = (C_0, \vec{C}_1, \{C_{(i,0)}, C_{(i,1)}, C_{(i,2)}\}_{i=1}^{l})$ 为输入。对于一个访问结构 $\mathbb{A} = (\mathcal{A} + \phi)$ 和深度为 k 的属性向量集 S，如果 $S \in \mathbb{A}$，算法输出消息 M。具体操作如下：

对于深度为 k 的属性向量集 S，如果 $S \in \mathbb{A}$，解密者计算 $\{\omega_i \in Z_N\}_{\phi(i)\in S}$ 使得 $\sum_{\phi(i)\in S} \omega_i \mathcal{A}_i = (1,0,\cdots,0)$。接着，解密者计算：

$$\Delta = \frac{e(\vec{C}_1, \vec{K}_0)}{\prod_{\phi(i)\in S}\left(\frac{e(C_{(i,0)},K_1)e(C_{(i,2)},K_{(i,1)})}{e(C_{(i,1)},K_{(i,0)})}\right)^{\omega_i}}$$

$$= \frac{e\Big(\langle g_1^{x_1 s},\cdots,g_1^{x_n s},g_1^s\rangle, \langle g_1^{y'_1},\cdots,g_1^{y'_n}, g_1^{a} g_1^{at''}\prod_{i=1}^{n} g_1^{-x_i y'_i}\rangle g_3^{\vec{\rho}''}\Big)}{\prod_{\phi(i)\in S}\left(\frac{e(g_1^{a\lambda_i}Q_x^{r_i}, g_1^{t''}g_3^{\theta''_{n+2}})e((\prod_{i=1}^{k} h_i^{u_i})^{r_i}, g_1^{t_j}g_3^{r_{(j,1)}})}{e(g_1^{r_i}, Q_x^{t''}(\prod_{i=1}^{k} h_i^{u_i})^{t_j} g_3^{r_{(j,0)}})}\right)^{\omega_i}}$$

$$= \frac{e(g_1^s, g_1^a g_1^{at''})}{\prod_{\phi(i)\in S}\left(\frac{e(g_1^{a\lambda_i}Q_x^{r_i}, g_1^{t''})e\Big(\big(\prod_{i=1}^{k} h_i^{u_i}\big)^{r_i}, g_1^{t_j}\Big)}{e\Big(g_1^{r_i}, Q_x^{t''}\big(\prod_{i=1}^{k} h_i^{u_i}\big)^{t_j}\Big)}\right)^{\omega_i}} = \frac{e(g_1^s, g_1^a g_1^{at''})}{\prod_{\phi(i)\in S} e(g_1^{a\lambda_i}, g_1^{t''})^{\omega_i}}$$

$$= \frac{e(g_1^s, g_1^a g_1^{at''})}{\prod_{\phi(i)\in S} e(g_1^{a}, g_1^{t''})^{\lambda_i\omega_i}} = \frac{e(g_1^s, g_1^a g_1^{at''})}{e(g_1^{a}, g_1^{t''})^{\sum_{\phi(i)\in S}\lambda_i\omega_i}} = \frac{e(g_1^s, g_1^a g_1^{at''})}{e(g_1^{a}, g_1^{t''})^{s}}$$

$$= e(g_1^s, g_1^a),$$

$$C_0/\Delta = \frac{Me(g_1,g_1)^{\alpha s}}{e(g_1,g_1)^{\alpha s}} = M。$$

下面的半功能私钥产生算法与半功能加密算法仅仅用于安全证明中。

半功能私钥产生算法：KeyGenSF$(MPK, MSK, S)\rightarrow\widetilde{SK_S}$。算法以主公钥 MPK、主私钥 MSK 和一个属性向量集 S 为输入，输出半功能私钥 $\widetilde{SK_S}$。具体如下：

首先，算法调用正常私钥产生算法，产生正常私钥：

$SK_S=(S,\vec{K}_0,K_1\{K_{(j,0)},K_{(j,1)},K_{(j,k+1)},\cdots,K_{(j,l)}\}_{j=1}^{|S|},\forall i\in S,T_i=Q_i^{t_i''}g_3^{\beta_{n+2+l+i}''})$。然后，对每个属性向量随机选择 $\vec{\varphi}=(\varphi_1,\cdots,\varphi_{n+1})\in Z_N^{n+1}$，$d\in Z_N$，$\zeta_1,\zeta_2,\cdots,\zeta_m,\eta_1,\eta_2,\cdots,\eta_l\in Z_N$ 与 $\zeta_j\in Z_N$。计算：

$$\widetilde{\vec{K}}_0=\vec{K}_0g_2^{\vec{\varphi}},\widetilde{K}_1=K_1g_2^d,\widetilde{K}_{(j,0)}=K_{(j,0)}g_2^{d\zeta_x+\zeta_j\sum_{m=1}^{k}u_m\eta_m},\widetilde{K}_{(j,1)}=K_{(j,1)}g_2^{\zeta_j},$$

$$\widetilde{K}_{(j,k+1)}=K_{(j,k+1)}g_2^{\zeta_j\eta_{k+1}},\cdots,\widetilde{K}_{(j,l)}=K_{(j,l)}g_2^{\zeta_j\eta_l}。$$

半功能私钥为：

$$\widetilde{SK_S}=(\widetilde{\vec{K}}_0,\widetilde{K}_1,\{\widetilde{K}_{(j,0)},\widetilde{K}_{(j,1)},\widetilde{K}_{(j,k+1)},\cdots,\widetilde{K}_{(j,l)}\}_{j=1}^{|S|},\forall i\in S,T_i=T_i^*Q_i^{t_i}g_3^{\beta_i'})。$$

半功能加密算法：EncryptSF$(MPK, M, \mathbb{A})\rightarrow\widetilde{CT}$。算法输入主公钥 MPK、消息 M 和访问结构 $\mathbb{A}=(\mathcal{A}+\phi)$，输出半功能密文 $\widetilde{CT}$。

令 g_2 表示 G_{p_2} 的一个生成元。首先，调用加密算法产生正常的密文 $CT=(C_0,\vec{C}_1,\{C_{(i,0)},C_{(i,1)},C_{(i,2)}\}_{i=1}^{l})$。然后，对于$\mathcal{A}$的每一行$\mathcal{A}_i$，算法随机选择 $\sigma_i\in Z_N$。随机选择 $\vec{\delta}=(\delta_1,\cdots,\delta_{n+1})\in Z_N^{n+1}$ 和向量 $\vec{\chi}=(\chi_1,\cdots,\chi_m)\in Z_N^m$。计算：

$$\widetilde{C}_0=C_0,\widetilde{\vec{C}}_1=\vec{C}_1g_2^{\vec{\delta}}=\langle g_1^{x_1s},\cdots,g_1^{x_ns},g_1^s\rangle g_2^{\vec{\delta}},$$

$$\widetilde{C}_{(i,0)}=C_{(i,0)}g_2^{\mathcal{A}_i\vec{\chi}+\sigma_i\zeta_x}=g_1^{a\lambda_i}Q_x^{r_i}g_2^{\mathcal{A}_i\vec{\chi}+\sigma_i\zeta_x},\widetilde{C}_{(i,1)}=C_{(i,1)}g_2^{\sigma_i}=g_1^{r_i}g_2^{\sigma_i},$$

$$\widetilde{C}_{(i,2)}=C_{(i,2)}g_2^{\sigma_i\sum_{m=1}^{k}\eta_mu_m}=\left(\prod_{i=1}^{k}h_i^{u_i}\right)^{r_i}g_2^{\sigma_i\sum_{m=1}^{k}\eta_mu_m}。$$

半功能密文为$\widetilde{CT}=(\widetilde{C}_0,\widetilde{\vec{C}}_1,\{\widetilde{C}_{(i,0)},\widetilde{C}_{(i,1)},\widetilde{C}_{(i,2)}\}_{i=1}^{l})$。

注意到正常密文可以通过正常的和半功能的私钥来解密，半功能密文只能通过正常的私钥来解密，当半功能私钥解密半功能密文时，会多出一项 $e(g_2,g_2)^{\vec{\delta}\vec{\varphi}-d\chi_1}$：

$$
\begin{aligned}
\Delta &= \frac{e(\overrightarrow{\widetilde{C}}_1, \overrightarrow{\widetilde{K}}_0)}{\prod_{\phi(i)\in S}\left(\frac{e(\widetilde{C}_{(i,0)}, \widetilde{K}_1)e(\widetilde{C}_{(i,2)}, \widetilde{K}_{(j,1)})}{e(\widetilde{C}_{(i,1)}, \widetilde{K}_{(j,0)})}\right)^{\omega_i}} \\
&= \frac{e\left(\langle g_1^{x_1 s}, \cdots, g_1^{x_n s}, g_1^{s}\rangle g_2^{\vec{\delta}}, \langle g_1^{y'_1}, \cdots, g_1^{y'_n}, g_1^{\alpha} g_1^{at''}\prod_{i=1}^{n} g_1^{-x_i y'_i}\rangle g_3^{\vec{\rho}''} g_2^{\vec{\varphi}}\right)}{\prod_{\phi(i)\in S}\left[\frac{e(g_1^{\alpha\lambda_i} Q_x^{r_i} g_2^{\mathcal{A}_i\vec{\chi}+\sigma_i\zeta_x}, g_1^{t''} g_3^{\rho''_{n+2}} g_2^{d})\, e\left(\left(\prod_{i=1}^{k} h_i^{u_i}\right)^{r_i} g_2^{\sigma_i\sum_{w=1}^{k}\eta_w u_w}, g_1^{t_j} g_3^{r(j,1)} g_2^{\varsigma_j}\right)}{e\left(g_1^{r_1} g_2^{\sigma_i}, Q_x^{t''}\left(\prod_{i=1}^{k} h_i^{u_i}\right)^{t_j} g_3^{r(j,0)} g_2^{d\zeta_x+\varsigma_j\sum_{w=1}^{k}u_w\eta_w}\right)}\right]^{\omega_i}} \\
&= \frac{e\left(\langle g_1^{x_1 s}, \cdots, g_1^{x_n s}, g_1^{s}\rangle g_2^{\vec{\delta}}, \langle g_1^{y'_1}, \cdots, g_1^{y'_n}, g_1^{\alpha} g_1^{at''}\prod_{i=1}^{n} g_1^{-x_i y'_i}\rangle g_3^{\vec{\rho}''} g_2^{\vec{\varphi}}\right)}{\prod_{\phi(i)\in S}\left[\frac{e(g_1^{\alpha\lambda_i} Q_x^{r_i}, g_1^{t''})\, e(g_2^{\mathcal{A}_i\vec{\chi}+\sigma_i\zeta_x}, g_2^{d})\, e\left(\left(\prod_{i=1}^{k} h_i^{u_i}\right)^{r_i}, g_1^{t_j}\right) e\left(g_2^{\sigma_i\sum_{w=1}^{k}\eta_w u_w}, g_2^{\varsigma_j}\right)}{e\left(g_1^{r_1}, Q_x^{t''}\left(\prod_{i=1}^{k} h_i^{u_i}\right)^{t_j}\right) e\left(g_2^{\sigma_i}, g_2^{d\zeta_x+\varsigma_j\sum_{w=1}^{k}u_w\eta_w}\right)}\right]^{\omega_i}} \\
&= \frac{e(g_1^{s}, g_1^{\alpha} g_1^{at''})\, e(g_2^{\vec{\delta}}, g_2^{\vec{\varphi}})}{\prod_{\phi(i)\in S}\left(e(g_1^{\alpha\lambda_i}, g_1^{t''})\, e(g_2^{\mathcal{A}_i\vec{\chi}}, g_2^{d})\right)^{\omega_i}} \\
&= \frac{e(g_1^{s}, g_1^{\alpha} g_1^{at''})\, e(g_2^{\vec{\delta}}, g_2^{\vec{\varphi}})}{\prod_{\phi(i)\in S} e(g_1^{a}, g_1^{t''})^{\lambda_i\omega_i} \prod_{\phi(i)\in S} e(g_2^{\mathcal{A}_i\vec{\chi}}, g_2^{d})^{\omega_i}} \\
&= \frac{e(g_1^{s}, g_1^{\alpha} g_1^{at''})\, e(g_2^{\vec{\delta}}, g_2^{\vec{\varphi}})}{e(g_1^{a}, t_2^{t''})^{\sum_{\phi(i)\in S}\lambda_i\omega_i}\, e(g_2, g_2)^{\sum_{\phi(i)\in S} d\omega_i\mathcal{A}_i\vec{\chi}}} \\
&= \frac{e(g_1^{s}, g_1^{\alpha} g_1^{at''})\, e(g_2^{\vec{\delta}}, g_2^{\vec{\varphi}})}{e(g_1^{a}, g_1^{t''})^{s}\, e(g_2, g_2)^{d\chi_1}} \\
&= e(g_1^{s}, g_1^{\alpha})\, e(g_2, g_2)^{\vec{\varphi}\vec{\delta}-d\chi_1}
\end{aligned}
$$

当$\vec{\varphi}\vec{\delta}-d\chi_1=0$(模$p_2$),解密正确。此时,这个半功能私钥称为是名义上的半功能。

4.2.3　安全性证明

定理 4-1　如果假设 1, 2, 3 成立,那么,在私钥泄漏不超过$L_{SK}=(n-2\Lambda-1)\lambda$和主私钥泄漏不超过$L_{MSK}=(n-2\Lambda-1)\lambda$的情况下,给出的 CLR-HABE 方案是抗泄漏安全的,其中Λ是一个定的常数,$n\geqslant 2$是一个整数且$\lambda=\log p_2$。

其中,n的值是可变的。如果n比较大,则方案的泄漏率相对较高;如果

n 比较小，则方案的主公钥较短。具体抗泄漏性能分析在 4.2.4 节给出。

总体来说，用双系统加密技术来证明方案的安全性，特别地，用混合论证的方法。证明中用到一系列游戏，这些游戏都是由真实的安全游戏Game_R修改得到。通过证明这些游戏的不可区分性，获得方案的安全性。用 q 表示最大的私钥询问数。系列游戏如下：

Game_R：真实的安全性游戏。

$\mathrm{Game}_{R'}$：该游戏与Game_R 类似，不同之处是$\mathrm{Game}_{R'}$不通过授权算法而是直接通过私钥产生算法生成私钥。

Game_0：该游戏与$\mathrm{Game}_{R'}$类似，不同之处是Game_0 中的挑战密文是半功能的。

对于任何 $v\in[1,q]$，其中 q 是私钥询问的最大次数。Game_v 定义如下。

Game_v：该游戏中，挑战密文是半功能的。对于前面的 v 个私钥询问，挑战者用半功能的私钥回应。对于其他私钥询问，挑战者用正常私钥回应。如果 $v=q(\mathrm{Game}_q)$，对于每个私钥询问，挑战者都用半功能私钥回应。

Game_F：该游戏与 Game_q 类似，不同之处在于：Game_F 中的挑战密文是对一个随机消息进行加密得到的，Game_q 中的挑战密文是对一个随机挑战消息加密得到的。

在下面表 4-1 中，给出了在不同游戏中主私钥、私钥和密文的类型说明。用 SF 表示半功能私钥或密文。用 N 表示正常私钥或密文。用TP_{MSK}、TP_{CT} 和 TP_{SK} 分别表示主私钥、密文和私钥类型。用$(\underbrace{(\mathrm{TP}_{MSK},\mathrm{TP}_{CT},\mathrm{TP}_{SK}),\cdots,(\mathrm{TP}_{MSK},\mathrm{TP}_{CT},\mathrm{TP}_{SK})}_{q})$表示一个游戏中对应于 q 次创建询问的主私钥、密文和私钥对应的类型。对于上面的每个游戏，在每次询问中密文类型是相同的。这样，$(\mathrm{TP}_{MSK},\mathrm{TP}_{CT},\mathrm{TP}_{SK}),\cdots,(\mathrm{TP}_{MSK},\mathrm{TP}_{CT},\mathrm{TP}_{SK})$可简记为$(\mathrm{TP}_{CT},\underbrace{(\mathrm{TP}_{MSK},\mathrm{TP}_{SK}),\cdots,(\mathrm{TP}_{MSK},\mathrm{TP}_{SK})}_{q})$。

表 4-1　不同游戏中主私钥、私钥和密文的类型(CLR-HABE)

游戏	$(\mathrm{TP}_C,(\mathrm{TP}_{MK},\mathrm{TP}_{SK}),\cdots,(\mathrm{TP}_{MSK},\mathrm{TP}_{SK}))$
Game_R 与$\mathrm{Game}_{R'}$	(N,(N,N),…,(N,N))
Game_0	(SF,(N,N),…,(N,N))
Game_v $v\in(1,\cdots,q-1)$	$(SF,(SF,SF),\cdots,\underbrace{(SF,SF)}_{v},(N,N),\cdots,(N,N))$
Game_q	(SF,(SF,SF),…,(SF,SF))
Game_F	(SF,(SF,SF),…,(SF,SF))

证明：思路如下。用一系列游戏Game_R，$\mathrm{Game}_{R'}$，Game_v（$v\in(0,1,\cdots,$

q))和Game_F与引理 4－1 至引理 4－5 来完成安全性证明。引理 4－1 证明了主私钥和私钥允许泄漏的界。用引理 4－2 至引理 4－4 来证明这些游戏是不可区分的。再者，证明敌手在Game_F中获得的优势是可以忽略的。这样，便可证明方案的安全性。

用表 4－2 说明敌手在连续两个游戏之间获得的优势差异。先给出引理 4－2 至引理 4－5 的结果，它们的详细证明在下面给出。用 $Adv_{\mathcal{A}}^{\mathrm{Game}_R}$ 表示敌手$\mathcal{A}$在游戏 Game_R 中获得的优势。用 $Adv_{\mathcal{A}}^{\mathrm{Game}_{R'}}$ 表示敌手$\mathcal{A}$在游戏$\mathrm{Game}_{R'}$中获得的优势。用 $Adv_{\mathcal{A}}^{\mathrm{Game}_v}$ 表示敌手$\mathcal{A}$在游戏Game_v($v\in(0,\cdots,q)$)中获得的优势。用 $Adv_{\mathcal{A}}^{\mathrm{Game}_F}$ 表示敌手$\mathcal{A}$在游戏Game_F中获得优势。

表 4－2　敌手在连续两个游戏之中获得的优势差异(CLR-HABE)

连续两个游戏	优势差异	相关引理
Game_R 与 $\mathrm{Game}_{R'}$	$Adv_{\mathcal{A}}^{\mathrm{Game}_R}=Adv_{\mathcal{A}}^{\mathrm{Game}_{R'}}$	引理 4－2
$\mathrm{Game}_{R'}$ 与Game_0	$\lvert Adv_{\mathcal{A}}^{\mathrm{Game}_{R'}}-Adv_{\mathcal{A}}^{\mathrm{Game}_0}\rvert\leqslant\varepsilon$	引理 4－3
Game_v 与 Game_{v-1} $v\in(1,\cdots,q)$	$\lvert Adv_{\mathcal{A}}^{\mathrm{Game}_{v-1}}-Adv_{\mathcal{A}}^{\mathrm{Game}_v}\rvert\leqslant\varepsilon$	引理 4－4
Game_q 与 Game_F	$\lvert Adv_{\mathcal{A}}^{\mathrm{Game}_q}-Adv_{\mathcal{A}}^{\mathrm{Game}_F}\rvert\leqslant\varepsilon$	引理 4－5

从表 4－2，可得：

$$\begin{aligned}&\lvert Adv_{\mathcal{A}}^{\mathrm{Game}_R}-Adv_{\mathcal{A}}^{\mathrm{Game}_F}\rvert\\=&\lvert Adv_{\mathcal{A}}^{\mathrm{Game}_{R'}}-Adv_{\mathcal{A}}^{\mathrm{Game}_F}\rvert\\=&\lvert Adv_{\mathcal{A}}^{\mathrm{Game}_{R'}}-Adv_{\mathcal{A}}^{\mathrm{Game}_0}+Adv_{\mathcal{A}}^{\mathrm{Game}_0}-\cdots-Adv_{\mathcal{A}}^{\mathrm{Game}_v}+Adv_{\mathcal{A}}^{\mathrm{Game}_v}-\cdots-\\&Adv_{\mathcal{A}}^{\mathrm{Game}_q}+Adv_{\mathcal{A}}^{\mathrm{Game}_q}-Adv_{\mathcal{A}}^{\mathrm{Game}_F}\rvert\\\leqslant&\lvert Adv_{\mathcal{A}}^{\mathrm{Game}_{R'}}-Adv_{\mathcal{A}}^{\mathrm{Game}_0}\rvert+\lvert Adv_{\mathcal{A}}^{\mathrm{Game}_0}-Adv_{\mathcal{A}}^{\mathrm{Game}_1}\rvert+\cdots+\lvert Adv_{\mathcal{A}}^{\mathrm{Game}_q}-\\&Adv_{\mathcal{A}}^{\mathrm{Game}_F}\rvert\\\leqslant&(q+2)\varepsilon。\end{aligned}$$

因此$\lvert Adv_{\mathcal{A}}^{\mathrm{Game}_R}-Adv_{\mathcal{A}}^{\mathrm{Game}_F}\rvert\leqslant(q+2)\varepsilon$。此外，用 Lewko 等人[70]的完整版中定理 6.8 类似的证明方法，易得 $Adv_{\mathcal{A}}^{\mathrm{Game}_F}\leqslant\varepsilon$。这样，可得$\lvert Adv_{\mathcal{A}}^{\mathrm{Game}_R}\rvert\leqslant(q+2)\varepsilon$。此外，引理 4－1 证明了泄漏的界。因此，定理 4－1 获证。

下面具体给出 5 个引理及证明。

引理 4－1　主私钥和私钥的泄漏量最大值为 $L_{SK}=L_{MSK}=(n-2\Lambda-$

$1)\lambda$。

证明:引用文献[33]中的一个结论来完成引理 4-1。

结论 1 给定素数 p,选取 $n_1 \geqslant n_2 \geqslant 2(n_1, n_2 \in \mathbf{N})$并选择 $\boldsymbol{X} \leftarrow Z_p^{n_1 \times n_2}$,$\boldsymbol{Y} \leftarrow Rk_1(Z_p^{n_2 \times 1})$ 与 $\boldsymbol{\Phi} \leftarrow Z_p^{n_1}$。设 f 是某个泄漏函数:$f: Z_p^{n_1} \rightarrow \boldsymbol{W}$。只要 $|\boldsymbol{W}| \leqslant 4 \cdot \left(1-\frac{1}{p}\right) \cdot p^{n_2-1} \cdot \varepsilon^2$,统计距离 $SD((\boldsymbol{X}, f(\boldsymbol{X} \cdot \boldsymbol{Y})), (\boldsymbol{X}, f(\boldsymbol{\Phi})) \leqslant \varepsilon$。

进一步,给出下面的推论 1。

推论 1 给定一个素数 p,选取 $n_1 \geqslant 3$ 并选择 $\vec{\delta} \leftarrow Z_p^{n_1}$,$\vec{\tau} Z_p^{n_1}$ 与 $\vec{\tau}' \leftarrow Z_p^{n_1}$ 使得 $\vec{\tau}'$和 $\vec{\delta}$ 关于模 p 的点积是正交的。设 f 是某个泄漏函数:$f: Z_p^{n_1} \rightarrow \boldsymbol{W}$。只要 $|\boldsymbol{W}| \leqslant 4 \cdot \left(1-\frac{1}{p}\right) \cdot p^{n_1-2} \cdot \varepsilon^2$,统计距离 $SD((\vec{\delta}, f(\vec{\tau}')), (\vec{\delta}, f(\vec{\tau}))) \leqslant \varepsilon$。

证明:根据结论 1,令 $n_2 = n_1 - 1$,这样 $\vec{\tau}$ 对应于 $\boldsymbol{\Phi}$ 且 $\vec{\delta}$ 的正交空间的基对应于 $\boldsymbol{X}$。这样,当 $\boldsymbol{Y} \leftarrow Rk_1(Z_p^{(n_1-1) \times 1})$时 $\vec{\tau}'$的分布与 $\boldsymbol{X} \cdot \boldsymbol{Y}$ 相同。由于 $\vec{\delta}$ 是随机选择的且 $\boldsymbol{X} \leftarrow Z_p^{n_1 \times (n_1-1)}$ 是由 $\vec{\delta}$ 确定的。所以,可得 $SD((\vec{\delta}, f(\vec{\tau}')), (\vec{\delta}, f(\vec{\tau}))) = \text{dist}(\boldsymbol{X}, f(\boldsymbol{X} \cdot \boldsymbol{T})), (\boldsymbol{X}, f(\boldsymbol{\Phi}))$。

如果设置 $n = n_1 - 1$,$p_2 = p$,$\varepsilon = p_2^{-\Lambda}$,便可以得到泄漏允许的值为 $\log|\boldsymbol{W}| \leqslant (n-1)\log p_2 - 2\Lambda \log p_2 = (n-2\Lambda-1)\log p_2 = (n-2\Lambda-1)\lambda$,其中 $\log p_2 = \lambda$。这样,可得主私钥和私钥泄漏的最大值为 $L_{SK} = L_{MSK} = (n-2\Lambda-1)\lambda$。

引理 4-2 对于任何敌手$\mathcal{A}$,如果 $L_{SK} = L_{MSK} = (n-2\Lambda-1)\lambda$,敌手在游戏 Game_R 与 $\text{Game}_{R'}$ 中获得的优势是相同的。也就是说,$Adv_{\mathcal{A}}^{\text{Game}_R} = Adv_{\mathcal{A}}^{\text{Game}_{R'}}$。

证明:因为由私钥产生算法生成的私钥与由授权算法生成的私钥具有相同的分布,对于敌手来说它们本质是一样的。因此,$Adv_{\mathcal{A}}^{\text{Game}_R} = Adv_{\mathcal{A}}^{\text{Game}_{R'}}$。

引理 4-3 在泄漏量为 $L_{SK} = L_{MSK} = (n-2\Lambda-1)\lambda$ 的情况下,如果有一个敌手$\mathcal{A}$能以不可忽略的优势区分游戏$\text{Game}_{R'}$与Game_0,那么挑战者$\mathcal{B}$以不可忽略的优势破坏假设 1。

证明:给定$\mathcal{B}$一个实例 $D = (\Omega, g_1, X_3)$和挑战项 $T(T \in G_{p_1 p_2}$ 或 $T \in G_{p_1})$,$\mathcal{B}$与$\mathcal{A}$模拟游戏$\text{Game}_{R'}$或Game_0 如下。

初始化:$\mathcal{B}$随机选择 $h_1, \cdots, h_l \in G_{p_1}$,$g_3 \in G_{p_3}$,$\alpha, a \in Z_N$,$y_1, \cdots, y_n, t^*, t \in Z_N$,$\rho_{n+2}, \cdots, \rho_{n+2+l} \in Z_N$ 和 $\forall i \in U$,$\rho_{n+2+l+i} \in Z_N$。随机选择 $x_1, \cdots, x_n, \zeta_1, \zeta_2, \cdots, \zeta_m, \eta_1', \eta_2', \cdots, \eta_l' \in Z_N$ 和一个向量 $\vec{\rho} = (\rho_1, \cdots, \rho_{n+1}) \in Z_N^{n+1}$,其中 $n \geqslant 2$ 是一个整数。对每个 $j \in \{1, \cdots, l\}$计算 $h_j = g_1^{\eta_j'}$ 且对 $i \in \{1, \cdots, m\}$计算

$Q_i = g_1^{\zeta_i}$。

主公钥 $MPK=(U, g_1, g_3, g_1^a, e(g_1, g_1)^\alpha, h_1, \cdots, h_l, g_1^{x_1}, \cdots, g_1^{x_n}, \forall i \in U, Q_i = g_1^{\zeta_i})$，主私钥 $MSK=(U, \vec{K}_0^*, K_1^*, E_1^*, \cdots, E_l^*, \forall i \in U, T_i^*) = \big(U,$

$\langle g_1^{y_1}, \cdots, g_1^{y_n}, g_1^\alpha g_1^{at^*} \prod_{i=1}^{n} g_1^{-x_i y_i} \rangle \cdot g_3^{\vec{\delta}}, g_1^t g_3^{\rho_{n+2}}, h_1^t g_3^{\rho_{n+3}}, \cdots, h_l^t g_3^{\rho_{n+2+l}}, \forall i \in U,$

$Q_i^t g_3^{\rho_{n+2+l+i}})$。

阶段 1：因为$\mathcal{B}$具有主私钥，它能调用私钥产生算法来产生正常私钥。

挑战：敌手发给$\mathcal{B}$两个等长的消息 M_0 和 M_1 与一个针对深度为 k 的属性集的访问结构$\mathbb{A}^*$。对于$\mathbb{A}^*$，$\mathcal{B}$产生一个 LSSS 为$(\mathcal{A}^*, \rho)$。对于$\mathcal{A}^*$的第 i 行，$\mathcal{B}$随机选择 $r_i' \in Z_N$。$\mathcal{B}$随机选择 $\theta_2, \cdots, \theta_m \in Z_N$ 组成向量 $\vec{\theta}^* = \langle 1, \theta_2, \cdots, \theta_m \rangle$。$\mathcal{B}$随机选择 $\beta \in \{0,1\}$。计算密文：

$C_0 = M_\beta e(g_1, T)^\alpha, \vec{C}_1 = \langle T^{x_1}, \cdots, T^{x_n}, T \rangle,$

$C_{(i,0)} = T^{a A_i \vec{\theta}^*} T^{r_i' \zeta_x}, C_{(i,1)} = T^{r_i'}, C_{(i,2)} = T^{r_i' \sum_{m=1}^{k} \eta_m u_m}$。

阶段 2：操作类似阶段 1。

猜测：如果$\mathcal{A}$输出 $\beta' = \beta$，$\mathcal{B}$输出 0；否则，$\mathcal{B}$输出 1。

如果 $T \in G_{p_1 p_2}$，假设 $T = g_1^\gamma g_2^\xi$，对于密文的 G_{p_1} 部分，这隐含设置 $s = \gamma$，$r_i = s r_i'$，$\eta_1 = \eta_1', \cdots, \eta_l = \eta_l'$和 $\zeta_1 = \zeta_1', \cdots, \zeta_m = \zeta_m'$。对于密文的 G_{p_2} 部分，隐含设置 $\vec{\delta} = \xi \langle x_1, \cdots, x_n, 1 \rangle$，$\vec{\chi} = \xi a \vec{\theta}^*$ 和 $\sigma_i = \xi r_i'$。这些值都是关于模 p_1 的。由中国剩余定理可知这些值与模 p_2 运算无关。对于敌手而言，半功能参数是随机均匀的。密文是半功能的、均匀分布的。这样，$\mathcal{B}$模拟了游戏 Game_0。

如果 $T \in G_{p_1}$，假定 $T = g_1^\gamma$（γ 是随机选择的）。这是一个正常的密文。这样，$\mathcal{B}$模拟了游戏 $\mathrm{Game}_{R'}$。

概率分析：如果 $T \in G_{p_1 p_2}$，$\mathcal{B}$恰当地模拟 Game_0。如果 $T \in G_{p_1}$，$\mathcal{B}$恰当地模拟 $\mathrm{Game}_{R'}$。这样，$\mathcal{B}$ 破坏假设 1 的优势为 $|\Pr[\mathcal{B}(D, T \in G_{p_1 p_2}) = 0] - \Pr[\mathcal{B}(D, T \in G_{p_1}) = 0]| = |Adv_{\mathcal{A}}^{\mathrm{Game}_0} - Adv_{\mathcal{A}}^{\mathrm{Game}_{R'}}|$。在泄漏量为 $L_{SK} = L_{MSK} = (n - 2\Lambda - 1)\lambda$ 的情况下，如果敌手$\mathcal{A}$区分 $\mathrm{Game}_{R'}$ 和 Game_0 的优势是不可忽略的（也就是 $|Adv_{\mathcal{A}}^{\mathrm{Game}_0} - Adv_{\mathcal{A}}^{\mathrm{Game}_{R'}}| \geqslant \varepsilon$），则挑战者$\mathcal{B}$能以同样的优势破坏假设 1（也就是 $|\Pr[\mathcal{B}(D, T \in G_{p_1 p_2}) = 0] - \Pr[\mathcal{B}(D, T \in G_{p_1}) = 0]| \geqslant \varepsilon$）。这和假设 1 矛盾。所以 $|Adv_{\mathcal{A}}^{\mathrm{Game}_0} - Adv_{\mathcal{A}}^{\mathrm{Game}_{R'}}| \leqslant \varepsilon$。引理 4-3 证毕。

引理 4-4 在泄漏量为 $L_{SK} = L_{MSK} = (n - 2\Lambda - 1)\lambda$ 的情况下，如果有一

个敌手$\mathcal{A}$能以不可忽略的优势区分游戏 Game_{v-1} 与 Game_v，那么挑战者$\mathcal{B}$以不可忽略的优势破坏假设 2。

证明：给定实例 $D=(\Omega,g_1,X_1X_2,X_3,Y_2Y_3)$ 和一个挑战项 $T(T\in G_{p_1p_2}$ 或 $T\in G)$，$\mathcal{B}$与敌手$\mathcal{A}$交互，模拟游戏 Game_{v-1} 或 Game_v。

初始化：$\mathcal{B}$随机选择 $h_1,\cdots,h_l\in G_{p_1},g_3\in G_{p_3},\alpha,a\in Z_N,y_1,\cdots,y_n,t^*,t\in Z_N,\rho_{n+2},\cdots,\rho_{n+2+l}\in Z_N$ 与 $\forall i\in U,\rho_{n+2+l+i}\in Z_N$。随机选择 $x_1,\cdots,x_n,\zeta_1,\zeta_2,\cdots,\zeta_m,\eta'_1,\eta'_2,\cdots,\eta'_l\in Z_N$ 与一个向量 $\vec{\rho}=(\rho_1,\cdots,\rho_{n+1})\in Z_N^{n+1}$，其中 $n\geqslant 2$ 是一个整数。计算 $h_j=g_1^{\eta'_j}(j\in\{1,\cdots,l\})$ 和 $Q_i=g_1^{\zeta_i}(i\in\{1,\cdots,m\})$。

主公钥 $MPK=(U,g_1,g_3,g_1^a,e(g_1,g_1)^\alpha,h_1,\cdots,h_l,g_1^{x_1},\cdots,g_1^{x_n},\forall i\in U,Q_i=g_1^{\zeta_i})$，主私钥 $MSK=(U,\vec{K}_0^*,K_1^*,E_1^*,\cdots,E_l^*,\forall i\in U,T_i^*)=\Big(U,$

$$\langle g_1^{y_1},\cdots,g_1^{y_n},g_1^\alpha g_1^{at^*}\prod_{i=1}^{n}g_1^{-x_iy_i}\rangle\cdot g_3^{\vec{\rho}},g_1^tg_3^{\rho_{n+2}},h_1^tg_3^{\rho_{n+3}},\cdots,h_l^tg_3^{\rho_{n+2+l}},\forall i\in U,$$

$Q_i^tg_3^{\rho_{n+2+l+i}}\Big)$。

阶段 1：对于前 $v-1$ 次询问，$\mathcal{B}$产生半功能私钥。$\mathcal{B}$随机选择 $d'\in Z_N$，$\vec{\varphi}'\in Z_N^{n+1}$，$\vec{\rho}'=(\rho'_1,\cdots,\rho'_{n+1})\in Z_N^{n+1}$，$\rho'_{n+2}\in Z_N$ 和 $y'_1,\cdots,y'_n\in Z_N$。$\mathcal{B}$计算：

$$\vec{K}_0=\langle g_1^{y'_1},\cdots,g_1^{y'_n},g_1^\alpha g_1^{at'}\prod_{i=1}^{n}g_1^{-x_iy'_i}\rangle g_3^{\vec{\rho}'}(g_2^\mu g_3^\upsilon)^{\vec{\varphi}'}\rangle,K_1=g_1^{t'}g_3^{\rho'_{n+2}}(g_2^\mu g_3^\upsilon)^{d'}。$$

对于深度 $k\leqslant l$ 属性向量集 S，$\mathcal{B}$随机选择 $t_j,\varsigma'_j\in Z_N$ 和 $r_{(j,0)},r_{(j,1)},r_{(j,k+1)},\cdots,r_{(j,l)}\in Z_N$。

每个属性向量都由属性矩阵获得且属性矩阵中每一项都由两个索引来标识。这样，对于属性向量集 S 中的每个属性向量 $\vec{u}=(u_1,\cdots,u_k)$ 来说，可用$(1,x)$来标识其第一个属性 u_1，也就是说 u_1 是属性矩阵第 1 行的第 x 个元素。$\mathcal{B}$选择 Q_x 并计算：

$$K_{j,0}=Q_x^{t'}\Big(\prod_{i=1}^{k}h_i^{u_i}\Big)g_3^{r_{(j,0)}}(g_2^\mu g_3^\upsilon)^{d'(\xi'_x+\varsigma'_j\sum_{m=1}^{k}\eta'_mu_m)},K_{(j,1)}=g_1^{t_j}g_3^{r_{(j,1)}}(g_2^\mu g_3^\upsilon)^{d\varsigma'_j},$$

$$K_{(j,k+1)}=h_{k+1}^{t_j}g_3^{r_{(j,k+1)}}(g_2^\mu g_3^\upsilon)^{d'(\varsigma'_j\eta'_{k+1})},\cdots,K_{(j,l)}=h_l^{t_j}g_3^{r_{(j,l)}}(g_3^\mu g_3^\upsilon)^{d'(\varsigma'_j\eta'_l)}。$$

这隐含设置 $\vec{\varphi}=\vec{\varphi}'\mu,d=d'\mu,\varsigma_j=\varsigma'_jd'\mu$。这个私钥同半功能私钥具有同样分布形式。

剩余的询问中除了第 v 次之外的询问，$\mathcal{B}$用自己知道主私钥的事实来运行私钥产生算法生成正常的私钥。

为了产生针对属性向量集 S 的第 v 次私钥，对于 S 中的每个属性向量 $\vec{u}$，$\mathcal{B}$ 随机选择 $t'_j \in Z_N$，$r_{(j,0)}, r_{(j,1)}, r_{(j,k+1)}, \cdots, r_{(j,l)} \in Z_N$，$\rho'_{n+2} \in Z_N$，$\vec{\rho}' = (\rho'_1, \cdots, \rho'_{n+1}) \in Z_N^{n+1}$ 和 $y'_1, \cdots, y'_n \in Z_N$ 并计算：

$$\vec{K}_0 = \langle g_1^{y'_1} T, \cdots, g_1^{y'_n} T, g_1^{a} T^{a} \prod_{i=1}^{n} g_i^{-x_i y'_i} \rangle g_3^{\vec{\rho}'}, K_1 = T g_3^{\rho'_{n+2}},$$

$$K_{(j,0)} = T^{\zeta_x} T^{t'_j \sum_{w=1}^{k} \eta_w u_w} g_3^{r_{(j,0)}},$$

$$K_{(j,1)} = T^{t'_j} g_3^{r_{(j,1)}}, K_{(j,k+1)} = T^{t'_j \eta_{(k+1)}} g_3^{r_{(j,k+1)}}, \cdots, K_{(j,l)} = T^{t'_j \eta_l} g_3^{r_{(j,l)}}。$$

如果 $T \in G_{p_1 p_3}$，私钥与正常私钥分布相同，也就是说这是正常的私钥。

如果 $T \in G$，假设 $T = g_1^{\omega} g_2^{\kappa} g_3^{\sigma}$。设置 $\vec{\varphi} = (\kappa, \cdots, \kappa, \kappa a)$，$t_j = \omega t'_j$，$\zeta_1 = \zeta'_1, \cdots, \zeta_m = \zeta'_m$ 和 $\eta_1 = \eta'_1, \cdots, \eta_l = \eta'_l$。因为 $\xi, a, r'_i, \xi_1, \cdots, \xi_m, \eta_1, \cdots, \eta_l$ 是关于模 p_1 的。由中国剩余定理可知这些值与它们关于模 p_2 的值无关。对于敌手而言，这些半功能参数是均匀分布的。密文是半功能和均匀分布的。

挑战：敌手发送给$\mathcal{B}$两个等长的消息 M_0、M_1 和深度为 k 的属性集的一个访问结构$\mathbb{A}^*$。对于$\mathbb{A}^*$，$\mathcal{B}$产生一个 LSSS 为$(\mathcal{A}^*, \phi^*)$。对于$\mathcal{A}^*$的第 i 行，$\mathcal{B}$随机选择 $r'_i \in Z_N$。$\mathcal{B}$随机选择 $\theta_2, \cdots, \theta_l \in Z_N$ 组成向量 $\vec{\theta}^* = (1, \theta_2, \cdots, \theta_l) \in Z_N$。$\mathcal{B}$随机选择 $\beta \in \{0,1\}$。生成密文：

$$C_0 = M_\beta e(g_1, g_1^{\gamma} g_2^{\xi})^{\alpha}, \vec{C}_1 = \langle (g_1^{\gamma} g_2^{\xi})^{x_1}, \cdots, (g_1^{\gamma} g_2^{\xi})^{x_n}, g_1^{\gamma} g_2^{\xi} \rangle,$$

$$C_{(i,0)} = (g_1^{\gamma} g_2^{\xi})^{a \mathcal{A}_i \vec{\theta}^*} T^{r'_i \xi_x}, C_{(i,1)} = (g_1^{\gamma} g_2^{\xi})^{r'_i}, C_{(i,2)} = (g_1^{\gamma} g_2^{\xi})^{r'_i \sum_{w=1}^{k} \eta_w u_w}。$$

这隐含设置 $s = \gamma$，$\vec{\delta} = \xi(x_1, \cdots, x_n, 1)$，$\vec{\chi} = \xi a \vec{\theta}^*$，$r_i = s r'_i$，$\sigma_i = \xi r'_i$，$\eta_1 = \eta'_1, \cdots, \eta_l = \eta'_l$ 和 $\zeta_1 = \zeta'_1, \cdots, \zeta_m = \zeta'_m$。

因为在 G_{p_1} 部分重新使用了 $\xi, a, r'_i, \zeta_1, \cdots, \zeta_m, \eta_1, \cdots, \eta_l$，所以它们是与模 p_1 相关的。由中国剩余定理可知这些值与它们关于模 p_2 的值是无关的。对于敌手而言，半功能的参数是均匀分布的。密文是半功能且均匀分布的。

当$\mathcal{B}$用第 v 个私钥解密密文时，与文献[203]类似，会获得 $e(g_2, g_2)^{\vec{\delta}\vec{\varphi} - d\chi_1} = 1$，解密就能执行。私钥是正常的或名义上半功能的。要强调的是：$\chi_1 = \xi a$ 对敌手来说是不可见的，这是因为敌手不能询问可以解密挑战密文的任何私钥。

用$\mathcal{R}_S$ 表示属性矩阵$\mathcal{A}^*$满足如下条件的行组成的子矩阵：被映射的属性属于私钥。由于挑战密文不能被第 v 个私钥解密，所以$\mathcal{R}_S$ 不包含向量 $(1, 0, \cdots, 0)$。根据文献[204]的提议 11，可以得到下面的结论。

结论 2 对于一个向量 $\vec{\pi}$ 和由一些向量集组成的矩阵 $\boldsymbol{P}$ 来说，如果找到一个向量 $\vec{\upsilon}$ 使得 $\vec{\pi}\vec{\upsilon}=1$，那么 $\boldsymbol{P}\vec{\upsilon}=0$。

因为$(1,0,\cdots,0)$与$\mathcal{R}s$ 不是线性相关的，对于每个$\mathcal{A}_i\in\mathcal{R}s$ 很容易找到一个向量 $\vec{\upsilon}$ 使得$\vec{\upsilon}(1,0,\cdots,0)=1$ 且$\mathcal{A}\vec{\upsilon}=0$。随机选择 $\vec{\chi}''$并使得$\mathcal{A}_i\vec{\chi}=\mathcal{A}_i(\xi\vec{\upsilon}+\vec{\chi}'')$，其中不需要确切地知道 $\xi\in Z_N$ 的值。

如果 $\phi^*(i)\in S$，可得$\mathcal{A}_i\vec{\chi}=\mathcal{A}_i\vec{\chi}''$。这样，$\xi$ 的信息没有暴露。进一步$\mathcal{A}_i\vec{\chi}$ 也是隐藏的。

如果 $\phi^*(i)\notin S$，可得$\mathcal{A}_i\vec{\chi}+\sigma_i\zeta_x=\mathcal{A}_i(\xi\vec{\upsilon}+\vec{\chi}'')+\sigma_i\zeta_x$。$\sigma_i$ 是一个随机值且仅用一次。这样，由于 ϕ^* 是一个单射函数，ξ 的信息也是没有暴露的。如果 σ_i 模 p_2 不等于 0，$\mathcal{A}_i\xi\vec{\upsilon}$ 通过σ_i 来随机化。这样，ξ 的信息没有暴露。所有 σ_i 模 p_2 都等于 0 的概率是可以忽略的。从敌手的观点来看，在 G_{p_2} 中分享的值以接近于 1 的概率隐藏起来。

阶段 2：与阶段 1 类似。

猜测：如果$\mathcal{A}$输出 $\beta'=\beta$，$\mathcal{B}$输出 0；否则，$\mathcal{B}$输出 1。

概率分析：如果 $T\in G_{p_1p_3}$，$\mathcal{B}$恰当地模拟游戏 Game_{v-1}。如果 $T\in G$，$\mathcal{B}$恰当地模拟游戏 Game_v。这样，$\mathcal{B}$破坏假设 2 的优势为$|\Pr[\mathcal{B}(D,T\in G_{p_1p_3})=0]-\Pr[\mathcal{B}(D,T\in G)=0]|=|Adv_{\mathcal{A}}^{\mathrm{Game}_{v-1}}-Adv_{\mathcal{A}}^{\mathrm{Game}_v}|\leqslant\varepsilon$。在泄漏量为 $L_{SK}=L_{MSK}=(n-2\Lambda-1)\lambda$ 的情况下，如果敌手$\mathcal{A}$区分 Game_{v-1}和 Game_v 的优势是不可忽略的(也就是$|Adv_{\mathcal{A}}^{\mathrm{Game}_{v-1}}-Adv_{\mathcal{A}}^{\mathrm{Game}_v}|\geqslant\varepsilon$)，则挑战者$\mathcal{B}$能以同样优势破坏假设 2(也就是$|\Pr[\mathcal{B}(D,T\in G_{p_1p_3})=0]-\Pr[\mathcal{B}(D,T\in G)=0]|\geqslant\varepsilon$)。这和假设 2 矛盾，所以$|Adv_{\mathcal{A}}^{\mathrm{Game}_{v-1}}-Adv_{\mathcal{A}}^{\mathrm{Game}_v}|\leqslant\varepsilon$。引理 4-4 证毕。

引理 4-5 在泄漏量为 $L_{SK}=L_{MSK}=(n-2\Lambda-1)\lambda$ 的情况下，如果有一个敌手$\mathcal{A}$能以不可忽略的优势区分游戏 Game_q 与 Game_F，那么挑战者$\mathcal{B}$以不可忽略的优势破坏假设 3。

证明：给定一个实例 $D=(\Omega,g_1,g_1^aX_2,x_3,g_1^sY_2,Z_2)$和挑战项 $T(T=e(g,g)^{a\bar{\omega}}$或 $T\in G')$，$\mathcal{B}$与敌手$\mathcal{A}$进行交互来模拟游戏 Game_q 或 Game_F。

初始化：对于任何 $i\in\{1,\cdots,m\}$，$i\in\{1,\cdots,l\}$，$\mathcal{B}$随机选择 ξ_i'，$\eta_j'\in Z_N$ 并计算 $Q_1=g_1^{\xi_1'}$，$\cdots$，$Q_m=g_1^{\xi_m'}$ 和 $h_1=g_1^{\eta_1'}$，$\cdots$，$h_1=g_1^{\eta_l'}$。$\mathcal{B}$随机选择 $a\in Z_N$，$x_1,\cdots,x_n\in Z_N$。$\mathcal{B}$设置主公钥为：

$MPK=(U,N,g_1,g_3,g_1^a,e(g_1,g_1^ag_2^{\xi}),h_1,\cdots,h_l,g_1^{x_1},\cdots,g_1^{x_n},\forall i\in U,Q_i=$

g_1^{ζ})。

$\mathcal{B}$把主公钥发给敌手，但是，$\mathcal{B}$不知道 α。

阶段 1：$\mathcal{B}$产生关于 S 的半功能私钥。$\mathcal{B}$随机选择 $d'\in Z_N$，$\vec{\varphi}'\in Z_N^{n+1}$，$t'\in Z_N$，$\vec{\rho}'=(\rho_1',\cdots,\rho_{n+1}'\in Z_N^{n+1}$，$\rho_{n+2}'\in Z_N$ 和 $y_1',\cdots,y_n'\in Z_N$。对于 S 中的每个属性向量，$\mathcal{B}$随机选择 $t_j,\varsigma_j'\in Z_N$，$r_{(j,0)}$，$r_{(j,1)}$，$r_{(j,k+1)}$，$\cdots$，$r_{(j,l)}\in Z_N$。$\mathcal{B}$计算：

$$\vec{K}_0=\langle g_1^{y_1'},\cdots,g_1^{y_n'},g_1^{a}g_2^{\xi}g_1^{at'}\prod_{i=1}^{n}g_1^{-x_iy_i'}\rangle g_2^{\vec{\varphi}'}g_3^{\vec{\rho}'},\ K_1=g_1^{t'}g_2^{d'}g_3^{\rho_n'+2},$$

$$\vec{K}_{(j,0)}=Q_x^{t'}\left(\prod_{i=1}^{k}h_i^{u_i}\right)^{t_j}g_2^{d'(\zeta_x'+\varsigma_j'\sum_{w=1}^{k}\eta_w'u_w)}g_3^{r_{(j,0)}},K_{(j,1)}=g_1^{t_j}g_2^{d'\varsigma_j'}g_3^{r_{(j,1)}},$$

$$K_{(j,k+1)}=K_{(j,k+1)}=h_{k+1}^{t_j}g_2^{d'\varsigma_j'\eta_{k+1}'}g_3^{r_{(j,k+1)}},\cdots,K_{(j,l)}=h_l^{t_j}g_2^{d'\varsigma_j'\eta_{k+1}'}g_3^{r_{(j,l)}}。$$

这隐含设置 $\vec{\varphi}=\langle 0,\cdots,0,\xi\rangle+\vec{\varphi}'$，$d=d'$，$\varsigma_j=d'\varsigma_j'$，从敌手观点来看，私钥是半功能的。

挑战：敌手给$\mathcal{B}$两个等长的消息 M_0、M_1 和针对深度为 k 的属性集的一个访问结构$\mathbb{A}^*$。对于$\mathbb{A}^*$，$\mathcal{B}$产生一个 LSSS 为($\mathcal{A}^*$，ϕ^*)。对于$\mathcal{A}^*$第 i 行，$\mathcal{B}$随机选择 $r_i'\in Z_N$。$\mathcal{B}$随机选择 $\theta_2,\cdots,\theta_l\in Z_N$ 组成向量 $\vec{\theta}^*=(1,\theta_2,\cdots,\theta_l)\in Z_N$。$\mathcal{B}$随机选择 $\beta\in\{0,1\}$。生成密文：

$$C_0=M_\beta T,\vec{C}_1=\langle g_1^{x_1\bar{\omega}},\cdots,g_1^{x_n\bar{\omega}},g_1^{\bar{\omega}}\rangle,$$

$$C_{(i,0)}=(g_1^{\bar{\omega}}g_2^{\mu})^{a\mathcal{A}_i\vec{\theta}^*}(g_1^{\bar{\omega}}g_2^{\mu})^{r_i'}\zeta_x,C_{(i,2)}=(g_1^{\bar{\omega}}g_2^{\mu})^{r_i'\sum_{w=1}^{k}\eta_wu_w}。$$

如果 $T=e(g,g)^{\alpha\bar{\omega}}$，这隐含设置 $s=\bar{\omega}$，$\vec{\chi}=\mu a\vec{\theta}^*$，$r_i=sr_i'$，$\sigma_i=\mu r_i'$，$\zeta_1=\zeta_1'$，$\cdots$，$\zeta_m=\zeta_m'$和 $\eta_1=\eta_1'$，$\cdots$，$\eta_l=\eta_l'$。这些值 a，r_i'，ζ_1，$\cdots$，ζ_m，η_1，$\cdots$，η_l 都是关于模 p_1 的。由中国剩余定理可知这些值与它们关于模 p_2 的结果是不相关的。对于敌手来说，半功能的参数是均匀的。消息 M_β 对应的密文为半功能的。

如果 T 是 G' 中的一个随机值，则随机消息 M_β 对应的密文是半功能的。

阶段 2：操作与阶段 1 相同。

猜测：如果$\mathcal{A}$输出 $\beta'=\beta$，$\mathcal{B}$输出 0。

概率分析：如果 $T=e(g,g)^{\alpha\bar{\omega}}$，$\mathcal{B}$正确地模拟 Game_q。如果 $T\in G'$，$\mathcal{B}$正确地模拟 Game_F。这样，$\mathcal{B}$破坏假设 3 优势为 $|\Pr[\mathcal{B}(D,T=e(g,g)^{\alpha\bar{\omega}})=0]-\Pr[\mathcal{B}(D,T\in G')=0]|=|Adv_A^{\mathrm{Game}_q}-Adv_A^{\mathrm{Game}_F}|\geqslant\varepsilon$。在泄漏量为 $L_{SK}=L_{MSK}=(n-2\Lambda-1)\lambda$ 的情况下，如果敌手$\mathcal{A}$区分 Game_q 和 Game_F 的优势是不可忽

略的($|Adv_{\mathcal{A}}^{\mathrm{Game}_q}-Adv_{\mathcal{A}}^{\mathrm{Game}_F}|\geqslant\varepsilon$),则挑战者$\mathcal{B}$能以同样优势破坏假设 3(也就是$|\Pr[\mathcal{B}(D,T=e(g,g)^{\alpha\tilde{\omega}})=0]-\Pr[\mathcal{B}(D,T\in G')=0]|\geqslant\varepsilon$)。这和假设 3 矛盾,所以,$|Adv_{\mathcal{A}}^{\mathrm{Game}_q}-Adv_{\mathcal{A}}^{\mathrm{Game}_F}|\leqslant\varepsilon$。引理 4-5 证毕。

定理 4-2 给出的 CLR-HABE 方案能抵抗主私钥和私钥的持续泄漏。

证明:通过私钥更新算法来实现方案的持续抗泄漏性能。私钥更新算法以私钥 SK_S、主公钥 MPK 为输入,输出关于 S 的新私钥$\widehat{SK_S}$。在私钥更新算法中,在原有私钥指数的随机值上增加了额外的值。因为额外增加的值是从 Z_N 中随机选取的,所以新的值和原有的值具有相同的分布。

这样,新的私钥$\widehat{SK_S}$和原始私钥 SK_S 具有相同的分布。当 $S=U$,重新随机化主私钥。

更新过程允许泄漏。由文献[33-34]可知,泄漏的量是安全参数的对数量级。私钥更新算法执行后,一个新的私钥产生。如果周期性地更新私钥,方案便具有持续弹性泄漏功能。

4.2.4 泄漏率分析与比较

在本节给出的方案中 p_1,p_2,p_3 是三个长度为 λ 比特的素数。这样,主私钥长度是$(n+|U|+2)(\lambda+\lambda+\lambda)=3(n+|U|+2)\lambda$ 比特,私钥长度是 $3(n+|S|+l+2)\lambda$ 比特。主私钥或私钥泄漏界是$(n-2\Lambda-1)\lambda$。其中,$n\geqslant2$ 是一个整数且 Λ 是一个固定的正常数。主私钥的相对泄漏率为 $\frac{(n-2\Lambda-1)\lambda}{3(n+|U|+2)\lambda}=\frac{(n-2\Lambda-1)}{3(n+|U|+2)}$。私钥相对泄漏率为 $\frac{(n-2\Lambda-1)\lambda}{3(n+|S|+l+2)\lambda}=\frac{(n-2\Lambda-1)}{3(n+|S|+l+2)}$。

注意到 n 是可变的,如果 n 的值比较大,泄漏率也相对较高,弹性泄漏性能也较好,但是主公钥和主私钥相应较长。如果 n 较小,泄漏率也相对较小,但主公钥和主私钥相应较短。

表 4-3 给出了本节 CLR-HABE 方案和文献[70,122]方案计算效率比较。表中给出主私钥 MSK 与私钥 SK 的长度和泄漏量。$|U|$表示系统中属性种类总数,$|S|$表示访问结构中属性种类数(属性或属性向量个数),l 表示总的层数。

表 4-3　CLR-HABE 方案和文献[70,122]方案抗泄漏性比较

性能	文献 [122]中 HABE	文献[70]中 LR-ABE	CLR-HABE
MSK 长度	$3(\|U\|+2)\lambda$	$3(n+\|U\|+2)\lambda$	$3(n+\|U\|+2)\lambda$
SK 长度	$3(\|S\|+l+2)\lambda$	$3(n+\|S\|+2)\lambda$	$3(n+\|S\|+l+2)\lambda$
MSK 泄漏量	无	$(n-2\Lambda-1)\lambda$	$(n-2\Lambda-1)\lambda$
SK 泄漏量	无	$(n-2\Lambda-1)\lambda$	$(n-2\Lambda-1)\lambda$
私钥更新	无	无	有
MSK 相对泄漏率	0	$\frac{(n-2\Lambda-1)}{3(n+\|U\|+2)}$	$\frac{(n-2\Lambda-1)}{3(n+\|U\|+2)}$
SK 相对泄漏率	0	$\frac{(n-2\Lambda-1)}{3(n+\|S\|+2)}$	$\frac{(n-2\Lambda-1)}{3(n+\|S\|+l+2)}$
分层	有	无	有
持续泄漏弹性	无	无	有

Lewko 等人[70]给出了一个抗泄漏的基于属性加密方案(下文用 LR-ABE 来表示),但是没有考虑到分层的情况。Deng 等人[122]给出了一个分层的基于属性加密方案(下文用 HABE 来表示),但是没有考虑到泄漏情况。本节给出的方案同时考虑到基于属性加密中分层和抗泄漏的情况。

从表 4-3 可以看出,本节给出的方案和文献[70]的方案能容忍同样多的泄漏量。n 的值对私钥的泄漏率有重要的影响。事实上,当 n 的值很大且层数很小时,本节提出方案的泄漏率几乎和文献[70]的方案相同。

4.2.5　计算效率比较

表 4-4 给出本节提出方案和文献[70,122]方案的计算效率比较。表 4-4 具体给出初始化算法、私钥产生算法、私钥更新算法、授权算法、加密算法和解密算法的计算效率比较。表中列出了主要操作(配对运算和群指数)的个数。用 P 表示配对运算,用 E 表示群的指数操作。u 表示系统中属性种类总数,b 表示访问结构中属性种类数(属性或属性向量个数),k 表示属性向量长度,即层数,l 表示总的层数。

由表 4-4 可知,和文献[122]中无抗泄漏的 HABE 方案相比,对私钥产生算法、授权算法而言,本节方案比文献[122]的方案多出 $2n$ 个指数运算;对加密算法和解密算法而言,本节方案比文献[122]的方案多出 n 个指数运

算,这是因为本节的方案要进行泄漏处理引起的。由于要进行抗泄漏处理,本节方案和文献[70]中的抗泄漏 ABE(LR-ABE)初始化算法也都比文献[122]的方案多一些指数运算。和文献[70]中抗泄漏的 ABE(LR-ABE)相比,对初始化算法、私钥产生算法、加密算法和解密算法而言,本节方案比 LR-ABE 方案多若干个指数运算,这主要是本节方案要进行分层处理引起的。

表 4-4　本节方案和文献[70,122]方案的计算效率比较

算法	文献[122]中 HABE	文献[70]中 LR-ABE	CLR-HABE
初始化	$(1+l)E+P$	$(3n+2u+5)E+P$	$(3n+2l+2u+2)E+P$
私钥产生	$(4+b(3l+6-2k))E$	$(3n+4+4b)E$	$(3n+4+b(3l+6-2k))E$
私钥更新	无	无	$(3n+4+b(3l+6-2k))E$
授权算法	$(4+b(3l+5-2k))E$	无	$(3n+4+b(3l+5-2k))E$
加密	$(2+b(k+3))E$	$(n+2+3b)E$	$(n+2+b(k+3))E$
解密	$(1+3b)P+3bE$	$(n+1+2b)P+2bE$	$(n+1+3b)P+3bE$

4.2.6　仿真实验

(1) 实验环境和基准时间

实验平台是安装 64 位操作系统 Windows 7、主频为 3. 40 GHz、RAM 为 8. 00 GB 和 CPU 为 Intel(R) Core(TM) i7-6700 的 PC 机。基于 JPBC (Java Pairing-Based Cryptography Library)2. 0. 0[200]用 Eclipse(版本 4. 4. 1)软件进行仿真。实验选用类型 A1 的 160 比特合数阶 $N=p_1p_2p_3=3 \bmod 4$ 椭圆曲线 $y^2=x^3+x$,其中 $\log p_i=256$,$i=1,2,3$。具体信息和基本操作时间如第三章表 3-6 和表 3-7 所示。本实验内容均是考虑到预处理情况的。

(2) 具体实验结果与分析

由于本节给出方案是抗泄漏的分层基于属性加密方案(CLR-HABE),而文献[70]中方案是没有分层功能的抗泄漏基于属性加密方案(LR-ABE),文献[122]中方案是没有抗泄漏性能的分层基于属性加密方案(HABE),这三个方案尽管有联系但是类型不完全相同,本来运行时间没有可比性,但是为了进行某种相关性能比较,按如下的思路进行实验:要比较本节给出方案和某方案的某种性能,先对相关方案的某些参数进行相同设置,比如访问结构，以便参与比较的方案基本设置尽可能相同；然后调节具体性能参数进行比较。下面的实验均运行10次，取平均值。

为了让实验结果尽可能地具有可比性，对于三种方案，选用的相同的访问结构如下：

访问结构$\mathbb{A}=(\mathcal{A}+\phi)$中矩阵$\mathcal{A}$为：

$$\mathcal{A}=\begin{bmatrix}1 & 1 & 0\\ 0 & -1 & 1\\ 0 & 0 & -1\\ 0 & -1 & 0\end{bmatrix}$$

$\phi(\mathcal{A}_i)$把访问结构矩阵的第i行$\mathcal{A}_i$映射到第i个属性(类)。

(a) 首先，对本节方案和[70]的方案进行比较。为了考察泄漏参数对系统的影响，分别测试了LR-ABE方案和CLR-HABE方案的运行时间，两个方案的属性(类)总数均为20。两个方案泄漏参数取不同值时，运行时间如表4-5、表4-6所示。时间单位为毫秒(ms)。

表4-5　CLR-HABE方案在层数为1泄漏量不同时的运行时间

泄漏量	初始化时间/ms	私钥产生时间/ms	私钥更新时间/ms	私钥授权时间/ms	加密时间/ms	解密时间/ms
1	2109	678	631	173	465	759
2	2183	761	708	254	489	844
3	2259	826	786	327	508	907
4	2326	902	858	406	530	980
5	2403	976	946	484	562	1069

表4-5给出了CLR-HABE方案在总层数为1时，当前层为1时，系统各个阶段运行时间，设定总层数为1，是因为LR-ABE方案没有分层功能，本来运行时间就没有可比性，经过这样设定之后，让两个方案的基本条件尽可能相同(不完全相同)。当然，总层数为1，不能向下层授权，但是授权算法中除了向下层授权之外，还有其他的相关操作，因此也统计相应运行时间。

表4-6　LR-ABE方案在泄漏量不同时的运行时间

泄漏量	初始化时间/ms	私钥产生时间/ms	加密时间/ms	解密时间/ms
1	2053	379	365	605

续表

泄漏量	初始化时间/ms	私钥产生时间/ms	加密时间/ms	解密时间/ms
2	2126	460	386	687
3	2204	526	407	754
4	2269	601	431	823
5	2347	678	460	914

从表 4－5 和表 4－6 可以看出，相同泄漏量时，本节 CLR-HABE 方案的初始化算法运行时间略高于 LR-ABE 方案；本节方案私钥产生算法、加密与解密算法运行时间比 LR-ABE 方案也稍长，因为本方案还要进行相应分层处理，这也要消耗一定时间，可由图 4－2 直观地看出。

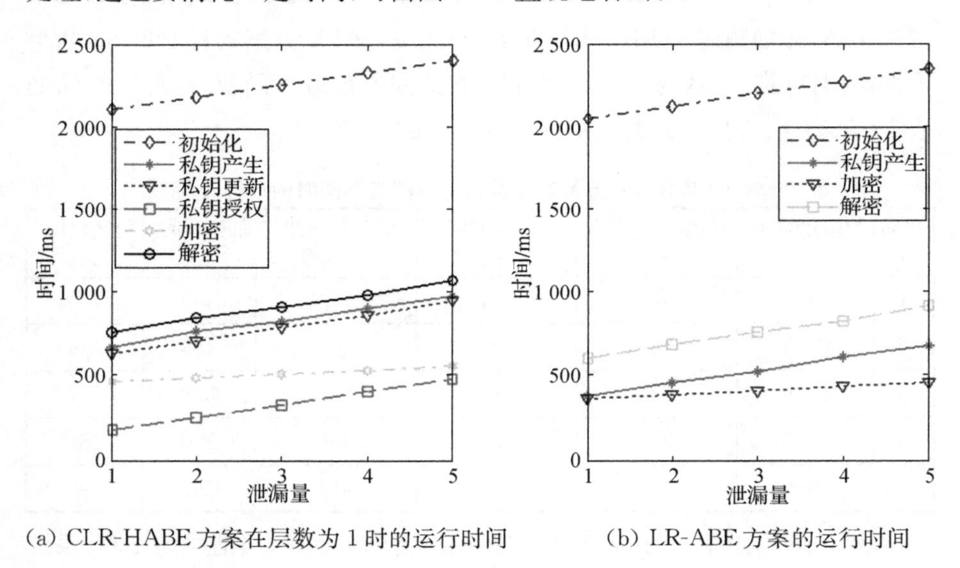

(a) CLR-HABE 方案在层数为 1 时的运行时间　　(b) LR-ABE 方案的运行时间

图 4－2　泄漏参数取不同值时系统运行时间的变化趋势

从图 4－2 可以看出 CLR-HABE 方案和 LR-ABE 方案的各个算法基本上都随泄漏量的增大而呈线性增长，和 LR-ABE 方案相比，本节方案还具有私钥更新功能和私钥授权功能，从图 4－2(a)可以看出私钥产生和私钥更新时间是基本相同的。事实上，CLR-HABE 方案和 LR-ABE 方案相比，在不同泄漏量时运行时间之差是一个基本固定的值，如表 4－7 所示。时间单位为毫秒(ms)。

表 4-7 CLR-HABE 方案和 LR-ABE 方案在不同泄漏量时对应算法运行时间之差

泄漏量	初始化时间/ms	私钥产生时间/ms	加密时间/ms	解密时间/ms
1	56	299	100	154
2	57	301	103	157
3	55	300	101	153
4	57	301	99	157
5	56	298	102	155

表 4-7 中的数据均为本节 CLR-HABE 方案在总层数为 1 和当前层数为 1 时算法的运行时间减去文献[70]中 LR-ABE 方案对应算法的运行时间。两个方案的总属性(类)数均为 20。运行时间相差一个基本固定的值，这可以从图 4-3 更直观地看出。也就是说，LR-ABE 方案在一定程度上可以看成是本节方案的一个特例。

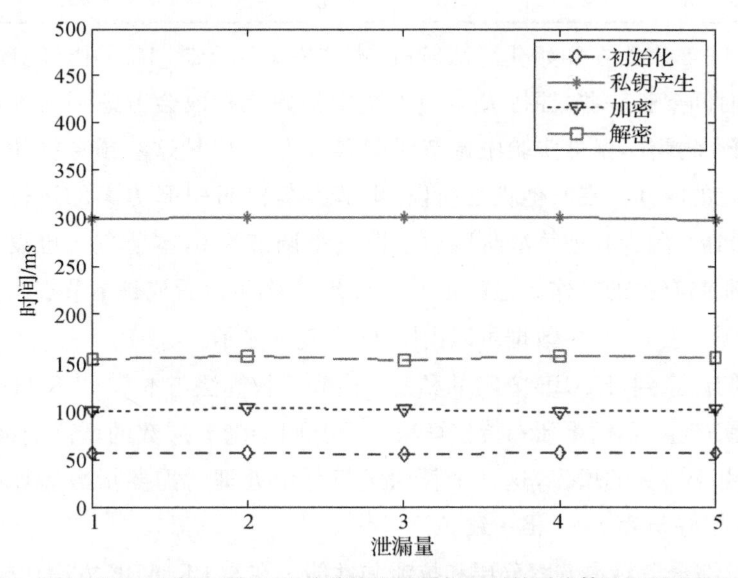

图 4-3 CLR-HABE 方案和 LR-ABE 方案在泄漏量相同时的对应算法运行时间之差走势

(b) 其次，对本节 CLR-HABE 方案和[122]中 HABE 方案进行比较。主要为了考察层数对系统的影响，分别测试了 HABE 方案和 CLR-HABE 方案在不同层次时运行时间，如表 4-8 所示。两个方案的总属性(类)数均为 20，总层数为均为 4。另外，本节 CLR-HABE 方案的泄漏参数调整为 0。因为文献[122]中 HABE 方案没有抗泄漏功能，CLR-HABE 方案具有抗泄漏功能,算法中需要进行相应的抗泄漏处理,这两个方案运行时间本来不具有可比性,但是为了研究这两种方案相关参数对系统的影响,尽量让它们外在条件基本相同,因此把 CLR-HABE 方案的泄漏参数调整为 0。时间单位为毫秒(ms)。

表 4-8 CLR-HABE 方案在泄漏量为 0 时与 HABE 方案在不同层次的运行时间

方案	层数	初始化时间/ms	私钥产生时间/ms	私钥更新时间/ms	私钥授权时间/ms	加密时间/ms	解密时间/ms
本节方案	1	2173	1217	1205	1765	438	675
[122]方案	1	1547	1231	无	1763	435	678
本节方案	2	2217	1108	1123	1689	543	677
[122]方案	2	1546	1145	无	1675	537	678
本节方案	3	2224	1007	1013	1581	641	676
[122]方案	3	1544	1025	无	1563	632	676

表 4-8 表明在初始化算法阶段,本节方案比文献[122]中 HABE 方案的运行时间要长一些,原因是本节方案中初始化阶段会考虑到为处理泄漏进行的预备操作,虽然实验中调节泄漏参数为 0,但是这些预备操作还是占用了一定的时间。在其他算法阶段,本节方案和 HABE 方案的运行时间是基本相同的,因为其他算法阶段由于泄漏量调节为 0,本节方案也没有需要与处理泄漏有关的操作。也就是说 HABE 方案可以看成是本节提出方案的一个特例。表 4-8 中数据可以由图 4-4 直观显示。

我们注意到,HABE 方案的私钥产生和授权算法与本节 CLR-HABE 方案的私钥产生、私钥更新和授权算法运行时间会随着层数的增高而减少,这是因为由于层数的增多,这几个算法进行分层处理时需要指数运算减少的缘故,这正好与表 4-4 相一致。

(c) 综合考察本方案分层和抗泄漏性能。在与 LR-ABE 方案比较时,为了和 LR-ABE 的情况尽可能相同,设置 CLR-HABE 方案的层数为 1。在与 HABE 方案相比时,把 CLR-HABE 方案的泄漏参数调节为 0。但是为了综合考察本方案分层和抗泄漏性能,应该考虑层数不为 1 和泄漏量为非零的不同值时各个算法运行时间。

具体来说,首先,设置泄漏参数值为 4,系统总属性类为 20 个,总层数为

4,考察本节方案各个阶段在不同层次时运行时间,如表 4－9 和图 4－5 所

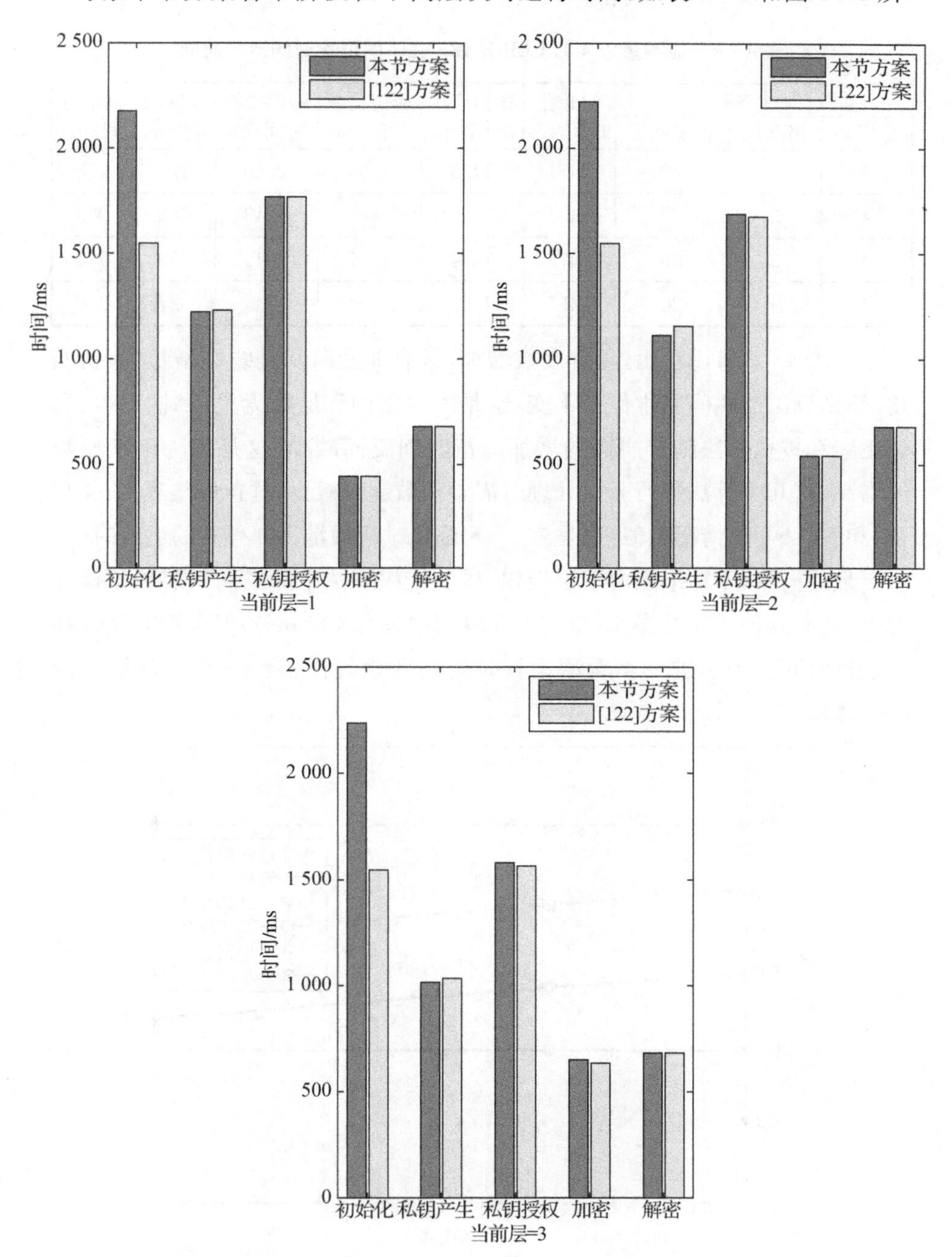

图 4－4 CLR-HABE 方案在泄漏量为 0 时与 HABE 方案在不同层次时运行时间比较

示。时间单位为毫秒(ms)。

表 4-9 泄漏量为 4 时 CLR-HABE 在不同层次时的运行时间

参数(泄漏参数=4)			初始化时间/ms	私钥产生时间/ms	私钥更新时间/ms	私钥授权时间/ms	加密时间/ms	解密时间/ms
总层数	当前层	总属性类						
4	1	20	2481	1499	1490	2060	528	978
4	2	20	2481	1405	1403	1948	641	983
4	3	20	2478	1304	1307	1849	750	984
4	4	20	2485	1199	1194	无	827	980

从表 4-9 可以看出,随着层数增加,只有加密时间是线性增长的;初始化、解密算法的时间基本保持不变,这是因为它们和层数无关;私钥产生、私钥更新和授权算法随着层数的增加运行时间反而减少,这是因为由于层数的增高,这几个算法进行分层处理时需要指数运算减少,这正好与表 4-4 吻合,和表 4-8 的情况类似,只是表 4-8 是针对泄漏量为 0 得到的运行时间。由于最后一层,不能继续向下层授权,尽管授权算法中除了向下层授权操作之外,还有其他的相关操作(事实上在本例中只有 406 ms),但是没有统计相应运行时间。为了进一步看清运行时间的变化规律,表 4-9 中数据用图 4-5显示。

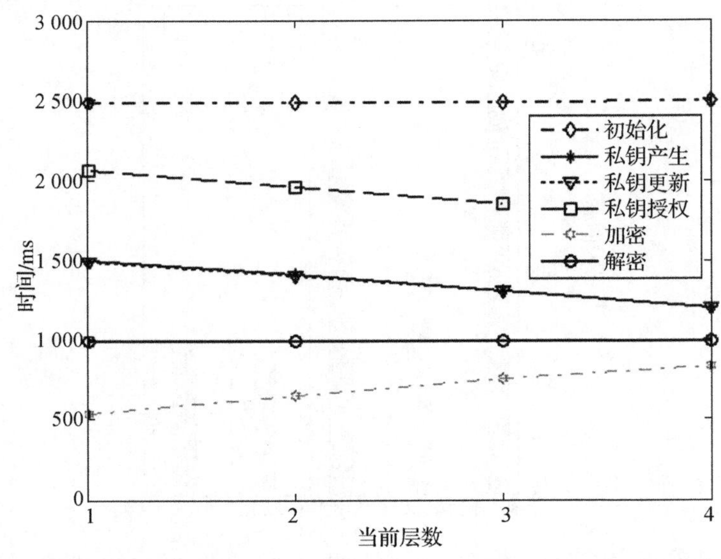

图 4-5 泄漏量为 4 时 CLR-HABE 方案在不同层次时各个算法运行时间变化趋势

其次，考察总层数和当前层数均给定时泄漏参数的不同取值对系统运行时间的影响，结果由表 4－10 和图 4－6 给出。时间单位为毫秒(ms)。

表 4－10　CLR-HABE 方案在总层数为 4 当前层数为 2 泄漏量不同时系统各阶段运行时间

参数(当前层＝2)			初始化时间/ms	私钥产生时间/ms	私钥更新时间/ms	私钥授权时间/ms	加密时间/ms	解密时间/ms
总层数	总属性类	泄漏参数						
4	20	1	2188	1217	1197	1724	563	751
4	20	2	2324	1271	1243	1805	585	836
4	20	3	2449	1346	1310	1879	614	913
4	20	4	2618	1397	1382	1963	639	980

从表 4－10 可以看出，当系统其他条件相对固定时，随着泄漏量的增加，系统中每个算法的运行时间都增长；这是因为每个算法执行时间都和泄漏参数呈线性相关关系。为了进一步弄清运行时间随泄漏量的变化规律，表 4－10 中数据用图 4－6 显示。

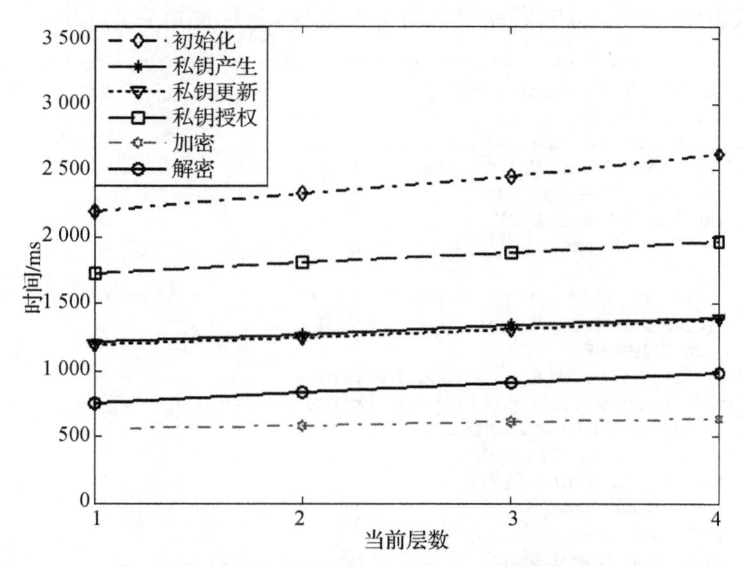

图 4－6　CLR-HABE 方案在总层数为 4 当前层数为 2 泄漏量不同时运行时间变化趋势

图 4－6 表明随着泄漏量的增加，系统中每个算法运行时间不仅是逐渐增长的，而且都是呈线性增长的。结果与表 4－10 吻合。

4.2.7 算法实现

程序共由7个类组成：CLRHABECiphertext. java；CLRHABEMasterKey. java；CLRHABESecretKey. java；Util. java；TypeA1CurveGenerator. java；CLR-HABE. java；CLRHABETest. java。

TypeA1CurveGenerator. java类：用来生成A1类型曲线。

CLRHABECiphertext. java类：用来描述密文的结构。

CLRHABEMasterKey. java类：用来描述主私钥的结构。

CLRHABESecretKey. java类：用来描述用户私钥的结构。

Util. java类：用于描述Hash函数结构。

CLR-HABE. java类：用来实现初始化算法、私钥产生算法、私钥更新算法、授权算法、加密算法、解密算法等。

CLRHABETest. java类：调用初始化算法、私钥产生算法、私钥更新算法、授权算法、加密算法、解密算法等6个算法，具体测试它们的运行时间。

```
//****************************************************************//
//_CLRHABECiphertext.java
package CLRHABE;
import it.unisa.dia.gas.jpbc.Element;
public class CLRHABECiphertext {
    public  Element C0;
    public  Element C1[];
    public  Element C[][];
}
//****************************************************************//
// CLRHABEMasterKey.java
package CLRHABE;
import it.unisa.dia.gas.jpbc.Element;
import it.unisa.dia.gas.jpbc.Pairing;
public class CLRHABEMasterKey {
public Pairing pairingM;
    public Element K0[];
    public Element K;
    public Element E[];
    public Element T[];
}
//****************************************************************//
// CLRHABESecretKey.java
package CLRHABE;
import it.unisa.dia.gas.jpbc.Element;
public class CLRHABESecretKey {
    public Element K0[];
    public Element K;
    public Element K12[][];
```

```
}
//**************************************************************//
// Util.java
package CLRHABE;

import it.unisa.dia.gas.jpbc.Element;
import it.unisa.dia.gas.jpbc.Pairing;
public class Util {
    public static Element hash_id(Pairing pairing, String id){
        byte[] byte_identity = id.getBytes();
         Element hash = pairing. getZr (). newElement (). setFromHash
                        (byte_identity, 0, byte_identity.length);
        return hash;
    }
}
//**************************************************************//
// TypeA1CurveGenerator.java
package CLRHABE;
import it.unisa.dia.gas.jpbc.* ;
import it.unisa.dia.gas.jpbc.PairingParameters;
import it.unisa.dia.gas.jpbc.PairingParametersGenerator;
import it.unisa.dia.gas.plaf.jpbc.pairing.parameters.PropertiesPa-
rameters;
import it.unisa.dia.gas.plaf.jpbc.util.math.BigIntegerUtils;

import it.unisa.dia.gas.plaf.jpbc.pairing.PairingFactory;
import it.unisa.dia.gas.plaf.jpbc.util.ElementUtils;

import java.math.BigInteger;
import java.security.SecureRandom;

public class TypeA1CurveGenerator implements PairingParametersGen-
  erator {
    protected SecureRandom random;
    protected int numPrimes, bits;

    public TypeA1CurveGenerator(SecureRandom random, int numPrimes,
      int bits) {
        this.random = random;
        this.numPrimes = numPrimes;
        this.bits = bits;
    }

    public TypeA1CurveGenerator(int numPrimes, int bits) {
        this(new SecureRandom(), numPrimes, bits);
    }

    public PairingParameters generate() {
        BigInteger[] primes = new BigInteger[numPrimes];
        BigInteger order, n, p;
        long l;

        while (true) {
            while (true) {
```

```
                order = BigInteger.ONE;
                for (int i = 0; i < numPrimes; i+ + ) {
                    boolean isNew = false;
                    while (! isNew) {
                        primes[i] = BigInteger.probablePrime(bits, ran-
                              dom);
                        isNew = true;
                        for (int j = 0; j < i; j+ + ) {
                            if (primes[i].equals(primes[j])) {
                                isNew = false;
                                break;
                            }
                        }
                    }
                    order = order.multiply(primes[i]);
                }
                break;
            }
            l = 4;
            n = order.multiply(BigIntegerUtils.FOUR);
            p = n.subtract(BigInteger.ONE);
            while (! p.isProbablePrime(10)) {
                p = p.add(n);
                l + = 4;
            }
            break;
        }
        PropertiesParameters params = new PropertiesParameters();
        params.put("type", "a1");
        params.put("p", p.toString());
        params.put("n", order.toString());
        for (int i = 0; i < primes.length; i+ + ) {
            params.put("n" +  i, primes[i].toString());
        }
        params.put("l", String.valueOf(l));
        return params;
    }
    public static void main(String[] args) {
        long time1,time2,time3,time4;
        System.out.println(System.currentTimeMillis());
        time1= System.currentTimeMillis();
        System.out.println(System.nanoTime());
        time3= System.nanoTime();
        System.out.println(System.currentTimeMillis());
        time2= System.currentTimeMillis();
        System.out.println(time2- time1);
        System.out.println(System.nanoTime());
        time4= System.nanoTime();
        System.out.println(time4- time3);
        System.out.println();

        TypeA1CurveGenerator pg = new TypeA1CurveGenerator(3, 512);
        PairingParameters typeA1Params = pg.generate();
        Pairing pairing = PairingFactory.getPairing(typeA1Params);
```

```
//设定并存储一个生成元。由于椭圆曲线是加法群,所以 G 群中任意一
  个元素都可以作为生成元
 Element generator1 = pairing.getG1().newRandomElement().
                      getImmutable();
//随机产生一个 G_p_1 中的元素
Element G_p_1 = ElementUtils.getGenerator(pairing, genera-
                tor1, typeA1Params,0,3).getImmutable();
//随机产生一个 G_p_2 中的元素
Element G_p_2 = ElementUtils.getGenerator(pairing, genera-
                tor1, typeA1Params, 1, 3) .getImmutable();
//随机产生一个 G_p_3 中的元素
Element G_p_3 = ElementUtils.getGenerator(pairing, genera-
                tor1, typeA1Params, 2, 3).getImmutable();
System.out.println(System.nanoTime());

System.out.println(G_p_1);
System.out.println(G_p_2);
System.out.println(G_p_3);

Element ez = pairing.getZr().newRandomElement();
BigInteger z= BigInteger.valueOf(5);

time1= System.currentTimeMillis();
time3= System.nanoTime();
G_p_1.pow(z);
time2= System.currentTimeMillis();
System.out.println(time2- time1);
time4= System.nanoTime();
System.out.println(time4- time3);

time1= System.currentTimeMillis();
time3= System.nanoTime();
G_p_1.powZn(ez);
time2= System.currentTimeMillis();
System.out.println(time2- time1);
time4= System.nanoTime();
System.out.println(time4- time3);

time1= System.currentTimeMillis();
time3= System.nanoTime();
Element G1_p_G2 = pairing.pairing(G_p_1, G_p_1);
System.out.println(G1_p_G2);
time2= System.currentTimeMillis();
System.out.println(time2- time1);
time4= System.nanoTime();
System.out.println(time4- time3);

time1= System.currentTimeMillis();
time3= System.nanoTime();
Element G2_p_G3 = pairing.pairing(G_p_2, G_p_3);
System.out.println(G2_p_G3);
time2= System.currentTimeMillis();
System.out.println(time2- time1);
```

```
            time4= System.nanoTime();
            System.out.println(time4- time3);

            time1= System.currentTimeMillis();
            time3= System.nanoTime();
            Element G1_p_G3 = pairing.pairing(G_p_1, G_p_3);
            System.out.println(G1_p_G3);
            time2= System.currentTimeMillis();
            System.out.println(time2- time1);
            time4= System.nanoTime();
            System.out.println(time4- time3);
        }
    }
//**********************************************************************//
// CLR-HABE.java
package CLRHABE;
import CLRHABE.CLRHABECiphertext;
import CLRHABE.CLRHABEMasterKey;
import CLRHABE.CLRHABESecretKey;
import CLRHABE.TypeA1CurveGenerator;
import it.unisa.dia.gas.jpbc.Element;
import it.unisa.dia.gas.jpbc.ElementPowPreProcessing;
import it.unisa.dia.gas.jpbc.Pairing;
import it.unisa.dia.gas.jpbc.PairingParameters;
import it.unisa.dia.gas.jpbc.PairingPreProcessing;
import it.unisa.dia.gas.plaf.jpbc.pairing.PairingFactory;
import it.unisa.dia.gas.plaf.jpbc.util.ElementUtils;

public class CLR-HABE {
    public Pairing pairing;//声明为 public
    private int LEVEL;//系统最大层数
    private int ATT_NUM;//系统中加密属性个数
    private int ATT_TOTAL;//系统中总加密属性个数
    private int LEAK_NUM;//泄漏参数个数
    private int k;//第 k 层
    //Public parameter
    private Element g1Pre,g3Pre;//h1,h2 对应两个层次
    private Element HPre[];//h1,h2 对应两个层次

    private ElementPowPreProcessing g1, g3;//预处理
    private ElementPowPreProcessing H[];//预处理
    private ElementPowPreProcessing G_X[];//预处理
    private ElementPowPreProcessing QI[];//预处理

    private PairingPreProcessing gPPre;
    private Element gg;
    private Element galpha;
    private Element S[];
    private Element alpha, a,t;
    private Element x[];
    private Element y[];
    private Element p[];
    private Element ATT[];//具体属性
    private Element QIPre[];
```

```
private Element G_XPre[];
//用于私钥生成
private Element tpie;
private Element z[];
private Element t1[];
private Element p1[];
private Element r1[][];

//用于密钥更新
private Element y1[];
private Element t2pie;
//private Element w[];
private Element t2[];
private Element p2[];
private Element r2[][];

//用于密钥授权
private Element z1[];
private Element t3pie;
//private Element w[];
private Element t3[];
private Element p3[];
private Element r3[][];

//用于加密
private Element theta[];
private Element lamda[];
private Element A[][];
private Element t4[];

PairingParameters typeA1Params;

CLR-HABE(){
    System.out.println("CLR-HABE()");
    long time1,time2,time3,time4;
    time1= System.currentTimeMillis();
    time2= System.nanoTime();
    TypeA1CurveGenerator pg = new TypeA1CurveGenerator(3,256);
    time3= System.currentTimeMillis();
    System.out.println(time3- time1);
    time4= System.nanoTime();
    System.out.println(time4- time2);

    time1= System.currentTimeMillis();
    time2= System.nanoTime();

    typeA1Params = pg.generate();
    time3= System.currentTimeMillis();
    System.out.println(time3- time1);
    time4= System.nanoTime();
    System.out.println(time4- time2);
    time1= System.currentTimeMillis();
    time2= System.nanoTime();
    pairing = PairingFactory.getPairing(typeA1Params);
```

```
        time3= System.currentTimeMillis();
        System.out.println(time3- time1);
        time4= System.nanoTime();
        System.out.println(time4- time2);
    }

    public CLRHABEMasterKey Setup(int Level, int ceng, int total, int
      AttNum, int LN){
        System.out.println("Generate master key:");
        lo ng time1, time2, time3, time4, time5, time6, time11, time12,
           time13,time14;
        time11= System.currentTimeMillis();
        time13= System.nanoTime();

        this.LEVEL = Level;
        this.k= ceng;
        this.ATT_TOTAL= total;//总属性数
        this.ATT_NUM = AttNum;//属性个数
        this.LEAK_NUM = LN;

        this.alpha = pairing.getZr().newRandomElement().getImmuta-
                     ble();
        this.a = pairing.getZr().newRandomElement().getImmutable();
        this.t = pairing.getZr().newRandomElement().getImmutable();
        this.HPre= new Element[this.LEVEL+ 1];
        this.H= new ElementPowPreProcessing[this.LEVEL+ 1];

         Element generator1 = pairing. getG1 ().newRandomElement ().
                              getImmutable();
        this.x = new Element[this.LEAK_NUM+ 1];;
        this.G_XPre= new Element[this.LEAK_NUM+ 1];
        this.G_X= new ElementPowPreProcessing[this.LEAK_NUM+ 1];

        System.out.println("预处理时间");
        time1= System.currentTimeMillis();
        time3= System.nanoTime();

        this.g3Pre = ElementUtils.getGenerator(pairing, generator1,
                     typeA1Params, 2, 3).getImmutable();
        this.g1Pre = ElementUtils.getGenerator(pairing, generator1,
                     typeA1Params, 0, 3).getImmutable();
        for (int i= 1; i< this.HPre.length; i+ + ){
            this.HPre[i] = ElementUtils.getGenerator(pairing, gen-
                           erator1, typeA1Params, 0, 3).getImmutable
                            ();
        }

        this.g1= g1Pre.getElementPowPreProcessing();
        gPPre= pairing.getPairingPreProcessingFromElement(g1Pre);
        gg= gPPre.pairing(g1Pre);
        galpha= gg.powZn(alpha);

        time2= System.currentTimeMillis();
        System.out.println(time2- time1);
```

```
        time4= System.nanoTime();
        System.out.println(time4- time3);
        time5= time2- time1;
        time6= time4- time3;

        for (int i= 1; i< this.x.length; i+ + ){
            this.x[i] = pairing.getZr().newRandomElement().getImmu-
                        table();
    }
        System.out.println("预处理时间");
        time1= System.currentTimeMillis();
        time3= System.nanoTime();
        for (int i= 1; i< this.HPre.length; i+ + ){
        this.H[i]= HPre[i].getElementPowPreProcessing();
        }
        this.g3= g3Pre.getElementPowPreProcessing();
        for (int i= 1; i< this.x.length; i+ + ){
        this.G_X[i]= g1.powZn(this.x[i]).getElementPowPreProcessing
                    (); //存储 g^x_i
        }
        this.S = new Element[this.ATT_TOTAL+ 1];
            this.QIPre= new Element[this.ATT_TOTAL+ 1];
        this.QI= new ElementPowPreProcessing[this.ATT_TOTAL+ 1];
        for (int i= 1; i< = this.ATT_TOTAL; i+ + ){
            this.S[i] = pairing.getZr().newRandomElement().getImmu-
                        table();
            this.QIPre[i]= g1.powZn(this.S[i]);
        }
        for (int i= 1; i< = this.ATT_TOTAL; i+ + ){
            this.QI[i]= this.QIPre[i].getElementPowPreProcessing();
        }
        time2= System.currentTimeMillis();
        System.out.println(time2- time1);
        time4= System.nanoTime();
        System.out.println(time4- time3);
        time5= time5+ time2- time1;
        time6= time6+ time4- time3;

            this.ATT= new Element[this.ATT_NUM+ 1];
            for (int i= 1; i< = this.ATT_NUM; i+ + ){
            this.ATT[i] = pairing.getZr().newRandomElement().getIm-
                          mutable();
        }
        this.y = new Element[this.LEAK_NUM+ 1];
        for (int i= 1; i< = this.LEAK_NUM; i+ + ){
            this.y[i] = pairing.getZr().newRandomElement().getImmu-
                        table();
        }
        this.p = new Element[this.LEAK_NUM+ this.LEVEL+ this.ATT_TO-
                TAL+ 1+ 2];
        for (int i= 1; i< this.p.length; i+ + ){
            this.p[i] = pairing.getZr().newRandomElement().getImmu-
                        table();
        }
```

```
        CLRHABEMasterKey masterKey = new CLRHABEMasterKey();
        masterKey.pairingM= pairing;
        masterKey.K0= new Element[this.LEAK_NUM+ 1+ 1];
        for (int i= 1; i< = this.LEAK_NUM; i+ + ){
        masterKey.K0[i] = g1.powZn(y[i]).mul(g3.powZn(p[i]));
        }
        masterKey.K0[this.LEAK_NUM+ 1]= g1.powZn(alpha).mul(g1.
                                         powZn(a.mul(t)));
        for (int i= 1; i< this.LEAK_NUM+ 1; i+ + ){
        masterKey.K0[this.LEAK_NUM+ 1] = masterKey.K0[this.LEAK_NUM
                                         + 1].div(this.G_X[i].powZn
                                         (y[i]));
        }
        masterKey.K0[this.LEAK_NUM+ 1]= masterKey.K0[this.LEAK_NUM
                                         + 1].mul(g3.powZn(p[this.
                                         LEAK_NUM+ 1]));
         masterKey.K= g1.powZn(t).mul(g3.powZn(p[this.LEAK_NUM+
2]));
        masterKey.E= new Element[this.LEVEL+ 1];
        for (int i= 1; i< = this.LEVEL; i+ + ){
        masterKey.E[i] = this.H[i].powZn(this.t).mul(g3.powZn(p
                         [this.LEAK_NUM+ 2+ i]));
        }
        masterKey.T= new Element[this.ATT_TOTAL+ 1];
        for (int i= 1; i< = this.ATT_TOTAL; i+ + ){
             masterKey.T[i]= this.QI[i].powZn(t).mul(g3.powZn(p
                             [this.LEAK_NUM+ this.LEVEL+ 2+ i]));
        }
        System.out.println("最终时间:");
        time12= System.currentTimeMillis();
        time14= System.nanoTime();
        System.out.println(time12- time11- time5);
        System.out.println(time14- time13- time6);
        System.out.println("Master key has been generated.");
        return masterKey;
    }
    public CLRHABESecretKey KeyGen(CLRHABEMasterKey msk){
        //k 为层数
        System.out.println("Secret key:");
        this.z = new Element[this.LEAK_NUM+ 1];
        for (int i= 1; i< this.z.length; i+ + ){
            this.z[i] = pairing.getZr().newRandomElement().getImmu-
                        table();
        }
        this.tpie= pairing.getZr().newRandomElement().getImmutable();
        this.p1 = new Element[this.LEAK_NUM+ this.ATT_NUM+ 1+ 2];
        for (int i= 0; i< this.p1.length; i+ + ){
             this.p1[i] = pairing.getZr().newRandomElement().getIm-
                          mutable();
        }
        this.t1= new Element[this.ATT_NUM+ 1];
        for(int i= 1;i< this.t1.length;i+ + ){
             this.t1[i] = pairing.getZr().newRandomElement().getIm-
                          mutable();
```

```
    }
    this.r1= new Element[this.ATT_NUM+ 1][this.LEVEL+ 1+ 1];
    for (int j= 1; j< = this.ATT_NUM; j+ + ){
        for(int i= 0;i< = this.LEVEL+ 1;i+ + ){
        this.r1[j][i] = pairing.getZr().newRandomElement().get-
                        Immutable();
        }
    }
    CLRHABESecretKey secretKey = new CLRHABESecretKey();
    secretKey.K0 = new Element[this.LEAK_NUM+ 1+ 1];
    for (int i= 1; i< = this.LEAK_NUM; i+ + ){
        secretKey.K0[i] = msk.K0[i].mul(g1.powZn(this.z[i])).mul
                        (g3.powZn(p1[i]));
    }
    secretKey.K0[this.LEAK_NUM+ 1]= msk.K0[this.LEAK_NUM+ 1];
    for (int i= 1; i< = this.LEAK_NUM; i+ + ){
        secretKey.K0[this.LEAK_NUM+ 1]= secretKey.K0[this.LEAK_
                                         NUM+ 1]. div (G _ X[i].
                                         powZn(z[i]));
    }

    secretKey.K0[this.LEAK_NUM+ 1]= secretKey.K0[this.LEAK_NUM
                                     + 1].mul (g1.powZn (this.a.
                                     mul (this. tpie))). mul (g3.
                                     powZn (p1 [this. LEAK _ NUM +
                                     1]));

     secretKey. K= msk. K. mul (g1. powZn (tpie)) . mul (g3. powZn (p1
                  [this.LEAK_NUM+ 2]));
    secretKey.K12= new Element[this.ATT_NUM+ 1][this.LEVEL+ 1+ 1];
    for (int j= 1; j< = this.ATT_NUM; j+ + ){
        secretKey.K12[j][0] = QI[j].powZn(t.add(tpie)).mul(g3.
                              powZn(r1[j][0]));
        for (int i= 1; i< = k; i+ + ){
            secretKey.K12[j][0] = secretKey.K12[j][0] .mul(H[i].
                                  powZn(t1[j].mul(ATT[i])));
        }
    }

    for (int j= 1; j< = this.ATT_NUM; j+ + ){
        secretKey.K12[j][1] = g1.powZn(t1[j]).mul(g3.powZn(r1[j]
                              [1]));
    }
    for (int j= 1; j< = this.ATT_NUM; j+ + ){
        for(int i= k+ 1;i< = this.LEVEL;i+ + ){
            secretKey.K12[j][i] = this.H[i].powZn(t1[j]).mul(g3.
                                  powZn(r1[j][i]));
        }
    }
    System.out.println("Secret key has been generated.");
    return secretKey;
}

public CLRHABESecretKey KeyUpdate(CLRHABESecretKey secretKey){
```

```
System.out.println("Key is updating:");
this.y1 = new Element[this.LEAK_NUM+ 1];
for (int i= 1; i< this.y1.length; i+ + ){
    this.y1[i] = pairing.getZr().newRandomElement().getIm-
                    mutable();
}
this.t2pie= pairing.getZr().newRandomElement().getImmuta-
                ble();
this.p2 = new Element[this.LEAK_NUM+ this.ATT_NUM+ 1+ 2];
for (int i= 1; i< this.p2.length; i+ + ){
    this.p2[i] = pairing.getZr().newRandomElement().getIm-
                    mutable();
}
this.t2= new Element[this.ATT_NUM+ 1];
for(int i= 1;i< this.t2.length;i+ + ){
    this.t2[i] = pairing.getZr().newRandomElement().getIm-
                    mutable();
}
this.r2= new Element[ATT.length+ 1][this.LEVEL+ 1+ 1];
for (int j= 1; j< ATT.length; j+ + ){
    for(int i= 0;i< = this.LEVEL+ 1;i+ + ){
    this.r2[j][i] = pairing.getZr().newRandomElement().get-
                    Immutable();
    }
}
CLRHABESecretKey updateKey = new CLRHABESecretKey();
updateKey.K0 = new Element[this.LEAK_NUM+ 1+ 1];
for (int i= 1; i< = this.LEAK_NUM; i+ + ){
    updateKey.K0[i] = secretKey.K0[i].mul(g1.powZn(this.y1
                        [i])).mul(g3.powZn(p2[i]));
}
updateKey.K0[this.LEAK_NUM+ 1]= secretKey.K0[this.LEAK_NUM
                                + 1].mul(g1.powZn(this.a.
                                mul(this.t2pie))).mul(g3.
                                powZn(p2[this.LEAK_NUM+
                                1]));
for (int i= 1; i< = this.LEAK_NUM; i+ + ){
updateKey.K0[this.LEAK_NUM+ 1]= updateKey.K0[this.LEAK_NUM
                                + 1].div(G_X[i].powZn(y1
                                [i]));
}
updateKey.K= secretKey.K.mul(g1.powZn(t2pie)).mul(g3.powZn
                (p2[this.LEAK_NUM+ 2]));
updateKey.K12= new Element[ATT.length+ 1][this.LEVEL+ 1+ 1];
for (int j= 1; j< ATT.length; j+ + ){
    updateKey.K12[j][0] = secretKey.K12[j][0].mul(QI[j].
                            powZn(t.add(t2pie)).mul(g3.
                            powZn(r2[j][0])));
    for (int i= 1; i< = k; i+ + ){
        updateKey.K12[j][0] = updateKey.K12[j][0].mul(H[i].
                                powZn(t2[j].mul(ATT[i])));
    }
}
for (int j= 1; j< ATT.length; j+ + ){
```

```
        updateKey.K12[j][1] = secretKey.K12[j][1].mul(g1.powZn
                                (t2[j]).mul(g3.powZn(r2[j][1])));
    }
    for (int j= 1; j< ATT.length; j+ + ){
        for(int i= k+ 1;i< = this.LEVEL;i+ + ){
        updateKey.K12[j][i] = secretKey.K12[j][i].mul(this.H[i].
                              powZn(t2[j]).mul(g3.powZn(r2[j]
                              [i])));
        }
    }
    System.out.println("Key has been updated.");
    return updateKey;
}
public CLRHABESecretKey Delegate(CLRHABESecretKey secretKey){
    System.out.println("Key is delegating:");
    this.z1 = new Element[this.LEAK_NUM+ 1];
    for (int i= 0; i< this.z1.length; i+ + ){
        this.z1[i] = pairing.getZr().newRandomElement().getIm-
                     mutable();
    }
    this.t3pie= pairing.getZr().newRandomElement().getImmutable();
    this.p3 = new Element[this.LEAK_NUM+ ATT.length+ 1+ 2];
    for (int i= 0; i< this.p3.length; i+ + ){
        this.p3[i] = pairing.getZr().newRandomElement().getIm-
                     mutable();
    }
    this.t3= new Element[ATT.length+ 1];
    for(int i= 0;i< this.t3.length;i+ + ){
        this.t3[i] = pairing.getZr().newRandomElement().getIm-
                     mutable();
    }
    this.r3= new Element[ATT.length+ 1][this.LEVEL+ 1+ 1];
    for (int j= 1; j< ATT.length; j+ + ){
        for(int i= 0;i< = this.LEVEL+ 1;i+ + ){
        this.r3[j][i] = pairing.getZr().newRandomElement().get-
                        Immutable();
        }
    }
    CLRHABESecretKey delegateKey = new CLRHABESecretKey();
    delegateKey.K0 = new Element[this.LEAK_NUM+ 1+ 1];
    for (int i= 1; i< = this.LEAK_NUM; i+ + ){
        delegateKey.K0[i] = secretKey.K0[i].mul(g1.powZn(this.z1
                            [i])).mul(g3.powZn(p3[i]));
    }
    delegateKey.K0[this.LEAK_NUM+ 1]= secretKey.K0[this.LEAK_
                                      NUM+ 1]. mul (g1. powZn
                                      ( this. a. mul ( this.
                                      t3pie))). mul (g3. powZn
                                      (p3[this.LEAK_NUM+ 1]));
    for (int i= 1; i< = this.LEAK_NUM; i+ + ){
        delegateKey.K0[this.LEAK_NUM+ 1]= delegateKey.K0[this.
          LEAK_NUM+ 1].div(G_X[i].powZn(z1[i]));
    }
     delegateKey.K= secretKey.K.mul(g1.powZn(t3pie)).mul(g3.
```

```
                    powZn(p3[this.LEAK_NUM+ 2]));
        delegateKey.K12= new Element[ATT.length+ 1][this.LEVEL+ 1+ 1];
        if(this.k= = this.LEVEL)
            {
            System.out.println("K= Level, 不能委派");
            System.out.println(" ");
            System.out.println(" ");
            }
        if(this.k< this.LEVEL)//当 K< = LEvel 才能委派
        {
            for (int j= 1; j< ATT.length; j+ + ){
            delegateKey.K12[j][0] = secretKey.K12[j][0].mul(secret-
                                    Key.K12[j][k+ 1].powZn(ATT[k+
                                    1])). mul (QI [j]. powZn (t. add
                                    (t3pie)). mul (g3. powZn (r3 [j]
                                    [0])));
            for (int i= 1; i< = k+ 1; i+ + ){
                delegateKey.K12[j][0] = delegateKey.K12[j][0].mul(H
                                        [i]. powZn (t3 [j]. mul (ATT
                                        [i])));
            }
        }
        for (int j= 1; j< ATT.length; j+ + ){
            delegateKey.K12[j][1] = secretKey.K12[j][1].mul(g1.powZn
                                    (t3 [j]). mul (g3. powZn (r3 [j]
                                    [1])));
        }
        for (int j= 1; j< ATT.length; j+ + ){
            for(int i= k+ 2;i< = this.LEVEL;i+ + ){
                delegateKey. K12[j][i] = secretKey. K12[j][i].mul
                                        (this.H[i].powZn(t3[j]).
                                        mul (g3. powZn (r3 [j]
                                        [i])));
                }
            }
        }
        System.out.println("Key has been delegated.");
        return delegateKey;
    }
    public CLRHABECiphertext Encrypt(int A[][],int l, int m){
        System.out.println("Encrypt is doing:");
        Element message = pairing.getGT().newRandomElement();
        System.out.println("Infor - encrypt: the message is " + mes-
          sage);
        Element s = pairing.getZr().newRandomElement().getImmutable();
        CLRHABECiphertext ciphertext = new CLRHABECiphertext();
        ciphertext.C1 = new Element[this.LEAK_NUM+ 1+ 1];
        ciphertext.C0 = this.galpha.powZn(s).mul(message).getImmu-
                    table();
        for (int i= 1; i< = this.LEAK_NUM; i+ + ){
            ciphertext.C1[i] = this.G_X[i].powZn(s).getImmutable
                                ();//G_X[i]= g1^x[i]
        }
        ciphertext.C1[this.LEAK_NUM+ 1] = g1.powZn(s);
```

```
    this.theta= new Element[m+ 1];
    theta[1]= s;//s是局部变量
    for (int i= 2; i< = m; i+ + ){
        this.theta[i]= pairing.getZr().newRandomElement().get-
                       Immutable();
    }
    this.t4= new Element[l+ 1];
    for(int j= 1;j< = l;j+ + ){
        t4[j]= pairing.getZr().newRandomElement().getImmutable();
    }
    this.lamda= new Element[ATT.length+ 1];//访问矩阵行数+ 1
    for(int j= 1;j< ATT.length;j+ + ){
        lamda[j]= theta[1].mul(A[j][1]);
    }
    for(int j= 1;j< ATT.length;j+ + ){
    for (int i= 2;i< = m; i+ + ){
        lamda[j]= lamda[j].add(theta[2].mul(A[j][2]));
        }
    }
    ciphertext.C= new Element[l+ 1][3];
    for(int j= 1;j< = l;j+ + )
    {
     ciphertext.C[j][0]= g1.powZn(this.a.mul(lamda[j])).mul
                        (this.QI[j].powZn(this.t4[j]));
        ciphertext.C[j][1]= g1.powZn(this.t4[j]);
        ciphertext.C[j][2]= this.H[1].powZn(this.t4[j].mul(ATT
                        [1]));
        for (int i= 2;i< = k; i+ + ){
        ciphertext.C[j][2]= ciphertext.C[j][2].mul(this.H[i].
                          powZn(ATT[i].mul(this.t4[j])));
        }
    }
    System.out.println("Encrypt has been done.");
    return ciphertext;
}
public Element Decrypt(int A[][], CLRHABECiphertext ciphertext,
  CLRHABESecretKey secretKey){
    System.out.println("Decrypt is doing:");
    lo ng time1, time2, time3, time4, time5, time6, time11, time12,
      time13,time14;
    time11= System.currentTimeMillis();
    time13= System.nanoTime();
    Element eck;
     System.out.println("预处理时间 pairing.getPairingPrePro-
       cessingFromElement(secretKey.K[i])");
    time1= System.currentTimeMillis();
    time3= System.nanoTime();
    this.g1= g1Pre.getElementPowPreProcessing();
    PairingPreProcessing CPre[]= new PairingPreProcessing[ci-
                              phertext.C1.length+ 1];
    PairingPreProcessing C10;
    PairingPreProcessing C11;
    PairingPreProcessing C12;
    for (int i= 1; i< this.LEAK_NUM+ 2; i+ + ){
```

```
            CPre[i]= pairing.getPairingPreProcessingFromElement
                         (ciphertext.C1[i]);
        }
         C10= pairing.getPairingPreProcessingFromElement(cipher-
              text.C[1][0]);
         C11= pairing.getPairingPreProcessingFromElement(cipher-
              text.C[1][1]);
         C12= pairing.getPairingPreProcessingFromElement(cipher-
              text.C[1][2]);
        time2= System.currentTimeMillis();
        System.out.println(time2- time1);
        time4= System.nanoTime();
        System.out.println(time4- time3);
        eck= pairing.pairing(ciphertext.C1[1], secretKey.K0[1]);
        for (int i= 2;i< = this.LEAK_NUM;i+ + ){
            eck= eck.mul(CPre[i].pairing(secretKey.K0[i]));
        }
        Element ecik;
        ecik= C10.pairing(secretKey.K);
        ecik= ecik.mul(C12.pairing(secretKey.K12[1][1]));
        ecik= ecik.div(C11.pairing(secretKey.K12[1][0]));
        Element message = ciphertext.C0.mul(ecik).div(eck);
        System.out.println("Infor - decrypt: the message is " + mes-
          sage);
        System.out.println("最终时间:");
        time12= System.currentTimeMillis();
        time14= System.nanoTime();
        System.out.println(time12- time11- (time2- time1));
        System.out.println(time14- time13- (time4- time3));
        System.out.println("Decrypt has been done.");
        return message;
    }
}
//*************************************************************//
// CLRHABETest.java
package CLRHABE;
import CLRHABE.CLRHABECiphertext;
import CLRHABE.CLRHABEMasterKey;
import CLRHABE.CLRHABESecretKey;
import CLRHABE.CLR-HABE;
import it.unisa.dia.gas.jpbc.Element;
import it.unisa.dia.gas.jpbc.Pairing;

public class CLRHABETest {
    private static void CLRHABETest() {
        Pairing pairing;
        CLR-HABE clrHABE = new CLR-HABE();
        long time1,time2,time3,time4;
        time1= System.currentTimeMillis();
        time2= System.nanoTime();
        CLRHABEMasterKey msk= clrHABE.Setup(1,1,20,4,1);
        time3= System.currentTimeMillis();
        System.out.println(time3- time1);
        time4= System.nanoTime();
```

```
        System.out.println(time4- time2);
        pairing= msk.pairingM;
        int A[][]= new int[5][4];//访问结构

        A[1][1]= 1;   A[1][2]= 1;     A[1][3]= 0;
        A[2][1]= 0;   A[2][2]= - 1;    A[2][3]= 1;
        A[3][1]= 0;   A[3][2]= 0;     A[3][3]= - 1;
        A[4][1]= 0;   A[4][2]= - 1;    A[4][3]= 0;
        time1= System.currentTimeMillis();
        time2= System.nanoTime();
        CLRHABESecretKey secretKey= clrHABE.KeyGen(msk);
        time3= System.currentTimeMillis();
        System.out.println(time3- time1);
        time4= System.nanoTime();
        System.out.println(time4- time2);
        time1= System.currentTimeMillis();
        time2= System.nanoTime();
        CLRHABESecretKey updateKey= clrHABE.KeyUpdate(secretKey);
        time3= System.currentTimeMillis();
        System.out.println(time3- time1);
        time4= System.nanoTime();
        System.out.println(time4- time2);
        time1= System.currentTimeMillis();
        time2= System.nanoTime();
        CLRHABESecretKey delegateKey= clrHABE.Delegate(secretKey);
        time3= System.currentTimeMillis();
        System.out.println(time3- time1);
        time4= System.nanoTime();
        System.out.println(time4- time2);
        time1= System.currentTimeMillis();
        time2= System.nanoTime();
        CLRHABECiphertext ciphertext= clrHABE.Encrypt(A,4,3);
        time3= System.currentTimeMillis();
        System.out.println(time3- time1);
        time4= System.nanoTime();
        System.out.println(time4- time2);
        time1= System.currentTimeMillis();
        time2= System.nanoTime();
         Element plaintext= clrHABE.Decrypt(A, ciphertext, secret-
Key);
        time3= System.currentTimeMillis();
        System.out.println(time3- time1);
        time4= System.nanoTime();
        System.out.println(time4- time2);
    }
        public static void main(String[] args){
            CLRHABETest();
    }
}
```

在基于属性的密码体制中，本书除了对具有特殊性质的密文策略基于属性加密方案进行研究并具体构造出抗持续泄漏的分层基于属性加密方案之外，还在较强的泄漏模型中对密钥策略的基于属性方案进行研究，给出能抵抗持续辅助输入泄漏的密钥策略基于属性加密(CAI-KP-ABE)的形式化定义、安全模型和具体构造以及安全性证明。

4.3 抗持续辅助输入泄漏的密钥策略基于属性加密方案

4.3.1 CAI-KP-ABE 形式化定义和安全模型

(1) CAI-KP-ABE 形式化定义

CAI-KP-ABE 方案由以下五个算法组成。

初始化算法:Setup(ϑ)→(MPK,MSK)。该算法以安全参数 ϑ 为输入,输出主私钥 MSK 和主公钥 MPK。MPK 对所有用户公开。

私钥产生算法:KeyGen(MPK,MSK,$\mathbb{A}$)→$SK_{\mathbb{A}}$。算法输入访问结构 $\mathbb{A}$、主私钥 MSK 和主公钥 MPK,输出 $\mathbb{A}$ 对应的私钥 $SK_{\mathbb{A}}$。

私钥更新算法:KeyUpd($\mathbb{A}$,$SK_{\mathbb{A}}$)→$SK'_{\mathbb{A}}$。算法输入访问结构 $\mathbb{A}$ 和私钥 $SK_{\mathbb{A}}$,输出关于 $\mathbb{A}$ 的更新后私钥 $SK'_{\mathbb{A}}$。

加密算法:Encrypt(MPK,M,S)→CT。算法输入消息 M、主公钥 MPK 和属性集 S,输出密文 CT。

解密算法:Decrypt(MPK,$SK_{\mathbb{A}}$,CT)→M。算法输入属性集 S 对应的密文 CT、主公钥 MPK 和私钥 $SK_{\mathbb{A}}$。如果 $S\in\mathbb{A}$,则恢复出消息 M。

CAI-KP-ABE 的系统功能结构如图 4-7 所示。

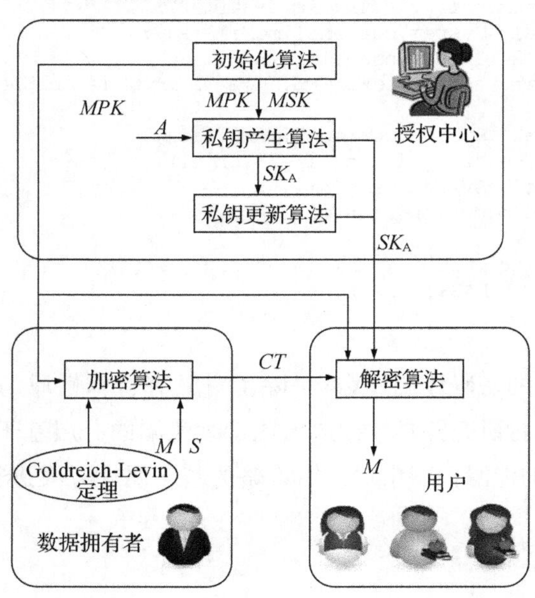

图 4-7 CAI-KP-ABE 系统功能结构示意图

(2) CAI-KP-ABE 安全模型

CAI-KP-ABE 方案的语义安全性由游戏 $Game_R$ 来定义。挑战者$\mathcal{B}$和敌手$\mathcal{A}$交互进行 $Game_R$。在 $Game_R$ 中，敌手$\mathcal{A}$可以进行私钥询问、泄漏询问和私钥更新询问。挑战者$\mathcal{B}$持有一个列表$\mathcal{L}=\{i,SK_{\mathbb{A}},\mathbb{A}\}$，其中每项包含索引、私钥和访问结构。$\mathcal{L}$初始化为空。$Game_R$ 定义如下：

初始化：挑战者$\mathcal{B}$调用初始化算法获得主公钥 MPK 和主私钥 MSK。挑战者$\mathcal{B}$把 MPK 发给敌手。

阶段 1：敌手进行如下询问。

$\mathcal{O}$-PrivateKey($\mathbb{A}$)：私钥询问。当$\mathcal{A}$询问关于访问结构$\mathbb{A}$对应私钥时，挑战者在列表$\mathcal{L}$中查找$(i,SK_{\mathbb{A}},\mathbb{A})$。如果没有找到该项，挑战者运行私钥产生算法获得 $SK_{\mathbb{A}}$ 并设置 $i=i+1$。挑战者$\mathcal{B}$增加一项$(i,SK_{\mathbb{A}},\mathbb{A})$到列表$\mathcal{L}$中。然后，挑战者$\mathcal{B}$把 $SK_{\mathbb{A}}$ 发给敌手$\mathcal{A}$。

$\mathcal{O}$-Leak(f,$\mathbb{A}$)：泄漏询问。当$\mathcal{A}$询问关于访问结构$\mathbb{A}$对应私钥的辅助输入泄漏时，敌手选定辅助输入泄漏函数 $f\in\mathcal{F}$($\mathcal{F}$是辅助输入泄漏函数簇，下面会给出关于$\mathcal{F}$的说明)。挑战者$\mathcal{B}$用 $f(MPK,MSK,\mathcal{L},\mathbb{A})$来回应敌手$\mathcal{A}$。

$\mathcal{O}$-KeyUpd($\mathbb{A}$)：私钥更新询问。当$\mathcal{A}$询问关于访问结构$\mathbb{A}$对应私钥更新时，挑战者$\mathcal{B}$在列表$\mathcal{L}$中查找$(i,SK_{\mathbb{A}},\mathbb{A})$。挑战者运行私钥产生算法获得私钥 $SK_{\mathbb{A}}$ 的更新私钥 $SK'_{\mathbb{A}}$。挑战者发送 $SK'_{\mathbb{A}}$给敌手并用$(i,SK'_{\mathbb{A}},\mathbb{A})$来更新$(i,SK_{\mathbb{A}},\mathbb{A})$。

挑战：敌手给出两个等长消息 M_0、M_1 和一个属性集 S^*。需要的限制条件是：S^* 不能满足列表$\mathcal{L}$中的任何访问结构$\mathbb{A}$。挑战者随机选择 $\beta\leftarrow\{0,1\}$ 并调用加密算法加密 M_β 得到密文 CT^*。挑战者$\mathcal{B}$发送 CT^* 给敌手$\mathcal{A}$。

阶段 2：$\mathcal{A}$可以询问$\mathcal{O}$-PrivateKey($\mathbb{A}$)和$\mathcal{O}$-$KeyUpd$($\mathbb{A}$)。需要的限制条件是：任何访问结构$\mathbb{A}$不能被 S^* 满足。

猜测：$\mathcal{A}$输出猜测 $\beta'\in\{0,1\}$。如果 $\beta'\in\beta$，$\mathcal{A}$赢得游戏。

$\mathcal{A}$赢得 $Game_R$ 的优势定义为 $Adv_{\mathcal{A}}(\vartheta)=\left|\Pr[\beta'=\beta]-\dfrac{1}{2}\right|$。

如果对于任何敌手$\mathcal{A}$来说赢得游戏 $Game_R$ 的优势 $Adv_{\mathcal{A}}(\vartheta)$都是可以忽略的，就称提出的方案是抵抗持续辅助输入泄漏(CAI-CPA)安全的。

辅助输入函数簇$\mathcal{F}$。为了刻画$\mathcal{F}$，用 k_{ace} 表示访问结构对应私钥的最小熵。注意到如果私钥是随机产生的，那么 k_{ace} 是私钥的长度。

这样，$\mathcal{F}$可表示为$\mathcal{F}(g(k_{ace}))$，其中 $g(k_{ace})\geqslant 2^{-k_{ace}}$ 是困难参数。用 q_e 表示私钥查询次数，用 q_l 表示泄漏查询次数，用 γ 表示 q_e 次私钥询问集合。这样，$\mathcal{F}(g(k_{ace}))$就是满足下面条件的多项式时间可计算函数 f 的类对于所有 $i\in[1,q_l]$，给定$\langle MPK,S^*,\gamma,\{f_i(MPK,MSK,\mathcal{L},\mathbb{A})\}_{i\in[1,q_l]}\rangle$，没有 PPT 敌手能以超过 $g(k_{ace})$的优势获得私钥 $SK_{\mathbb{A}}$，其中 $g(k_{ace})\geqslant 2^{-k_{ace}}$。

如果一个密钥策略的基于属性加密方案关于抵抗持续辅助输入泄漏函数簇$\mathcal{F}(g(k_{ace}))$是选择明文安全的，就称该方案是抗 $g(k_{ace})$持续辅助输入 CPA($g(k_{ace})$-CAI-CPA)安全的。

4.3.2 CAI-KP-ABE 方案具体构造

用 Ψ 表示一个合数阶双线性群生成算法。Ψ 以安全参数 ϑ 为输入，输出合数阶双线性群描述 $\Omega=\{N=p_1p_2p_3,G,G',e\}$，其中 p_1，p_2 和 p_3 是三个 λ 比特长的不同素数(也就是说，$\log p_1=\log p_2=\log p_3=\lambda$)。$G$ 和 G'是阶为 $N=p_1p_2p_3$ 的乘法循环群。$e:G\times G\to G'$是一个双线性映射。λ 由安全参数来确定。用 G_{p_1}，G_{p_2} 和 G_{p_3} 分别表示群 G 中阶为 p_1，p_2 和 p_3 的子群。

在给出的 CAI-KP-ABE 方案中，私钥用 G_{p_3} 来随机化。G_{p_2} 提供半功能特性，它不用于真实的构造，只用于安全性证明。具体的 CAI-KP-ABE 方案构造如下：

方案的构造要借助大数域上的修改 Goldreich-Levin 定理[37]。首先回顾如下：

定理 4-3[37] 假定 q 是一个素数且 H 是任何域 $GF(q)$的一个子集。假设 $h:H^p\to\{0,1\}^*$ 是任何函数。随机选择 $s\leftarrow H^p$ 并计算 $y=h(s)$；随机选择 $r\leftarrow GF(q)^p$。如果存在一个运行时间 t 的区分者$\mathcal{D}$满足条件：

$$|\Pr[\mathcal{D}(y,r,\langle r,s\rangle)=1]-\Pr[u\leftarrow GF(q):\mathcal{D}(y,r,u)=1]|=\varepsilon,$$

那么存在一个执行时间为 $t'=t\cdot\mathrm{poly}(p,|H|,1/\varepsilon)$的算法使得：

$$\Pr[s\leftarrow H^p,y\leftarrow h(s):\mathcal{A}(y)=s]\geqslant\frac{\varepsilon^3}{512\cdot p\cdot q^2}。$$

受文献[70,121,179]启发，本节提出能抵抗持续辅助输入泄漏的密钥策略基于属性加密方案。在给出的方案中，每个属性由两部分组成：属性名和属性值。用 n 表示属性分类的数目。为了表述方便，给出下面两个假定：

(1) 在两个不同的属性类中，没有相同的属性值。

(2) 与一个密文有关的属性集合,它有 n 个属性且每个属性属于一个不同的类别。

为了简化起见,用 i 表示第 i 个属性类的属性名。每一个和密文联系的属性集 S 被划分为$(z_1,\cdots,z_n)$,其中 $z_i\in Z_N$ 是属性名 i 对应的属性值。

用$\mathbb{A}=(\mathcal{A},\rho,\mathcal{T})$表示访问结构,其中分享产生矩阵$\mathcal{A}$具有 l 行和 m 列。对于$\forall i\in\{1,2,\cdots,l\}$,$\mathcal{A}$的第 i 行被 ρ 映射到一个属性名(ρ 是一个函数把$\{1,2,\cdots,l\}$映射到$\{1,2,\cdots,n\}$)。$\mathcal{T}$分为$\{t_{\rho(1)},t_{\rho(2)},\cdots,t_{\rho(l)}\}$,$t_{\rho(l)}$是属性名为$\rho(l)$对应的属性值。

假设$\mathcal{A}_i$ 是$\mathcal{A}$的第 i 行。如果 $S=(z_1,\cdots,z_n)$满足访问结构$\mathbb{A}=(\mathcal{A},\rho,\mathcal{T})$,那么存在 $I\subseteq\{1,\cdots,l\}$和常数$\{\omega_i\in Z_N\}_{i\in I}$使得 $\sum_{i\in I}\omega_i\mathcal{A}_i=(1,0,\cdots,0)$且对于$\forall i\in I,z_{\rho(i)}=t_{\rho(i)}$。

初始化算法:随机选择 $g_1,h_0,h_1,\cdots,h_n\in G_{p_1},g_3\in G_{p_3},\{\alpha_i\}_{i\in[p]}\in Z_N$。计算 $y_i=e(g_1,g_1)^{\alpha_i}$。令 $0<\varepsilon<1$,设置 $p=(3\lambda)^{1/\varepsilon}$。

主公钥是 $MPK=(\Omega,g_1,g_3,h_0,h_1,\cdots,h_n,y_i=e(g_1,g_1)^{\alpha_i},\forall i\in[p])$,主私钥是 $MSK=\{\alpha_1,\cdots,\alpha_p\}$。

私钥产生算法:$\text{KeyGen}(MPK,MSK,\mathbb{A})\rightarrow SK_{\mathbb{A}}$,其中$\mathbb{A}=(\mathcal{A},\rho,\mathcal{T})$。假设$\mathcal{A}$是 l 行和 m 列矩阵,ρ 是一个函数:把$\mathcal{A}$的每一行映射到$\{1,2,\cdots,n\}$,$\mathcal{T}=(t_{\rho(1)},\cdots,t_{\rho(l)})\in Z_N^l$。随机选择 $v_2,\cdots,v_m\in Z_p$ 并组成向量 $v=\left(\sum\limits_{i\in[p]}\alpha_i,v_2,\cdots,v_m\right)$。对于每个 $i\in[l]$,集合$[n]\backslash\{\rho(i)\}$用 Q_i 表示。对于$\mathcal{A}$的每行$\mathcal{A}_i$,随机选择 $r_i\in Z_N$ 和 $R_i,R'_i,\{R_{i,j}\}_{j\in Q_i}\in G_{p_3}$,产生私钥:

$$SK_{\mathbb{A}}=((\mathcal{A},\rho,\mathcal{T}),\{\{D_{k,i}\}_{k\in[p]},\{D'_{k,i}\}_{k\in[p]},\{D_{i,j}\}_{j\in Q_i}\}_{i\in[l]})$$

$$=((\mathcal{A},\rho,\mathcal{T}),\{\{g_1^{\alpha_k/\sum_{k\in[p]}\alpha_k\mathcal{A}_i v}(h_0h_{\rho_i}^{t_{\rho_i}})^{r_i}R_{k,i}\}_{k\in[p]},\{g_1^{r_i}R'_{k,i}\}_{k\in[p]},\{h_j^{r_i}R_{i,j}\}_{j\in Q_i}\}_{i\in[l]})。$$

私钥更新算法:$\text{KeyUpd}(\mathbb{A},SK_{\mathbb{A}})\rightarrow SK'_{\mathbb{A}}$。算法以访问结构$\mathbb{A}$和私钥$SK_{\mathbb{A}}$ 为输入。对于每个 $i\in[l]$,随机选择$\{\Delta R_{k,i}\}_{k\in[p]},\{\Delta R'_{k,i}\}_{k\in[p]},\{\Delta R_{i,j}\}_{j\in Q_i}\in G_{p_3}$。产生更新后的私钥 $SK'_{\mathbb{A}}$为:

$$SK'_{\mathbb{A}}=((\mathcal{A},\rho,\mathcal{T}),\{\{D_{k,i}\Delta R_{k,i}\}_{k\in[p]},\{D'_{k,i}\Delta R'_{k,i}\}_{k\in[p]}\{D_{i,j}\Delta R_{i,j}\}_{j\in Q_i}\}_{i\in[l]})$$

$=((\mathcal{A},\rho,\mathcal{T}),\{\{g_1^{\alpha_k/\sum_{k\in[p]}\alpha_k\mathcal{A}_i v}(h_0h_{\rho_i}^{t_{\rho_i}})^{r_i}R_{k,i}\Delta R_{k,i}\}_{k\in[p]},\{g_1^{r_i}R'_{k,i}\Delta R'_{k,i}\}_{k\in[p]},\{h_j^{r_i}R_{i,j}\Delta R_{i,j}\}_{j\in Q_i}\}_{i\in[l]})$。

令 $\bar{R}_{k,i}=R_{k,i}\Delta R_{k,i}$，$\bar{R}_{k,i}=R'_{k,i}\Delta R'_{k,i}$，$\bar{R}_{i,j}=R_{i,j}\Delta R_{i,j}$，可得：

$SK'_{\mathbb{A}}=((\mathcal{A},\rho,\mathcal{T}),\{\{g_1^{\alpha_k/\sum_{k\in[p]}\alpha_k\mathcal{A}_i v}(h_0h_{\rho_i}^{t_{\rho_i}})^{r_i}\bar{R}_{k,i}\}_{k\in[p]},\{g_1^{r_i}\bar{R}_{k,j}\}_{k\in[p]},\{h_k^{r_i}\bar{R}_{i,j}\}_{j\in Q_i}\}_{i\in[l]})$。

更新后的私钥和原始私钥具有相同的分布。

加密算法：Encrypt(MPK,M,S)，其中 $S=(z_1,\cdots,z_n)\in Z_N^n$ 且 $M\in G'$。随机选择 $s_k\in Z_N$，$\forall k\in[p]$。生成密文：

$$CT=\Big(S,C,\{C_{k,0}\}_{k\in[p]},\{C_{k,1}\}_{k\in[p]}\Big)=\Big(S,M\prod_{k=1}^{p}y_k^{s_k},\ \{g_1^{s_k}\}_{k\in[p]},\ \Big\{\Big(h_0\prod_{i=1}^{n}h_i^{z_i}\Big)^{s_k}\Big\}_{k\in[p]}\Big)。$$

解密算法：Decrypt$(MPK,SK_{\mathbb{A}},CT)$。假设 $CT=(S,C,\{C_{k,0}\}_{k\in[p]},\{C_{k,1}\}_{k\in[p]})$，$SK_{\mathbb{A}}=((\mathcal{A},\rho,\mathcal{T}),\{\{D_{k,i}\}_{k\in[p]},\{D'_{k,i}\}_{k\in[p]},\{D_{i,j}\}_{j\in Q_i}\}_{i\in[l]})$。私钥 $SK_{\mathbb{A}}$ 中，$\mathcal{A}$是一个 l 行 m 列矩阵，ρ 是一个映射：映射$\mathcal{A}$的每一行到$\{1,2,\cdots,n\}$且$\mathcal{T}=(t_{\rho(1)},\cdots,t_{\rho(l)})\in Z_N^l$。如果 $S^*\in\mathbb{A}$，找出$\mathcal{I}\in[l]$。随机选择$\{\omega_i\}_{i\in[\mathcal{I}]}$满足下面条件：

对于$\forall i\in\mathcal{I}$，$\sum_{i\in\mathcal{I}}\omega_i\mathcal{A}_i=(1,0,\cdots,0)$且 $z_{\rho(i)}=t_{\rho(i)}$。

对于$\forall i\in\mathcal{I}$，用 Q_i 表示集合$[n]\backslash\{\rho(i)\}$。对于解密来说，计算 $\widetilde{D}_{k,i}=D_{k,i}\prod_{j\in Q_i}D_{i,j}^{Z_j}$，$k\in[p]$。

事实上，当 $j\in Q_i$，$j\neq\rho(i)$。此外，对于$\forall i\in\mathcal{I}$，$z_{\rho(i)}=t_{\rho(i)}$。因此，可得：$\forall k\in[p]$，

$\widetilde{D}_{k,i}=g_1^{\alpha_k/\sum_{k\in[p]}\alpha_k\mathcal{A}_i v}(h_0h_{\rho_i}^{t_{\rho_i}})^{r_i}R_{k,i}\prod_{j\in Q_i}(h_j^{r_i}R_{i,j})^{z_j}=g_1^{\alpha_k/\sum_{k\in[p]}\alpha_k\mathcal{A}_i v}\Big(h_0\prod_{j\in[n]}h_j^{z_j}\Big)\widetilde{R}_{j,i}$，

$\widetilde{R}_{k,j}=R_{k,j}\prod_{j\in[n]}R_{i,j}^{z_j}$。

然后，计算：

$$\frac{\prod_{k=1}^{p}e\Big(C_{k,0},\prod_{i\in I}\widetilde{D}_{k,i}^{\omega_i}\Big)}{\prod_{k=1}^{p}e\Big(C_{k,1},\prod_{i\in I}\widetilde{D}'^{\omega_i}_{k,i}\Big)}=\prod_{k=1}^{p}y_k^{s_k}。$$

正确性：

$$\frac{\prod_{k=1}^{p} e\Big(C_{k,0},\prod_{i\in I}\widetilde{D}_{k,i}^{\omega_i}\Big)}{\prod_{k=1}^{p} e\Big(C_{k,1},\prod_{i\in I}D'^{\omega_i}_{k,i}\Big)}$$

$$=\frac{\prod_{k=1}^{p} e\Big(g_1^{s_k},\prod_{i\in I}\Big(g_1^{(\alpha_k/\sum_{k\in[p]}\alpha_k)\mathcal{A}_i v}\Big(h_0\prod_{j\in[n]}h_j^{z_j}\Big)^{r_i}\widetilde{R}_{k,i}\Big)^{\omega_i}\Big)}{\prod_{k=1}^{p} e\Big(\Big(h_0\prod_{i=1}^{n}h_i^{z_i}\Big)^{s_k},\prod_{i\in I}(g_1^{r_i}R'_{k,i})^{\omega_i}\Big)}$$

$$=\frac{\prod_{k=1}^{p} e\Big(g_1^{s_k},\prod_{i\in I}\Big(g_1^{(\alpha_k/\sum_{k\in[p]}\alpha_k)\mathcal{A}_i v}\Big(h_0\prod_{j\in[n]}h_j^{z_j}\Big)^{r_j}\Big)^{\omega_i}\Big)}{\prod_{k=1}^{p} e\Big(e\Big(h_0\prod_{j=1}^{n}h_j^{z_j}\Big)^{s_k},\prod_{i\in I}(g_1^{r_i})^{\omega_i}\Big)}$$

$$=\frac{\prod_{k=1}^{p} e\Big(g_1^{s_k},\prod_{i\in I}\Big(g_1^{(\alpha_k/\sum_{k\in[p]}\alpha_k)\mathcal{A}_i v}\Big)^{\omega_i}\Big)\prod_{k=1}^{p} e\Big(g_1^{s_k},\prod_{i\in I}\Big(\Big(h_0\prod_{j\in[n]}h_j^{z_j}\Big)^{r_i}\Big)^{\omega_i}\Big)}{\prod_{k=1}^{p} e\Big(\Big(h_0\prod_{j=1}^{n}h_j^{z_j}\Big)^{s_k},\prod_{i\in I}(g_1^{r_i})^{\omega_i}\Big)}$$

$$=\frac{\prod_{k=1}^{p} e\Big(g_1^{s_k},\prod_{i\in I}\Big(g_1^{(\alpha_k/\sum_{k\in[p]}\alpha_k)\mathcal{A}_i v}\Big)^{\omega_i}\Big)\prod_{k=1}^{p}\prod_{i\in I} e\Big(g_1^{s_k},\Big(\Big(h_0\prod_{j\in[n]}h_j^{z_j}\Big)^{r_i}\Big)^{\omega_i}\Big)}{\prod_{k=1}^{p}\prod_{i\in I} e\Big(\Big(h_0\prod_{j=1}^{n}h_j^{z_j}\Big)^{s_k},(g_1^{r_i})^{\omega_i}\Big)}$$

$$=\frac{\prod_{k=1}^{p} e\Big(g_1^{s_k},\prod_{i\in I}\Big(g_1^{(\alpha_k/\sum_{k\in[p]}\alpha_k)\mathcal{A}_i v}\Big)^{\omega_i}\Big)\prod_{k=1}^{p}\prod_{i\in I} e\Big(g_1,\Big(h_0\sum_{j\in[n]}h_j^{z_j}\Big)^{r_i\omega_i s_k}\Big)}{\prod_{k=1}^{p}\prod_{i\in I} e\Big(\Big(h_0\prod_{j=1}^{n}h_j^{z_j}\Big)^{r_i\omega_i s_k},g_1\Big)}$$

$$=\prod_{k=1}^{p} e\Big(g_1^{s_k},\prod_{i\in I}(g_1^{(\alpha_k/\sum_{k\in[p]}\alpha_k)\mathcal{A}_i v})^{\omega_i}\Big)$$

$$=\prod_{k=1}^{p} e\Big(g_1^{s_k},g_1^{(\alpha_k/\sum_{k\in[p]}\alpha_k)\mathcal{A}_i\omega_i v}\prod_{i\in I}g_1^{(\alpha_k/\sum_{k\in[p]}\alpha_k)\mathcal{A}_i\omega_i v}\Big)$$

$$=\prod_{k=1}^{p} e(g_1^{s_k},g_1^{(\alpha_k/\sum_{k\in[p]}\alpha_k)v\sum_{i\in I}\mathcal{A}_i\omega_i})=\prod_{k=1}^{p} e(g_1^{s_k},g_1^{\alpha_k})=\prod_{k=1}^{p} y_k^{s_k}。$$

4.3.3　安全性证明

根据文献[70,71,184,205]中给出的技巧，本节方案也增加了半功能结构：半功能密文和半功能密钥。半功能结构只用于证明而不用于真实的系统。

半功能密文：首先，调用加密算法获得正常密文 $CT=(S,C,\{C_{k,0}\}_{k\in[p]},\{C_{k,1}\}_{k\in[p]})$。然后，随机选取 $\tau_1,\cdots,\tau_p\in Z_N$ 和 $\zeta_1,\cdots,\zeta_p\in Z_N$。产生半功能密文：

$$\overline{CT}=(S,C,\{C_{k,0}\cdot g_2^{\tau_i}\}_{k\in[p]},\{C_{k,1}\cdot g_2^{\zeta_i}\}_{k\in[p]})。$$

类型Ⅰ半功能私钥：首先，调用私钥产生算法生成正常密钥 $SK_{\mathbb{A}}=((\mathcal{A},\rho,\mathcal{T}),\{\{D_{k,i}\}_{k\in[p]},\{D'_{k,i}\}_{k\in[p]},\{D_{i,j}\}_{j\in Q_i}\}_{i\in[l]})$。随机选择 $\omega\in Z_n^m$，对于 $\forall k\in[p]$，随机选择 $\gamma_{k,i}\in Z_N$ 和 $\eta_{k,0},\eta_{k,1},\cdots,\eta_{k,n}\in Z_N$。类型Ⅰ半功能密钥为：

$$\overline{SK}_{\mathbb{A}}^1=((\mathcal{A},\rho,\mathcal{T}),\{\{D_{k,i}\cdot g_2^{\mathcal{A}_i\omega+\gamma_{k,i}(\eta_{k,0}+\eta_{k,\rho(i)}t_{\rho(i)})}\}_{k\in[p]},\{D'_{k,i}\cdot g_2^{\gamma_{k,i}}\}_{k\in[p]},$$
$$\{D_{i,j}\cdot g_2^{\gamma_{k,i}\eta_{k,i}}\}_{j\in Q_i}\}_{i\in[l]})。$$

类型Ⅱ半功能私钥：和类型Ⅰ半功能私钥相比，类型Ⅱ半功能私钥少了 $g_2^{\gamma_{k,i}(\eta_{k,0}+\eta_{k,\rho(i)}t_{\rho(i)})}$，$g_2^{\gamma_{k,i}}$，$g_2^{\gamma_{k,i}\eta_{k,i}}$。也就是说，类型Ⅱ半功能密钥为：

$$\overline{SK}_{\mathbb{A}}^2=((\mathcal{A},\rho,\mathcal{T}),\{\{D_{k,i}\cdot g_2^{\mathcal{A}_i\omega}\}_{k\in[p]},\{D'_{k,i}\}_{k\in[p]},\{D_{i,j}\}_{j\in Q_i}\}_{i\in[l]})。$$

定理 4-4　如果假设 2 和假设 4—假设 6 成立，给出的 CAI-KP-ABE 方案在标准模型下是抗持续辅助输入泄漏安全的。

证明：用双系统加密技术来证明方案的安全性。证明中会用到一系列游戏。第一个游戏是真实的 CAI-KP-ABE 游戏，最后一个游戏中敌手获得的优势为 0，证明这些游戏的不可区分性。这样，便可获得方案的安全性。用 q 表示私钥询问的最大数。

首先给出证明中的系列游戏。

Game_R：这是真实的 CAI-KP-ABE 安全游戏。

$\text{Game}_{R'}$：该游戏与 Game_R 类似，不同之处在于：当事件 E_1 发生时，挑战者停止操作。E_1 定义如下：敌手进行关于 $\mathbb{A}=(\mathcal{A},\rho,\mathcal{T})$ 的私钥询问，其中 $\mathcal{A}$ 是一个 l 行 m 列的矩阵，ρ 是一个函数：映射 $\mathcal{A}$ 的每一行到 $\{1,2,\cdots,n\}$，$\mathcal{T}=(t_{\rho(1)},\cdots,t_{\rho(l)})\in Z_N^l$，使得 $\exists i\in[n],j\in[l],z_i\neq t_{\rho[j]} \bmod N$，但是 $z_i=t_{\rho[j]} \bmod \rho_2$。

$\text{Game}_{R''}$：该游戏与 $\text{Game}_{R'}$ 类似，不同之处在于：在 $\text{Game}_{R''}$ 中挑战密文是半功能的。

$\text{Game}_{d,1}(1\leqslant d\leqslant q)$：该游戏与 $\text{Game}_{R''}$ 类似，不同之处在于：挑战者用不同方式回应敌手的私钥询问。对于前 $d-1$ 次询问，挑战者用类型Ⅱ半功能密钥来回应。对于第 d 次询问挑战者用类型Ⅰ半功能密钥来回应。对于其它询问，挑战者用正常密钥来回应。

$\text{Game}_{d,2}(0\leqslant d\leqslant q)$：该游戏和 $\text{Game}_{R''}$ 类似，不同之处在于：挑战者用不同方式回应敌手私钥询问。对于前 d 次询问挑战者用类型Ⅱ半功能密钥来回应。对于其它询问，挑战者用正常密钥来回应。

Game_F：该游戏与 $\text{Game}_{q,2}$ 类似，不同之处在于：在 Game_F 中，挑战者加密 G' 中的一个随机消息得到密文。

通过游戏 Game_R、$\text{Game}_{R'}$、$\text{Game}_{R''}$、$\text{Game}_{d,1}(1\leqslant d\leqslant q)$、$\text{Game}_{d,2}(0\leqslant d\leqslant q)$ 与 Game_F，用引理 4－6 至引理 4－10 来证明方案的安全性。首先，敌手在 Game_F 没有任何优势。其次，引理 4－6 至引理 4－10 可以证明系列游戏的不可区分性。这样，便可得到方案的安全性。

引理 4－6　如果假设 2 成立，对于敌手来说，游戏 Game_R 和 $\text{Game}_{R'}$ 是不可区分的。

证明：如果事件 E_1 没有发生，Game_R 和 $\text{Game}_{R'}$ 是一样的。下面，只需证明 E_1 发生的概率是可以忽略的。

反证法，假设 E_1 发生的概率是不可忽略的，挑战者 $\mathcal{B}$ 以不可忽略的优势来破坏假设 2。给定 $D=(\Omega,g_1,X_1X_2,X_3,Y_2Y_3)$ 和挑战项 $T(T\in G$ 或 $T\in G_{p_1p_3})$，$\mathcal{B}$ 模拟 Game_R 如下：

假设 $CT=(S^*,C,\{C_{k,0}\}_{k\in[p]},\{C_{k,1}\}_{k\in[p]})$ 是挑战密文，其中 $S^*=(z_1,\cdots,z_n)\in Z_N^n$。对于敌手的每个关于 $\mathbb{A}=(\mathcal{A},\rho,\mathcal{T})$ 的私钥询问，其中 $\mathcal{A}$ 是一个 l 行 m 列的矩阵，ρ 是一个函数：映射 $\mathcal{A}$ 的每一行到 $\{1,2,\cdots,n\}$，$\mathcal{T}=(t_{\rho(1)},\cdots,t_{\rho(l)})\in Z_N^l$。如果 $\exists\, i\in[n],j\in[l]$ 使得 $z_i\neq t_{\rho[j]} \bmod N$，$\mathcal{B}$ 计算 $a=\gcd(z_i-t_{\rho[j]},N)$。$\mathcal{B}$ 通过检查 $e(X_1X_2,Y_2Y_3)^a=1$ 来判断 E_1 的发生。记 $b=\dfrac{N}{a}$，可得如下两种情况：

(1) p_1 整除 b。

(2) p_3 整除 b。

通过检查是否 $e(X_1X_2,g_1)^b=1$，$\mathcal{B}$ 可以判定(1)是否成立。如果(1)成立，$\mathcal{B}$ 通过检查是否 $e(X_1X_2,T)^b=1$ 可知 T 是否含有 G_{p_2} 部分。如果 $e(X_1X_2,T)^b=1$，T 没有 G_{p_2} 部分，即 $T\in G_{p_1p_3}$。如果 $e(X_1X_2,T)^b\neq 1$，T 含有 G_{p_2} 部分，即 $T\in G_{p_1p_2p_3}$。

通过检查是否 $e(Y_2Y_3,X_3)^b=1$，$\mathcal{B}$ 可以判定(2)是否成立。如果(2)成

立,$\mathcal{B}$通过检查是否 $e(Y_2Y_3,T)^b=1$ 可知 T 是否含有 G_{p_2} 部分。如果 $e(Y_2Y_3,T)^b=1$,T 没有 G_{p_2} 部分,即 $T\in G_{p_1p_3}$。如果 $e(Y_2Y_3,T)^b\neq1$,T 含有 G_{p_2} 部分,即 $T\in G_{p_1p_2p_3}$。

引理 4-7 如果假设 4 成立,对于敌手来说,游戏 $\mathrm{Game}_{R'}$ 和 $\mathrm{Game}_{R''}$ 是不可区分的。

证明:反证法,假设存在一个敌手$\mathcal{A}$能以不可忽略的优势区分游戏 $\mathrm{Game}_{R'}$ 和 $\mathrm{Game}_{R''}$,挑战者$\mathcal{B}$以不可忽略的优势来破坏假设 4。给定 $D=(\Omega,g_1,X_3)$和挑战项 T_k($T_k\in G_{p_1p_2}$ 或 $T_k\in G_{P_1}$, $\forall k\in[p]$),$\mathcal{B}$和$\mathcal{A}$模拟 $\mathrm{Game}_{R'}$ 和 $\mathrm{Game}_{R''}$ 如下:

初始化:$\mathcal{B}$随机选择 $a_0,a_1,\cdots,a_n\in Z_N,\alpha_i\in Z_N,\forall i\in[p]$。$\mathcal{B}$设置 $h_0=g_1^{a_0},h_1=g_1^{a_1},\cdots,h_n=g_1^{a_n}$ 和 $y_i=e(g_1,g_1)^{\alpha_i}$。主私钥为 $MSK=\{\alpha_1,\cdots,\alpha_p\}$。主公钥为 $MPK=(\Omega,g_1,g_3,h_0,h_1,\cdots,h_n,e(g_1,g_2)^{\alpha_i},\forall i\in[p])$。

阶段 1:对于私钥询问,$\mathcal{B}$用正常的私钥来回应。如果事件 E_1 发生了,$\mathcal{B}$的回应方式与游戏 $\mathrm{Game}_{R'}$ 相同。此外,$\mathcal{A}$可以进行泄漏询问$\mathcal{O}$-Leak$(f,\mathbb{A})$和私钥更新询问$\mathcal{O}$-KepUpd$(\mathbb{A})$。$\mathcal{B}$的回应方式与游戏 $\mathrm{Game}_{R'}$ 相同。

挑战:敌手给$\mathcal{B}$两个等长消息和一个属性集 S^*。$\mathcal{B}$随机选择 $\beta\in\{0,1\}$ 并做如下操作:

(1) 划分 S^* 为$(z_1,\cdots,z_n)$,并计算:

$$C=M_\beta\prod_{k=1}^{p}e(g_1^{\alpha_i},T_k),\{C_{k,0}=T_k\}_{k\in[p]},\{C_{k,1}=T_k^{a_0+\sum_{i=1}^n a_iz_i}\}_{k\in[p]}。$$

(2) $\mathcal{B}$发送密文 $CT=(S^*,C,\{C_{k,0}\}_{k\in[p]},\{C_{k,1}\}_{k\in[p]})$给敌手$\mathcal{A}$。

如果 $T_k\in G_{p_1p_2}$,不妨令 $T_k=g_1^{s_k}g_2^{c_k}$。这样,密文为:

$$\begin{aligned}CT&=\left(S^*,M_\beta\prod_{k=1}^{p}e(g_1^{\alpha_i},g_1^{s_k},g_2^{c_k}),\{g_1^{s_k}g_2^{c_k}\}_{k\in[p]},\{(g_1^{s_k}g_2^{c_k})_2^{a_0+\sum_{i=1}^n a_iz_i}\}_{k\in[p]}\right)\\&=\left(S^*,M_\beta\prod_{k=1}^{p}e(g_1^{\alpha_i},g_1^{s_k}),\{g_1^{s_k}g_2^{c_k}\}_{k\in[p]},\left\{\left(h_0\prod_{i=1}^{n}h_i^{z_i}\right)^{s_k}\cdot\right.\right.\\&\qquad\left.\left.g_2^{c_k(a_0+\sum_{i=1}^n a_iz_i)}\right\}_{k\in[p]}\right)。\end{aligned}$$

这是一个半功能的密文,$\mathcal{B}$模拟了 $\mathrm{Game}_{R''}$。

如果 $T_k\in G_{p_1}$,不妨令 $T_k=g_1^{s_k}$。这样,密文为:

$$CT=\left(S^*,M_\beta\prod_{k=1}^{p}e(g_1^{\alpha},g_1^{s_k}),\{g_1^{s_k}\}_{k\in[p]},\left\{\left(h_0\prod_{i=1}^{n}h_i^{z_i}\right)^{s_k}\right\}_{k\in[p]}\right)$$

这是一个正常密文，$\mathcal{B}$模拟了 $\text{Game}_{R'}$。

阶段 2：$\mathcal{A}$继续询问预言机$\mathcal{O}$-PrivateKey($\mathbb{A}$)，$\mathcal{O}$-KeyUpd($\mathbb{A}$)。需要满足的限制是任何要进行询问的访问结构$\mathbb{A}$不能被属性集 S^* 满足。

猜测：$\mathcal{A}$输出猜测 $\beta' \in \{0,1\}$。如果 $\beta'=\beta$，$\mathcal{A}$赢得游戏。

概率分析：如果 $T_k \in G_{p_1p_2}$，$\mathcal{B}$恰当地模拟了 $\text{Game}_{R''}$。如果 $T_k \in G_{p_1}$，$\mathcal{B}$恰当地模拟了 $\text{Game}_{R'}$。这样，$\mathcal{B}$破坏假设 4 的优势为：

$$|\Pr[\mathcal{B}(D, T_k \in G_{p_1p_2})=0] - \Pr[\mathcal{B}(D, T_k \in G_{p_1})=0]|$$

$$= |Adv_{\mathcal{A}}^{\text{Game}_{R''}} - Adv_{\mathcal{A}}^{\text{Game}_{R'}}| \geqslant \varepsilon。$$

这和假设 4 矛盾，引理 4-7 证毕。

引理 **4-8**　如果假设 5 成立，对于敌手来说，游戏$\text{Game}_{d-1,2}$和$\text{Game}_{d,1}$是不可区分的，其中 $d \in [q]$。

证明：反证法，假设存在一个敌手$\mathcal{A}$能以不可忽略的优势区分游戏$\text{Game}_{d-1,2}$和$\text{Game}_{d,1}$，挑战者$\mathcal{B}$以不可忽略的优势来破坏假设 5。给定 $D=(\Omega, g_1, (X_{1,k}X_{2,k})_{k\in[p]}, X_3, Y_2Y_3)$ 和 T_k（$T_k \in G$ 或 $T_k \in G_{p_1p_3}$），$\mathcal{B}$和$\mathcal{A}$模拟$\text{Game}_{d-1,2}$和$\text{Game}_{d,1}$如下：

初始化：$\mathcal{B}$随机选择 $a_0, a_1, \cdots, a_n \in Z_N, \alpha_i \in Z_N, \forall i \in [p]$。$\mathcal{B}$设置 $h_0 = g_1^{a_0}, h_1 = g_1^{a_1}, \cdots, h_n = g_1^{a_n}$ 和 $y_i = e(g_1, g_2)^{\alpha_i}$。主私钥为 $MSK=\{\alpha_1, \cdots, \alpha_p\}$。主公钥为 $MPK=(\Omega, g_1, g_3, h_0, h_1, \cdots, h_n, e(g_1, g_1)^{\alpha_i}, \forall i \in [p])$。

阶段 1：对于第 u 次私钥询问，如果事件 E_1 发生了，$\mathcal{B}$的回应与游戏$\text{Game}_{R'}$一样。否则，$\mathcal{B}$回应如下：

对于 $u<d$，$\mathcal{B}$产生类型Ⅱ半功能密钥。随机选择 $v_2, \cdots v_m \in Z_p$ 并组成向量 $v=\left(\sum_{i\in[p]} \alpha_i, v_2, \cdots, v_m\right)$。对于每个 $i \in [l]$，用 Q_i 来表示$[n]\backslash\{\rho(i)\}$。对于$\mathcal{A}$的每一行$\mathcal{A}$，$\mathcal{B}$随机选择 $r_i \in Z_N$ 和 $R_i, R'_i, \{R_{i,j}\}_{j\in Q_i} \in G_{p_3}$。然后，$\mathcal{B}$随机选择 $\omega' \in Z_n^m$。$\mathcal{B}$计算私钥：

$$SK_{\mathbb{A}} = ((\mathcal{A}, \rho, \mathcal{T}), \{\{D_{k,i}\}_{k\in[p]}, \{D'_{k,i}\}_{k\in[p]}, \{D_{i,j}\}_{j\in Q_i}\}_{i\in[l]})$$

$$= ((\mathcal{A}, \rho, \mathcal{T}), \{\{ g_1^{\alpha_k / \sum_{k\in[p]} \alpha_k \mathcal{A}_i v} (h_0 h_{\rho_i}^{t_{\rho_i}})^{r_i} R_{k,i} (Y_2Y_3)^{\mathcal{A}_i w'}\}_{k\in[p]},$$

$$\{g_1^{r_i} R'_{k,i}\}_{k\in[p]}, \{h_j^{r_i} R_{i,j}\}_{j\in Q_i}\}_{i\in[l]})。$$

这个私钥是一个恰当的类型Ⅱ半功能密钥。

对于 $u>d$，$\mathcal{B}$调用私钥产生算法生成正常密钥：

$SK_{\mathbb{A}}=((\mathcal{A},\rho,\mathcal{T}),\{\{D_{k,i}\}_{k\in[p]},\{D'_{k,i}\}_{k\in[p]},\{D_{i,j}\}_{j\in Q_i}\}_{i\in[l]})$。

对于 $u=d$，$\mathcal{B}$产生类型Ⅰ半功能密钥。$\mathcal{B}$随机选择 $v'_2,\cdots,v'_m\in Z_p$ 并组成向量 $v'=\left(\sum_{i\in[p]}\alpha_i,v'_2,\cdots,v'_m\right)$。对于每个 $i\in[l]$，用 Q_i 来表示$[n]\backslash\{\rho(i)\}$。对于$\mathcal{A}$的每一行$\mathcal{A}_i$，$\mathcal{B}$随机选择 $r_i\in Z_N$ 和 $R_i,R'_i,\{R_{i,j}\}_{j\in Q_i}\in G_{p_3}$。然后，$\mathcal{B}$随机选择 $\omega'\in Z_n^m$ 使得 $\omega'\cdot(1,\cdots,1)$。$\mathcal{B}$计算私钥：

$$
\begin{aligned}
SK_{\mathbb{A}}&=((\mathcal{A},\rho,\mathcal{T}),\{\{D_{k,i}\}_{k\in[p]},\{D'_{k,i}\}_{k\in[p]},\{D_{i,j}\}_{j\in Q_i}\}_{i\in[l]})\\
&=((\mathcal{A},\rho,\mathcal{T}),\{\{g_1^{\alpha_k/\sum_{k\in[p]}\alpha_k\mathcal{A}_iv'}T_k^{\mathcal{A}_i\omega}T_k^{\gamma_{k,i}(a_0+a_{\rho(i)}t_{\rho(i)})}R_{k,i}\}_{k\in[p]},\\
&\quad\{T_k^{\gamma_{k,i}}R'_{k,i}\}_{k\in[p]},\{T_k^{\gamma_{k,i}a_j}R_{i,j}\}_{j\in Q_i}\}_{i\in[l]})。
\end{aligned}
$$

如果 $T_k\in G$，不妨令 $T_k=g_1^{r_k}g_2^{d_k}R_k$。这样，私钥 $SK_{\mathbb{A}}$ 为：

$$
\begin{aligned}
SK_{\mathbb{A}}&=((\mathcal{A},\rho,\mathcal{T}),\{\{D_{k,i}\}_{k\in[p]},\{D'_{k,i}\}_{k\in p},\{D_{i,j}\}_{j\in Q_i}\}_{i\in[l]})\\
&=((\mathcal{A},\rho,\mathcal{T}),\{\{g_1^{\alpha_k/\sum_{k\in[p]}\alpha_k\mathcal{A}_iv'}T_k^{\alpha_k/\sum_{k\in[p]}\alpha_k\mathcal{A}_i\omega}T_k^{\gamma_{k,i}(a_0+a_{\rho(i)}t_{\rho(i)})}R_{k,i}\}_{k\in[p]},\\
&\quad\{T_k^{\gamma_{k,i}}R'_{k,i}\}_{k\in[p]},\{T_k^{\gamma_{k,i}a_j}R_{i,j}\}_{j\in Q_i}\}_{i\in[l]})\\
&=((\mathcal{A},\rho,\mathcal{T}),\{\{g_1^{\alpha_k/\sum_{k\in[p]}\alpha_k\mathcal{A}_iv'}(g_1^{r_k}g_2^{d_k}R_k)^{\alpha_k/\sum_{k\in[p]}\alpha_k\mathcal{A}_i\omega}\\
&\quad(g_1^{r_k}g_2^{d_k}R_k)^{\gamma_{k,i}(a_0+a_{\rho(i)}t_{\rho(i)})}R_{k,i}\}_{k\in[p]},\\
&\quad\{(g_1^{r_k}g_2^{d_k}R_k)^{\gamma_{k,i}}R'_{k,i}\}_{k\in[p]},\{(g_1^{r_k}g_2^{d_k}R_k)^{\gamma_{k,i}a_j}R_{i,j}\}_{j\in Q_i}\}_{i\in[l]})\\
&=((\mathcal{A},\rho,\mathcal{T}),\\
&\quad\{\{g_1^{\alpha_k/\sum_{k\in[p]}\alpha_k\mathcal{A}_i(v'+r_k\omega)}(h_0h_{\rho_i}^{t_{pi}})^{r_k\gamma_{k,i}}g_2^{\alpha_k/\sum_{k\in[p]}\alpha_k\mathcal{A}_i\omega+d_k\gamma_{k,i}(a_0+a_{\rho(i)}t_{\rho(i)})}\\
&\quad R_k^{\alpha_k/\sum_{k\in[p]}\alpha_k\mathcal{A}_i\omega+\gamma_{k,i}(a_0+a_{\rho(i)}t_{\rho(i)})}R_{k,i}\}_{k\in[p]},\\
&\quad\{g_1^{r_k\gamma_{k,i}}g_2^{d_k\gamma_{k,i}}R_k^{\gamma_{k,i}}R'_{k,i}\}_{k\in[p]},\{g^{\gamma_k\gamma_{k,i}a_j}g_2^{d_k\gamma_{k,j}a_j}R_k^{\gamma_{k,i}a_j}R_{i,j}\}_{j\in Q_i}\}_{i\in[l]})。
\end{aligned}
$$

这是类型Ⅰ半功能私钥。

如果 $T_k\in G_{p_1p_3}$，私钥 $SK_{\mathbb{A}}$ 是正常的。

当$\mathcal{A}$进行泄漏询问$\mathcal{O}$-Leak$(f,\mathbb{A})$时，$\mathcal{B}$用 $f(MPK,MSK,\mathcal{L},\mathbb{A})$回应。除了$\mathcal{L}$中的最后一项的私钥是类型Ⅰ半功能私钥之外，其余的私钥均是类型Ⅱ半功能私钥。

当$\mathcal{A}$进行私钥更新询问$\mathcal{O}$-KeyUed$(\mathbb{A})$时，$\mathcal{B}$用类型Ⅱ半功能私钥回应并在$\mathcal{L}$中用项$(i,SK'_{\mathbb{A}},\mathbb{A})$更新$(i,SK_{\mathbb{A}},\mathbb{A})$。

挑战：敌手给$\mathcal{B}$两个等长消息 M_0 和 M_1 与一个属性集 S^*。$\mathcal{B}$随机选择 $\beta\in\{0,1\}$并做如下操作：

(1) 划分 S^* 为$(z_1,\cdots,z_n)$，并计算：

$$C=M_\beta\prod_{k=1}^{p}e(g_i^{\alpha_i},X_{1,k}X_{2,k}),\{C_{k,0}=X_{1,k}X_{2,k}\}_{k\in[p]},$$

$$\{C_{k,1}=(X_{1,k}X_{2,k})^{a_0+\sum_{i=1}^{n}a_iz_i}\}_{k\in[p]}。$$

(2) $\mathcal{B}$发送密文 $CT=(S^*,C\{C_{k,0}\}_{k\in[p]},\{C_{k,1}\}_{k\in[p]})$给敌手$\mathcal{A}$。

假设 $X_{1,k}X_{2,k}=g_1^{s_k}g_2^{c_k}$，可得：

$$CT=(S^*,C,\{C_{k,0}\}_{k\in[p]},\{C_{k,1}\}_{k\in[p]})$$

$$=\left(S^*,M_\beta\prod_{k=1}^{p}e(g_1^{\alpha_i},g_1^{s_k}g_2^{c_k}),\{g_1^{s_k}g_2^{c_k}\}_{k\in[p]},\{(g_1^{s_k}g_2^{c_k})^{a_0+\sum_{i=1}^{n}a_iz_i}\}_{k\in[p]}\right)$$

$$=\left(S^*,M_\beta\prod_{k=1}^{p}e(g_1^{\alpha_i},g_1^{s_k}),\{g_1^{s_k}g_2^{c_k}\}_{k\in[p]},\left\{\left(h_0\prod_{i=1}^{n}h_i^{z_i}\right)^{s_k}\cdot g_2^{c_k(a_0+\sum_{i=1}^{n}a_iz_i)}\right\}_{k\in[p]}\right)。$$

这是半功能密文。

阶段 2：$\mathcal{A}$继续进行$\mathcal{O}$-PrivateKey($\mathbb{A}$)和$\mathcal{O}$-KeyUpd($\mathbb{A}$)询问。需要满足的限制是任何要进行询问的访问结构$\mathbb{A}$不能被属性集 S^* 满足。

猜测：$\mathcal{A}$输出猜测 $\beta'\in\{0,1\}$。如果 $\beta'=\beta$，$\mathcal{A}$赢得游戏。

如果 $T_k\in G$，第 d 个私钥 $SK_{\mathbb{A}}$ 是恰当的半功能私钥且挑战密文是半功能密文。

如果 $T_k\in G_{p_1p_3}$，第 d 个私钥 $SK_{\mathbb{A}}$ 是正常私钥且挑战密文是半功能密文。

概率分析：如果 $T_k\in G$，$\mathcal{B}$模拟 $\text{Game}_{d,1}$。如果 $T_k\in G_{p_1p_3}$，$\mathcal{B}$模拟 $\text{Game}_{d-1,2}$。因此，$\mathcal{B}$破坏假设 5 的优势为：

$$|\Pr[\mathcal{B}(D,T\in G_{p_1p_3})=0]-\Pr[\mathcal{B}(D,T\in G)=0]|$$

$$=|Adv_{\mathcal{A}}^{\text{Game}_{d,1}}-Adv_{\mathcal{A}}^{\text{Game}_{d-1,2}}|\geqslant\varepsilon。$$

这和假设 5 矛盾。引理 4 - 8 证毕。

引理 4 - 9　如果假设 5 成立，对于敌手来说，游戏 $\text{Game}_{d,1}$和 $\text{Game}_{d,2}$是不可区分的，其中 $d\in[q]$。

证明：反证法，假设存在一个敌手$\mathcal{A}$能以不可忽略的优势区分游戏 $\text{Game}_{d,1}$和 $\text{Game}_{d,2}$，挑战者$\mathcal{B}$以不可忽略的优势来破坏假设 5。给定 $D=(\Omega,g_1,(X_{1,k}X_{2,k})_{k\in[p]},X_3,Y_2Y_3)$和 T_k($T_k\in G$ 或 $T_k\in G_{p_1p_3}$)，$\mathcal{B}$和$\mathcal{A}$模拟 $\text{Game}_{d,1}$和 $\text{Game}_{d,2}$如下：

初始化：$\mathcal{B}$随机选择 $a_0,a_1,\cdots,a_n\in Z_N$，$\alpha_i\in Z_N$，$\forall i\in[p]$。$\mathcal{B}$设置 $h_0=$

$g_1^{a_0}, h_1 = g_1^{a_1}, \cdots, h_n = g_1^{a_n}$ 和 $y_i = e(g_1, g_1)^{\alpha_i}$。主私钥为 $MSK = \{\alpha_1, \cdots, \alpha_p\}$。主公钥为 $MPK = (\Omega, g_1, g_3, h_0, h_1, \cdots, h_n, e(g_1, g_1)^{\alpha_i}, \forall i \in [p])$。

阶段 1:对于私钥询问,除了对第 u 个私钥回应与引理 4-8 不同,$\mathcal{B}$的其他回应与引理 4-8 一样。对第 u 个私钥回应如下:

对于 $u=d$,$\mathcal{B}$随机选择 $v'_2, \cdots, v'_m \in Z_p$ 并组成向量 $v' = \left(\sum_{i\in[p]} \alpha_i, v'_2, \cdots, v'_m\right)$。对于每个 $i \in [l]$,用 Q_i 表示$[n] \backslash \{\rho(i)\}$。对于$\mathcal{A}$的每行$\mathcal{A}_i$,$\mathcal{B}$随机选择 $r_i \in Z_N$ 和 $R_i, R'_i, \{R_{i,j}\}_{j\in Q_i} \in G_{p_3}$。然后,$\mathcal{B}$随机选择 $\omega' \in Z_n^m$ 使得 $\omega' \cdot (1, \cdots, 1) = 0$。$\mathcal{B}$计算:

$$SK_{\mathbb{A}} = ((\mathcal{A}, \rho, \mathcal{T}), \{\{D_{k,i}\}_{k\in[p]}, \{D'_{k,i}\}_{k\in[p]}, \{D_{i,j}\}_{j\in Q_i}\}_{i\in[l]})$$
$$= ((\mathcal{A}, \rho, \mathcal{T}), \{\{ g_1^{\alpha_k / \sum_{k\in[p]} \alpha_k \mathcal{A}_i v'} (Y_{2,k} Y_{3,k})^{\alpha_k / \sum_{k\in[p]} \alpha_k \mathcal{A}_i \omega} T_k^{\gamma_{k,i}(a_0 + a_{\rho(i)} t_{\rho(i)})} R_{k,i}\}_{k\in[p]},$$
$$\{T_k^{\gamma_{k,i}} R'_{k,i}\}_{k\in[p]}, \{T_k^{\gamma_{k,i} a_j} R_{i,j}\}_{j\in Q_i}\}_{i\in[l]})。$$

如果 $T_k \in G$,不妨令 $T_k = g_1^{r_k} g_2^{d_k} R_k$。这样,私钥 $SK_{\mathbb{A}}$ 为:

$$SK_{\mathbb{A}} = ((\mathcal{A}, \rho, \mathcal{T}), \{\{D_{k,i}\}_{k\in[p]}, \{D'_{k,i}\}_{k\in[p]}, \{D_{i,j}\}_{j\in Q_i}\}_{i\in[l]})$$
$$= ((\mathcal{A}, \rho, \mathcal{T}), \{\{ g_1^{\alpha_k / \sum_{k\in[p]} \alpha_k \mathcal{A}_i v'} (Y_{2,k} Y_{3,k})^{\alpha_k / \sum_{k\in[p]} \alpha_k \mathcal{A}_i \omega} T_k^{\gamma_{k,i}(a_0 + a_{\rho(i)} t_{\rho(i)})} R_{k,i}\}_{k\in[p]},$$
$$\{T_k^{\gamma_{k,i}} R'_{k,i}\}_{k\in[p]}, \{T_k^{\gamma_{k,i} a_j} R_{i,j}\}_{j\in Q_i}\}_{i\in[l]})$$
$$= ((\mathcal{A}, \rho, \mathcal{T}), \{\{ g_1^{\alpha_k / \sum_{k\in[p]} \alpha_k \mathcal{A}_i v'} (Y_{2,k} Y_{3,k})^{\alpha_k / \sum_{k\in[p]} \alpha_k \mathcal{A}_i \omega}$$
$$(g_1^{r_k} g_2^{d_k} R_k)^{\gamma_{k,i}(a_0 + a_{\rho(i)} t_{\rho(i)})} R_{k,i}\}_{k\in[p]},$$
$$\{(g_1^{r_k} g_2^{d_k} R_k)^{\gamma_{k,i}} R'_{k,i}\}_{k\in[p]}, \{(g_1^{r_k} g_2^{d_k} R_k)^{\gamma_{k,i} a_j} R_{i,j}\}_{j\in Q_i}\}_{i\in[l]}$$
$$= ((\mathcal{A}, \rho, \mathcal{T}), \{\{ g_1^{\alpha_k / \sum_{k\in[p]} \alpha_k \mathcal{A}_i v'} (h_0 h_{\rho_i}^{t_{pi}})^{r_k \gamma_{k,j}} g_2^{\delta_k + d_k \gamma_{k,i}(a_0 + a_{\rho(i)} t_{\rho(i)})}$$
$$Y_{3,k}^{\alpha_k / \sum_{k\in[p]} \alpha_k \mathcal{A}_i v'} R_k^{\gamma_{k,i}(a_0 + a_{\rho(i)} t_{\rho(i)})} R_{k,i}\}_{t\in[p]},$$
$$\{g_1^{r_k \gamma_{k,i}} g_2^{r_k \gamma_{k,i}} R_k^{\gamma_{k,i}} R'_{k,i}\}_{k\in[p]}, \{g_1^{r_k \gamma_{k,i} a_j} g_2^{d_k \gamma_{k,i} a_j} R_k^{\gamma_{k,i} a_j} R_{i,j}\}_{j\in Q_i}\}_{i\in[l]})。$$

其中,$\delta_k = \log_{g_2}^{Y_{2,k}} \left(\alpha_k / \sum_{k\in[p]} \alpha_k\right) \mathcal{A} \omega$。这是类型Ⅰ半功能私钥。

如果 $T_k \in G_{p_1 p_3}$,私钥 $SK_{\mathbb{A}}$ 是类型Ⅱ半功能私钥。

当$\mathcal{A}$进行泄漏询问$\mathcal{O}$-Leak$(f, \mathbb{A})$,$\mathcal{B}$用 $f(MPK, MSK, \mathcal{L}, \mathbb{A})$来回应。注意到$\mathcal{L}$中的每项对应的私钥都是类型Ⅱ半功能私钥。

当$\mathcal{A}$进行私钥更新询问$\mathcal{O}$-KeyUpd$(\mathbb{A})$,$\mathcal{B}$用类型Ⅱ半功能私钥回应并在$\mathcal{L}$中用$(i, SK'_{\mathbb{A}}, \mathbb{A})$来更新$(i, SK_{\mathbb{A}}, \mathbb{A})$。

挑战：敌手给$\mathcal{B}$两个等长消息 M_0 和 M_1 与一个属性集 S^*。$\mathcal{B}$随机选择$\beta\in\{0,1\}$并做如下操作：

(1) 划分 S^* 为$\{z_1,\cdots,z_n\}$并计算：

$$C=M_\beta\prod_{k=1}^{p}e(g_1^{a_i},X_{1,k},X_{2,k}),\{C_{k,0}=,X_{1,k},X_{2,k}\}_{k\in[p]},$$

$$\{C_{k,1},X_{1,k},X_{2,k}\}^{a_0+\sum_{i=1}^{n}a_iz_i}\}_{k\in[p]}。$$

(2) $\mathcal{B}$发送密文$CT=(S^*,C,\{C_{k,0}\}_{k\in[p]},\{C_{k,1}\}_{k\in[p]})$给敌手$\mathcal{A}$。

假定$X_{1,k}X_{2,k}=g_1^{s_k}g_2^{c_k}$，可得：

$$\begin{aligned}CT&=(S^*,C,\{C_{k,0}\}_{k\in[p]},\{C_{k,1}\}_{k\in[p]})\\&=\left(S^*,M_\beta\prod_{k=1}^{p}e(g_1^{a_i},g_1^{s_k}g_2^{c_k}),\{g_1^{s_k}g_2^{c_k}\}_{k\in[p]},\{(g_1^{s_k}g_2^{c_k})^{a_0+\sum_{i=1}^{n}a_iz_i}\}_{k\in[p]}\right)\\&=\left(S^*,M_\beta\prod_{k=1}^{p}e(g_1^{a_i},g_1^{s_k}),\{g_1^{s_k}g_2^{c_k}\}_{k\in[p]},\left\{\left(h_0\prod_{i=1}^{n}h_i^{z_i}\right)^{s_k}\cdot\right.\right.\\&\qquad\left.\left.g_2^{c_k(a_0+\sum_{i=1}^{n}a_iz_i)}\right\}_{k\in[p]}\right)。\end{aligned}$$

这是一个半功能密文。

阶段 2：$\mathcal{A}$进行$\mathcal{O}$-PrivateKey($\mathbb{A}$)和$\mathcal{O}$-KeyUpd($\mathbb{A}$)询问。需要满足的限制是任何要进行询问的访问结构$\mathbb{A}$不能被属性集 S^* 满足。

猜测：$\mathcal{A}$输出关于 β 的猜测$\beta'\in\{0,1\}$。如果$\beta'=\beta$，$\mathcal{A}$赢得游戏。

如果 $T\in G$，$\mathcal{B}$模拟 $\mathrm{Game}_{d,1}$。如果 $T_k\in G_{p_1p_3}$，$\mathcal{B}$模拟 $\mathrm{Game}_{d,2}$。

概率分析：如果 $T_k\in G$，$\mathcal{B}$ 模拟 $\mathrm{Game}_{d,1}$。如果 $T_k\in G_{p_1p_3}$，$\mathcal{B}$ 模拟 $\mathrm{Game}_{d,2}$。因此，$\mathcal{B}$破坏假设 5 的优势为：

$$\begin{aligned}&|\Pr[\mathcal{B}(D,T\in G_{p_1p_3})=0]-\Pr[\mathcal{B}(D,T\in G')=0]|\\&=|Adv_A^{\mathrm{Game}_{d,1}}-Adv_A^{\mathrm{Game}_{d,2}}|\geqslant\varepsilon。\end{aligned}$$

这和假设 5 矛盾，引理 4-9 证毕。

引理 4-10　如果假设 6 成立，对于敌手来说，游戏 $\mathrm{Game}_{q,2}$ 和 Game_F 是不可区分的。

证明：反证法，假设存在一个敌手$\mathcal{A}$能以不可忽略的优势区分游戏 $\mathrm{Game}_{q,2}$ 和 Game_F，挑战者$\mathcal{B}$以不可忽略的优势来破坏假设 6。给定 $D=(\Omega,g_1,(g_1^{a_k}X_2)_{k\in[p]},X_3,(g_1^{s_k}Y_2)_{k\in[p]},Z_2)$ 和 $T\left(T=\prod_{k=1}^{p}e(g_1,g_1)^{a_ks_k}\right.$ 或 $T\in$

$G'\big)$，$\mathcal{B}$和$\mathcal{A}$模拟 $\text{Game}_{q,2}$ 和 Game_F 如下：

初始化：$\mathcal{B}$随机选择 $a_0, a_1, \cdots, a_n \in Z_N$ 和 $\alpha_i \in Z_N$，$\forall i \in [p]$。$\mathcal{B}$设置$h_0 = g_1^{a_0}, h_1 = g_1^{a_1}, \cdots, h_n = g_1^{a_n}$ 和 $y_i = e(g_1, g_1)^{\alpha_i}$。主私钥是 $MSK = \{\alpha_1, \cdots, \alpha_p\}$，主公钥是：$MPK = (\Omega, g_1, g_3, h_0, h_1, \cdots, h_n, e(g_1, g_1)^{\alpha_i}, \forall i \in [p])$。

阶段 1：对于每一个私钥询问，$\mathcal{B}$都用类型Ⅱ半功能私钥回应。$\mathcal{B}$具体操作如下：

(1) $\mathcal{B}$随机选择 $v_2, \cdots, v_m \in Z_p$ 并组成向量 $v = \Big(\sum_{i \in [p]} \alpha_i, v_2, \cdots, v_m\Big)$。$\mathcal{B}$随机选择 $\omega' \in Z_n^m$。

(2) 对于每个 $i \in [i]$，用 Q_i 来表示集合$[n] \backslash \{\rho(i)\}$。对于$\mathcal{A}$的每行$\mathcal{A}_i$，$\mathcal{B}$随机选择 $r_i \in Z_N$ 和$R_i, R'_i, \{R_{i,1}\}_{j \in Q_i} \in G_{p_3}$。

(3) 对于$\mathcal{A}$的每行$\mathcal{A}_i$，假设$\mathcal{A}_i = (\mathcal{A}_{i,1}, \mathcal{A}_{i,2}, \cdots, \mathcal{A}_{i,p}) \in Z_n^m$。$\mathcal{B}$计算私钥：

$$\begin{aligned} SK_{\mathbb{A}} &= ((\mathcal{A}, \rho, \mathcal{T}), \{\{D_{k,i}\}_{k \in [p]}, \{D'_{k,i}\}_{k \in [p]}, \{D_{i,j}\}_{j \in Q_i}\}_{i \in [l]}) \\ &= ((\mathcal{A}, \rho, \mathcal{T}), \{\{(g_1^{\alpha_k / \sum_{k \in [p]} \alpha_k} X_2)^{(\alpha_k / \sum_{k \in [p]} \alpha_k) \mathcal{A}_{i,1}} g_1^{(\alpha_k / \sum_{k \in [p]} \alpha_k) \sum_{l=2}^m \mathcal{A}_{i,1} v_l} g_2^{\mathcal{A}_i \omega'} \\ &\quad \cdot (h_0 h_{\rho_i}^{t_{p_i}})^{r_i} R_{k,i}\}_{k \in [p]}, \{g_1^{r'_i} R'_{k,i}\}_{k \in [p]}, \{h_j^{r_i} R_{i,k}\}_{j \in Q_i}\}_{i \in [l]})。 \end{aligned}$$

其中，$D_{k,i} = g_1^{(\alpha_k / \sum_{k \in [p]} \alpha_k) \mathcal{A}_i v} (h_0 h_{\rho_i}^{t_{p_i}})^{r_i} R_{k,i} g_2^{\mathcal{A}_i \omega' + \log_{g_2} X_2^{\alpha_k}}$，这是类型Ⅱ半功能私钥。

当$\mathcal{A}$进行泄漏询问$\mathcal{O}$-Leak$(f, \mathbb{A})$，$\mathcal{B}$用 $f(MPK, MSK, \mathcal{L}, \mathbb{A})$来回应，$\mathcal{L}$中每项对应的私钥均为类型Ⅱ半功能私钥。

当$\mathcal{A}$进行$\mathcal{O}$-KeyUpd$(\mathbb{A})$询问，$\mathcal{B}$用类型Ⅱ半功能私钥回应并在$\mathcal{L}$中用$(i, SK'_{\mathbb{A}}, \mathbb{A})$来更新$(i, SK_{\mathbb{A}}, \mathbb{A})$。

挑战：敌手发给$\mathcal{B}$两个等长消息 M_0 和 M_1 与一个属性集 S^*。$\mathcal{B}$随机选择 $\beta \in \{0,1\}$并进行如下操作：

(1) 划分 S^* 为$(z_1, \cdots, z_n)$并计算：

$$C = M_\beta T, \{C_{k,0} = g_1^{s_k} Y_2\}_{k \in [p]}, \Big\{C_{k,1} = \Big(h_0 \prod_{i=1}^n h_i^{z_i}\Big)^{s_k} = (g_1^{s_k} Y_2)^{a_0 + \sum_{i=1}^n a_i z_i}\Big\}_{k \in [p]}。$$

(2) $\mathcal{B}$发送密文 $CT = (S^*, C, \{C_{k,0}\}_{k \in [p]}, \{C_{k,1 k \in [p]}\})$给敌手$\mathcal{A}$。

假设 $g_1^{s_k} Y_2 = g_1^{s_k} g_1^{c_k}$，可得 $CT = (S^*, C, \{C_{k,0}\}_{k \in [p]}, \{C_{k,1}\}_{k \in [p]})$，其中

$$C = M_\beta T, \{C_{k,0} = g_1^{s_k} g_1^{c_k}\}_{k \in [p]}, \Big\{C_{k,1} = \Big(h_0 \prod_{i=1}^n h_i^{z_i}\Big)^{s_k} (g^{c_k (a_0 + \sum_{i=1}^n a_1 z_i)})\Big\}_{k \in [p]}。$$

如果 $T=\prod_{i=1}^{p}e(g_1,g_1)^{\alpha_i s_i}$，密文是关于挑战消息 M_β 的半功能密文；如果 $T\in G'$，密文是关于一个随机消息的半功能密文。因此，如果 $T=\prod_{i=1}^{p}e(g_1,g_1)^{\alpha_i s_i}$，$\mathcal{B}$模拟 $\mathrm{Game}_{q,2}$；如果 $T\in G'$，$\mathcal{B}$模拟 Game_F。

阶段 2：$\mathcal{A}$继续进行$\mathcal{O}$-PrivateKey($\mathbb{A}$)和$\mathcal{O}$-KeyUpd($\mathbb{A}$)询问。需要满足的限制是任何要进行询问的访问结构$\mathbb{A}$不能被属性集 S^* 满足。

猜测：$\mathcal{A}$输出关于 β 的猜测 $\beta'\in\{0,1\}$。如果 $\beta'=\beta$，$\mathcal{A}$赢得游戏。

概率分析：如果 $T=\prod_{i=1}^{p}e(g_1,g_1)^{\alpha_i s_i}$，$\mathcal{B}$模拟 $\mathrm{Game}_{q,2}$。如果 $T\in G'$，$\mathcal{B}$模拟 Game_F。因此，$\mathcal{B}$破坏假设 6 的优势为：

$$\left|\Pr\left[\mathcal{B}\left(D,T=\prod_{i=1}^{p}e(g_1,g_1)^{\alpha_i s_i}\right)=0\right]-\Pr[\mathcal{B}(D,T\in G')=0]\right|$$

$$=|Adv_A^{\mathrm{Game}_{q,2}}-Adv_A^{\mathrm{Game}_F}|\leqslant\varepsilon。$$

这和假设 6 矛盾，引理 4－10 证毕。

4.4 本章小结

提出了第一个具有持续泄漏弹性的分层基于属性加密(CLR-HABE)方案。使用密钥更新算法重新随机私钥，可以保证给出的方案具有持续泄漏弹性。通过混合论证和双系统加密技术，证明了该方案在标准模型下是抗泄漏安全的。最后，通过实验分析了层数和泄漏参数不同取值对提出方案的性能影响。

此外，提出了一个能抵抗持续辅助输入泄漏的密钥策略基于属性加密方案。通过构造一个更新算法来抵抗持续的泄漏。通过针对大数域的 Goldreich-Levin 定理和双系统加密技术证明了方案的安全性。

第五章

抗泄漏的基于证书加密方案

基于证书的密码体制(CBE)克服了IBE中的密钥分发和密钥托管问题,具有很好的应用价值。但是,基于证书的密码系统要考虑两类敌手,这增加了构造抗泄漏安全方案的难度。现有文献中抗泄漏方案主要是基于传统的公钥密码体制和基于身份密码体制。在基于证书的密码体制中还没有抗泄漏方案。本章首次给出了抗泄漏安全的基于证书加密方案的形式化定义和安全模型,提出了两个抗泄漏的基于证书加密方案,证明了方案的安全性,并通过实验对所提出的方案进行验证。

5.1 研究动机

2003年,Gentry[134]提出了基于证书的加密模式。这种新的密码体制兼具基于身份的密码体制与传统的公钥密码体制的优点。和传统的公钥密码体制相比,它不需要对证书进行第三方查询,从而简化了证书撤销问题。和基于身份的密码系统相比,它没有密钥分发和密钥托管问题。现有的基于证书加密方案,在基于完整的私钥在敌手攻击下是绝对保密的假设下,被证明是安全的。然而,实际的边信道攻击使攻击者能够容易地获得部分密钥信息,从而使上述假设无效。

受文献[20,135-142,206]启发,本章对基于证书加密模式,提出了抗泄漏安全的基于证书加密(LR-CBE)的形式化定义和安全模型,并构造了两个抗泄漏的基于证书加密方案。

第一,提出抗解密密钥泄漏的基于证书加密方案(LR-CBE)的形式化定义和安全模型,并构造第一个抗泄漏安全的基于证书加密方案。提出的方案是一个基于证书的密钥封装算法。封装的对称密钥用于加密消息且允许泄漏部分信息,通过二元提取器重新随机化对称密钥,以此来提供泄漏弹性。在随机预言模型中,证明给出的方案是安全的。

第二,受抗泄漏无证书加密[183]和基于证书加密[149]启发,给出抗持续泄漏的基于证书的加密方案(CLR-CBE)的形式化定义和安全模型,并提出抗持续泄漏的基于证书加密方案。提出的方案不仅可以抵抗解密密钥泄漏,而且还可以抵抗主私钥泄漏。利用双系统加密技术证明了提出方案在标准模型下的安全性,分析了抗泄漏性能和计算效率。方案中泄漏参数的不同取值,对各个算法的运行时间影响情况分析通过仿真实验进行验证。

5.2 抗对称密钥泄漏的基于证书加密方案

5.2.1 LR-CBE 形式化定义和安全模型

(1) LR-CBE 形式化定义

在基本模型[135-142,206]的基础上,受 Naor 和 Segev[20]启发,本节给出抗泄漏的基于证书加密方案的形式化描述,它包含六个算法:

初始化算法:输入安全参数 1^{κ},认证中心(CA)输出主私钥 MSK 和主公钥 MPK。CA 把 MPK 公开,且把 MSK 秘密保存。

用户密钥产生算法:输入 MPK,输出用户公钥 PK 和私钥 SK。

证书生成算法:输入身份 ID、主私钥 MSK、公开参数 MPK 和公钥 PK,CA 计算相应证书 $Cert_{ID}$ 并发给用户 ID。

对称密钥生成算法:输入 MPK、ID 和 PK,用户产生对称密钥 K 和相应的内部状态 ω,其中 K 和 ω 均不公开。

加密算法:输入 M、ID、K 和 ω,加密者输出对称密钥 K 的封装 Ψ 和用 K 对消息 M 的加密 C_M。加密者发送密文 $CT=(\Psi,C_M)$给解密者。

解密算法:输入 CT、$Cert_{ID}$ 和 SK,解密者计算对称密钥 K 并进一步通过 K 来获得明文 M。否则,输出无效标志 $\perp$。

初始化算法与证书生成算法由认证中心 CA 产生,其余的算法均由用户产生。系统的功能结构示意图如图 5-1。

(2) LR-CBE 的安全模型

考虑到密钥泄漏问题[20],给出 LR-CBE 的安全模型。

LR-CBE 安全模型包含两类敌手 $\mathcal{A}_1$ 和 $\mathcal{A}_2$。$\mathcal{A}_1$ 用来模拟不诚实的用户。$\mathcal{A}_1$ 没有主私钥,可以询问任何用户的私钥和进行公钥替换询问。$\mathcal{A}_1$ 可以得到除了目标用户之外的任何用户的证书。$\mathcal{A}_1$ 能够对目标密文之外的任何密文进行解密询问。$\mathcal{A}_2$ 用来模拟恶意的 CA。$\mathcal{A}_2$ 具有主私钥,能够产生任何用户证书,但是不能替换任何用户的公钥。$\mathcal{A}_2$ 也允许对除了目标用户之外的任何用户进行私钥询问且可以对除了目标密文之外的任何密文进行解密询问。LR-CBE 的安全性通过挑战者和敌手之间的游戏来体现。LR-CBE

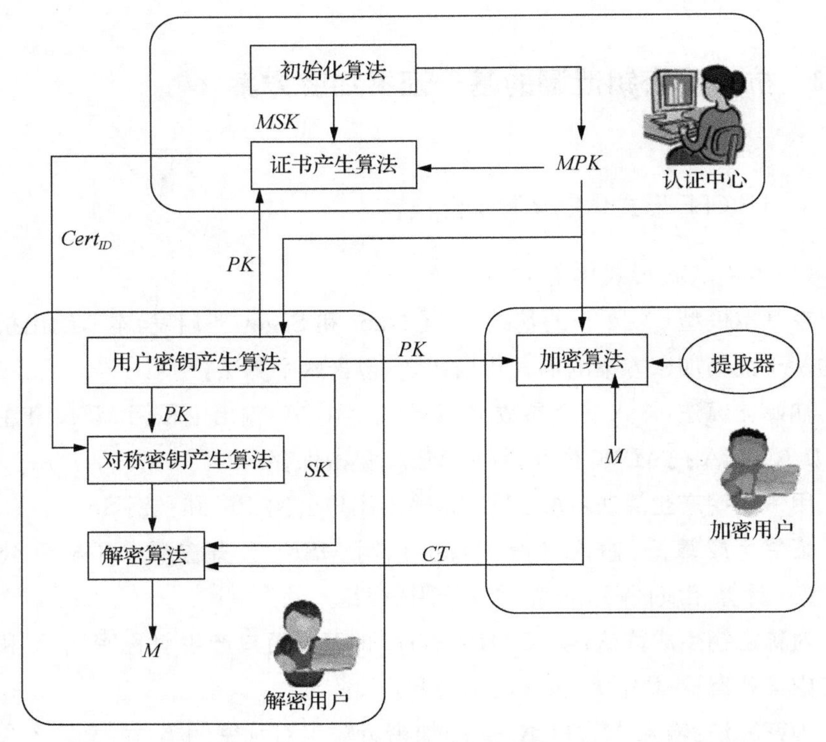

图 5-1　LR-CBE 系统功能结构示意图

的安全性具体定义如下：

游戏 1：

初始化： 挑战者$\mathcal{B}$运行初始化算法返回系统参数 MPK 给$\mathcal{A}_1$。

阶段 1： 挑战者$\mathcal{B}$维护一个列表 $L_0=\{ID_i, PK_i, SK_i, f_i\}$，用来记录身份 ID_i 对应的私钥、公钥。初始，列表为空。用户 ID_i 公钥如果没有被替换，则设置 $f_i=0$。否则，用户 ID_i 公钥若被替换，则设置 $f_i=1$。$\mathcal{A}_1$ 向$\mathcal{B}$进行下列询问：

公钥询问： $\mathcal{A}_1$ 查询关于身份 ID_i 的公钥。如果 ID_i 不在 L_0 中，$\mathcal{B}$运行密钥产生算法来产生 ID_i 的公私钥对(PK_i，SK_i)。然后，$\mathcal{B}$增加(ID_i，PK_i，SK_i，0)到列表 L_0 且返回 PK_i 给$\mathcal{A}_1$。如果(ID_i，PK_i，SK_i，f_i)已经在列表 L_0 中，$\mathcal{B}$直接返回 PK_i 给$\mathcal{A}_1$。

私钥询问： 敌手$\mathcal{A}_1$ 询问关于身份 ID_i 的私钥。如果 ID_i 对应的项不在列表 L_0 中，$\mathcal{B}$运行用户密钥产生算法来产生 ID_i 的公钥和私钥(PK_i，SK_i)。

然后,$\mathcal{B}$增加(ID_i,PK_i,SK_i,0)到列表 L_0 且返回 SK_i 给$\mathcal{A}_1$。如果(ID_i,PK_i,SK_i,f_i)已经存在列表 L_0 中,$\mathcal{B}$直接返回 SK_i 给$\mathcal{A}_1$。

公钥替换询问:$\mathcal{A}_1$ 随机选取公钥 PK'_i来替换身份 ID_i 的公钥。如果身份 ID_0 对应的项不在列表 L_0 中,$\mathcal{B}$增加(ID_i,PK'_i,$\perp$,1)到列表 L_0 中。否则,$\mathcal{B}$在 L_0 中更新身份 ID_i 对应的项为(ID_i,PK'_i,$\perp$,1)。

证书询问:敌手$\mathcal{A}_1$ 询问关于身份 ID_i 的证书。如果 ID_i 对应的项不在列表L_0 中,$\mathcal{B}$运行用户密钥产生算法来生成 ID_i 的公私钥对(PK_i,SK_i)。然后,$\mathcal{B}$增加(ID_i,PK_i,SK_i,0)到列表 L_0。如果(ID_i,PK_i,SK_i,f_i)已经存在 L_0 中,$\mathcal{B}$获得 PK_i。对这两种情况,$\mathcal{B}$以(MPK,MSK,ID_i,PK_i)为输入且运行证书产生算法来获得 $Cert_{ID_i}$ 并返回 $Cert_{ID_i}$ 给$\mathcal{A}_1$。

泄漏询问:给定身份 ID_i,敌手选择一个任意的泄漏函数 $f(\cdot)$,$f(\cdot)$ 把对称密钥作为输入。对 $f(\cdot)$唯一的限制是这个函数的输出长度是有界的。$\mathcal{B}$返还 $f(\cdot)$的输出给敌手$\mathcal{A}_1$。从这个泄漏函数的输出中获得的信息是关于对称密钥 K 的,K 是用来加密明文的。如果泄漏函数的输出是 λ 比特,则对称密钥 K 的熵就损失λ 比特,就说被封装的对称密钥泄漏 λ 比特。

解密询问:敌手$\mathcal{A}_1$ 对身份 ID_i 进行解密询问。$\mathcal{B}$在 L_0 中找出项(ID_i,PK_i,SK_i,f_i)。如果 $f_i=1$,$\mathcal{B}$要求$\mathcal{A}_1$ 提供相应的私钥。否则,$\mathcal{B}$从 L_0 中获得 SK_i。通过调用解密算法,$\mathcal{B}$首先得到对称密钥 K,然后用 K 来解密 CT 获得明文M 并返还给$\mathcal{A}_1$。

挑战阶段:$\mathcal{A}_1$ 选择目标身份 ID^*、等长的消息 M_0 和 M_1 并把它们发给挑战者。挑战者运行对称密钥产生算法获得对称密钥 K_1 且同时选择 $K_0 \in \kappa_D$(K_0 仅用于证明,κ_D 是对称密钥空间)。挑战者随机选取 $\beta \in \{0,1\}$、$u\{0,1\}^{\nu}$ 并运行加密算法。然后,挑战者发送对称密钥 K_1 的封装 Ψ^* 和密文$C_{M_\beta}=\mathrm{Ext}(K_1,u)\oplus M_\beta$ 给敌手$\mathcal{A}_1$(总密文是 $CT^*=(C_{M_\beta},\Psi^*)$)。

阶段 2:几乎与阶段 1 相同,除了还需满足限制条件:$\mathcal{A}_1$ 不能询问目标身份 ID^* 的证书和$\mathcal{A}_1$ 不能对(ID^*,CT^*)进行解密询问。

猜测:$\mathcal{A}_1$ 输出一个猜测 β'。如果 $\beta'=\beta$,$\mathcal{A}_1$ 在游戏中获胜。

$\mathcal{A}_1$ 在游戏中获胜的优势为 $Adv_{\text{LR-CBE}}^{\mathcal{A}_1}=|2\Pr[\beta'=\beta]-1|$。

如果没有 PPT 敌手$\mathcal{A}_1$ 能以不可忽略的优势赢得游戏 1,给出的 LR-CBE 称为针对自适应选择密文攻击是类型 Ⅰ 安全的。

游戏 2：

初始化：挑战者$\mathcal{B}$运行初始化算法获得主私钥 MSK 和主公钥 MPK，并发给敌手$\mathcal{A}_2$。

阶段 1：挑战者$\mathcal{B}$维持一个列表 $L_0=\{ID_i, PK_i, SK_i\}$，用来记录身份 ID_i 对应的私钥、公钥，列表初始为空。$\mathcal{A}_2$ 向$\mathcal{B}$进行如下询问。

公钥询问：$\mathcal{A}_2$ 询问身份 ID_i 的公钥 PK_i。如果 ID_i 对应的项不在列表 L_0 中，$\mathcal{B}$运行用户密钥产生算法生成身份 ID_i 的公钥、私钥对(PK_i, SK_i)并增加(ID_i, PK_i, SK_i)到 L_0 中。然后，$\mathcal{B}$返回 PK_i 给$\mathcal{A}_2$。如果(ID_i, PK_i, SK_i)在 L_0 中，$\mathcal{B}$直接返回 PK_i 给$\mathcal{A}_2$。

私钥询问：敌手$\mathcal{A}_2$ 询问关于身份 ID_i 的私钥。如果 ID_i 对应的项不在列表L_0 中，$\mathcal{B}$运行用户密钥产生算法生成身份 ID_i 的公钥、私钥对(PK_i, SK_i)并增加(ID_i, PK_i, SK_i)到 L_0 中。然后，$\mathcal{B}$返回 SK_i 给$\mathcal{A}_2$。如果(ID_i, PK_i, SK_i)在 L_0 中，$\mathcal{B}$直接返回 SK_i 给$\mathcal{A}_2$。

泄漏询问：给定身份 ID_i，敌手选择一个任意的泄漏函数 $f(\cdot)$，$f(\cdot)$把对称密钥作为输入。对 $f(\cdot)$唯一的限制是这个函数的输出长度是有界的。$\mathcal{B}$返还 $f(\cdot)$的输出给敌手$\mathcal{A}_2$。从这个泄漏函数的输出中获得的信息是关于被封装的对称密钥 K 的，K 是用来加密明文的。如果泄漏函数的输出是 λ 比特，则对称密钥 K 的熵就损失 λ 比特或称被封装的对称密钥泄漏 λ 比特。

解密询问：敌手$\mathcal{A}_2$ 对(ID_i, CT_i)进行解密询问。通过调用解密算法，$\mathcal{B}$首先得到对称密钥 K，然后用 K 来解密 CT 获得明文 M 并返回给$\mathcal{A}_2$；否则$\mathcal{B}$输出$\perp$表示失败。

挑战阶段：$\mathcal{A}_2$ 选择目标身份 ID^*、等长的消息 M_0 和 M_1 并把它们发给挑战者。对于身份 ID^*，挑战者运行对称密钥产生算法获得对称密钥 K_1 且同时选择 $K_0 \in \kappa_D$（K_0 仅用于证明，κ_D 是对称密钥空间）。挑战者随机选取 $\beta \in \{0,1\}$、$u \in \{0,1\}^v$ 并运行加密算法。然后，挑战者发送对称密钥 K_1 的封装 Ψ^* 和密文 $C_{M_\beta}=Ext(K_1, u) \oplus M_\beta$ 给敌手$\mathcal{A}_2$（总密文是 $CT^*=(C_{M_\beta}, \Psi^*)$）。

阶段 2：几乎与阶段 1 相同，除了满足额外的限制条件：$\mathcal{A}_2$ 不能询问目标身份 ID^* 的私钥和$\mathcal{A}_2$ 不能进行(ID^*, CT^*)的解密询问。

猜测：$\mathcal{A}_2$ 输出一个猜测 β'。如果 $\beta'=\beta$，$\mathcal{A}_2$ 赢得游戏。

$\mathcal{A}_2$ 在游戏中获得的优势为 $Adv_{\text{LR-CBE}}^{\mathcal{A}_2}=|2\Pr[\beta'=\beta]-1|$。

如果没有 PPT 敌手 $\mathcal{A}_2$ 能以不可忽略的优势赢得游戏 2，给出的 LR-CBE 方案称为针对自适应选择密文攻击是类型Ⅱ安全的。

5.2.2　LR-CBE 方案具体构造

受到文献[20,136]的启发，给出 LR-CBE 方案的具体构造。方案由以下 6 个算法组成。

初始化算法：G 是阶为素数 q 的加法循环群，P 是群 G 的一个生成元。G' 是一个阶为 q 的乘法循环群。存在一个可计算的双线性映射 $e:G\times G\to G'$。CA 选择两个哈希函数 $H_1:\{0,1\}^*\times G\times G\to G^*$ 和 $H_2:G\times\{0,1\}^*\to G^*$，其中 G^* 是群 G 的非零元集合。CA 随机选择 $s\in Z_q^*$ 作为主私钥并计算 $P_{pub}=sP$。CA 把 s 秘密保存。系统参数 $MPK=(G,G',q,e,P,P_{pub},H_1,H_2)$ 是公开的。

用户密钥产生算法：用户随机选择 $x\in Z^*$ 作为私钥 SK 并计算公钥 $PK=(PK_1,PK_2)=(xP,xP_{pub})$。

证书产生算法：以 (MPK,s,ID,PK) 作为输入，CA 计算 $Q_{ID}=H_1(ID,PK)$，证书 $Cert_{ID}=sH_1(ID,PK)=sQ_{ID}$。

对称密钥产生算法：信息发送方通过主公钥 MPK，接收方身份 ID 和公钥 PK 来产生封装的对称密钥和内部临时信息 ω。首先，发送者验证是否 $e(PK_1,PK_{pub})=e(PK_2,P)$。如果不等，算法输出 $\perp$ 并停止执行。否则，发送者计算 $Q_{ID}=H_1(ID,PK)$ 并随机选择 $r\in Z_q^*$ 来计算 $K=e(Q_{ID},PK_2)^r$，$C_1=rP$，$\omega=(r,C_1)$。

加密算法：输入 $\omega=(r,C_1)$、K 和消息 M，该算法选择一个随机值 u 并计算 $W=H_2(C_1,u)$，$C_2=rW$，$C_3=\text{Ext}(K,u)\oplus M$（Ext 为一个二元提取器），$C_4=u$。最后，返回密文 $CT=(C_1,C_2,C_3,C_4)$，其中 (C_1,C_2) 是对称密钥 K 的封装。

解密算法：收到密文后，接收者首先划分 $CT=(C_1,C_2,C_3,C_4)$ 并计算 $W=H_2(C_1,C_4)$。只要 (P,C_1,W,C_2) 是 Diffie-Hellman 元组，CT 就是正确的密文。当 CT 有效时，接收者计算 $K=e(C_1,SK\cdot Cert_{ID})$ 和 $M=C_3\oplus$

$\text{Ext}(K,C_4)$。否则,CT 无效。

正确性:

$K=e(C_1,SK\cdot Cert_{ID})=e(rP,xsQ_{ID})=e(xsP,Q_{ID})^r=e(PK_2,Q_{ID})^r=e(Q_{ID},PK_2)^2$,

$\text{Ext}(K,C_4)\oplus C_3=\text{Ext}(K,C_4)\oplus\text{Ext}(K,u)\oplus M=\text{Ext}(K,u)\oplus\text{Ext}(K,u)\oplus M=M$。

5.2.3 安全性证明

定理 5-1 如果存在一个 PPT 敌手$\mathcal{A}_1$:在对称密钥有 λ 比特泄漏的情况下,进行至多 q_C 次证书询问和至多 q_D 次解密询问,能以 ε 优势区分游戏 1 中的密文,那么,可以得到如下结论:

如果目标身份 ID^* 的公钥没有被替换,挑战者$\mathcal{B}$在多项式时间内能以优势 $\varepsilon'\geqslant\frac{\varepsilon}{\rho(1+q_C)}-\frac{2^\lambda q_D}{q}\left(\rho=\left(\frac{q_C}{q_C+1}\right)^{q_C}\right)$破坏假设 8(解决 DBDH 困难问题)。

如果目标身份 ID^* 的公钥被替换,挑战者$\mathcal{B}$在多项式时间内能以优势 $\varepsilon'\geqslant\frac{\varepsilon}{\rho(1+q_C)}-\frac{2^\lambda q_D}{q}\left(\rho=\left(\frac{q_C}{q_C+1}\right)^{q_C}\right)$破坏假设 9(解决 DGBDH 困难问题)。

证明:挑战者$\mathcal{B}$以(G,G',e,q,P,aP,bP,cP,T)为输入。$\mathcal{B}$作为挑战者和 $\mathcal{A}_1$ 交互。如果目标身份的公钥没有被替换,$\mathcal{B}$能解决 DBDH 困难问题。如果目标身份的公钥被替换,$\mathcal{B}$能解决 DGBDH 困难问题。$\mathcal{B}$维持三个列表 L_0,L_1 和 L_2(初始化均为空)。$\mathcal{B}$在这些表中记录敌手的询问。

初始化:$\mathcal{B}$设置 $P_{pub}=aP$ 并发送给敌手$\mathcal{A}_1$。

阶段 1:$\mathcal{B}$和敌手$\mathcal{A}_1$ 进行如下交互。

公钥询问:$\mathcal{B}$维持一个列表 $L_0=\{ID_i,PK_i=(PK_{i1},PK_{i2}),SK_i,f_i\}$记录用户的公私钥,其中 $f_i=0$ 表明用户的公钥没有被替换,$f_i=1$ 表明用户的公钥被替换。列表初始为空。$\mathcal{A}_1$ 询问身份 ID_i 的公钥。如果 ID_i 对应的项在 L_0 中,$\mathcal{B}$直接返回 ID_i 对应的公钥 PK_i 给$\mathcal{A}_1$。如果 ID_i 对应项不在 L_0 中,$\mathcal{B}$随机选择 $x_i\in Z_q^*$ 并计算 $PK_i=(PK_{i1},PK_{i2})=(x_iP,x_i(aP))$。$\mathcal{B}$返回 PK_i 给$\mathcal{A}_1$ 并增加$(ID_i,PK_i,x_i,0)$到列表 L_0 中。

私钥询问:当$\mathcal{A}_1$ 询问身份 ID_i 的用户私钥时,$\mathcal{B}$检查(ID_i,PK_i,SK_i,f_i)是否在列表 L_0 中。如果在 L_0 中且 $f_i=1$,$\mathcal{B}$拒绝回答。如果在 L_0 中且

$f_i=0$，$\mathcal{B}$返回私钥 SK_i 给$\mathcal{A}_1$。如果不在 L_0 中，$\mathcal{B}$随机选择 $x_i\in Z_q^*$ 并计算 $PK_i=(PK_{i1},PK_{i2})=(x_iP,x_i(aP))$。$\mathcal{B}$返回 x_i 给$\mathcal{A}_1$ 并增加$(ID_i,PK_i,x_i,0)$到列表 L_0 中。

公钥替换询问：敌手$\mathcal{A}_1$ 提交公钥替换询问(ID_i,PK'_i)。$\mathcal{B}$检查是否 $e(P_{pub},PK'_{i1})=e(P,PK'_{i2})$。如果不等，$\mathcal{B}$输出$\perp$表示询问无效。否则，$\mathcal{B}$检查是否 ID_i 在 L_0 中。如果不在 L_0 中，$\mathcal{B}$增加$(ID_i,PK'_i,\perp,1)$到 L_0 中。否则，$\mathcal{B}$在 L_0 中用$(ID_i,PK'_i,\perp,1)$更新$(ID_i,PK_i,SK_i,0)$。

H_1 询问：$\mathcal{A}_1$ 针对(ID_i,PK_i)进行 H_1 询问。$\mathcal{B}$抛掷硬币 $coin_{ID_i}$（$coin_{ID_i}\in\{0,1\}$，$\Pr[coin_{ID_i}=0]=\delta=1-1/(q_c+1)$）并维持一个列表 $L_1=\{coin_{ID_i},ID_i,PK_i,b_i,Q_{ID_i},Cert_{ID_i},f_i\}$。如果 $coin_{ID_i}=0$，$\mathcal{B}$选择 $b_i\in Z_q^*$ 使得 $Q_{ID_i}=b_iP=H_1(ID_i,PK_i)$；然后，$\mathcal{B}$返回 Q_{ID_i} 给$\mathcal{A}_1$ 且增加$(0,ID_i,PK_i,b_i,Q_{ID_i},Cert_{ID_i},f_i)$到列表 L_1 中。如果 $coin_{ID_i}=1$，q_D 选择 $b_i\in Z_Q^*$ 使得 $Q_{ID_i}=b_i(bP)=H_1(ID_i,PK_i)$；然后，$\mathcal{B}$返回 Q_{ID_i} 并增加$(1,ID_i,PK_i,b_i,Q_{ID_i},Cert_{ID_i},f_i)$到 L_i 中。

H_2 询问：$\mathcal{B}$维护列表 $L_2=\{t_j,C_{j1},u_j,W_j\}$（初始化为空）。敌手$\mathcal{A}_1$ 对(C_{j1},u_j)进行 H_2 询问。$\mathcal{B}$选择 $t_j\in Z_q^*$ 使得 $W_j=H_2(C_{j1},u_j)=t_j(aP)$并增加$(t_j,C_{j1},u_j,W_j)$到列表 L_2 中。

证书询问：$\mathcal{A}_1$ 询问关于(ID_i,PK_i)的证书（假定此前已经进行过用户 ID_i 的公钥询问和 H_1 询问）。如果 ID_i 相应的证书在 L_1 中，$\mathcal{B}$返回证书给$\mathcal{A}_1$。否则，当 $coin_{ID_i}=0$ 时，$\mathcal{B}$返回证书 $Cert_{ID_i}=sQ_{ID_i}=b_i(aP)=(b_iP)$，当 $coin_{ID_i}=1$ 时，$\mathcal{B}$终止游戏，输出失败。

泄漏询问：给定身份 ID 和一个任意泄漏函数 $f(\cdot)$，挑战者以对称密钥 K 为输入来计算 $f(K)$并把函数输出 $f(K)$返回给敌手。在这个询问中，敌手主要获得关于对称密钥 K 的信息。如果从函数的输出 $f(K)$中获得的信息是 λ 比特，就说对称密钥 K 的熵损失 λ 比特。

解密询问：针对(ID_i,PK_i)，敌手询问关于密文 $CT_j=(C_{j1},C_{j2},C_{j3},C_{j4})$的解密，$\mathcal{B}$进行如下回应。

情况 1：如果 $f_i=0$ 且(C_{j1},u_j)在 L_2 中，$\mathcal{B}$在 $L_2=\{t_j,C_{j1},u_j,W_j\}$查找$(C_{j1},u_j)$并检查$(P,C_{j1},t_j(aP),C_{j2})$是否为 Diffie-Hellman 元组。如果不是 Diffie-Hellman 元组，$\mathcal{B}$输出失败。否则，$\mathcal{B}$计算 K_j 如下：

假如 $coin_{ID_i}=0$，$\mathcal{B}$计算 $K_j=e(C_{j1},x_ib_i(aP))$。

假如 $coin_{ID_i}=1$，尽管从 $C_{j1}=r_jP$ 中$\mathcal{B}$不知 r_j，但是$\mathcal{B}$知道 $C_{j2}=r_jH_2(C_{j1},u_j)$并可以用此来计算 $e(C_{j1},SK\cdot Cert_{ID_i})=e(r_jP,x_ib_i(abP))=e(bP,x_ib_i(r_jt_jaP))^{1/t_j}$。因此 $K_j=e\left(bP,\frac{x_ib_i}{t_j}C_{j2}\right)$。

最后，$\mathcal{B}$计算 $M_j=Ext(K_j,u_j)\oplus C_{j3}$且发送给敌手$\mathcal{A}_1$。

情况 2：如果 $f_i=1$，当$\mathcal{A}_1$ 没能提供相应私钥时，$\mathcal{B}$拒绝反馈一个有效值。当$\mathcal{A}_1$ 提供相应私钥时，$\mathcal{B}$按情况 1 的方式解密密文。

挑战：当敌手$\mathcal{A}_1$ 决定阶段 1 结束时，$\mathcal{A}_1$ 选择目标身份 ID^*、等长消息 M_0 和 M_1 并发送给$\mathcal{B}$。$\mathcal{B}$进行如下操作：如果 $coin_{ID_i^*}=0$，$\mathcal{B}$输出失败并终止游戏。否则，如果 $f^*=0$，$\mathcal{B}$计算 $C_1^*=(x^*)^{-1}(b^*)^{-1}(cP)$；如果 $f^*=1$，$\mathcal{B}$计算 $C_1^*=(b^*)^{-1}(cP)$。对于一个随机值 u^*，$\mathcal{B}$选择 $t^*\in Z_q^*$，使得 $H_2(C_1^*,u^*)=t^*P$，$C_2^*=t^*C_1^*$。$\mathcal{B}$随机选择 $\beta\in\{0,1\}$并计算 $C_{\beta3}^*=Ext(K_\beta^*,u^*)\oplus M_\beta$，其中 $K_\beta^*=T\in G'$。$\mathcal{B}$返回密文 $CT_\beta^*=(C_1^*,C_2^*,C_{\beta3}^*,C_4^*)$给$\mathcal{A}_1$。

阶段 2：这个阶段与阶段 1 类似，除了额外的限制：$\mathcal{A}_1$ 不能询问目标用户 ID^* 的证书且不能询问目标密文 CT^* 的解密。

猜测：$\mathcal{A}_1$ 输出关于 β 的猜测 $\beta'\in\{0,1\}$，其中 $\beta'=1$ 表示 M_β 是正确的密文，进一步表明 K_β^* 是正确的对称密钥。$\mathcal{B}$得到这样结论的原因如下：

(1) 如果$\mathcal{A}_1$ 没有替换目标用户公钥，$\mathcal{B}$把 β' 作为自己的输出 β''。$\beta'=1$ 表明$\mathcal{B}$猜出 $T=e(P,P)^{abc}$。也就是说，$\mathcal{B}$解决 DBDH 困难问题。

(2) 如果敌手$\mathcal{A}_1$ 已经用(PK_1',PK_2')替换了目标用户的公钥，$\mathcal{B}$把 β' 作为自己的输出 β''。假如 $\beta'=1$，$\mathcal{B}$输出$(\beta''=1,PK_1')$表明$\mathcal{B}$能猜出 $T=e(P,PK_1')^{abc}$。也就是说，$\mathcal{B}$解决了 DGBDH 困难问题。假如 $\beta'=1$，$\mathcal{B}$输出 $\beta''=0$ 表明$\mathcal{B}$没有解决 DGBDH 困难问题。

分析：如果敌手$\mathcal{A}_1$ 没有替换目标用户的公钥，$\mathcal{A}_1$ 解密密文 $CT_\beta^*=(C_1^*,C_2^*,C_{\beta3}^*,C_4^*)$并能获得 $K_1^*=e(C_1^*,SK^*\,Cert_{ID^*}^*)=e((x^*)^{-1}(b^*)^{-1}(cP),x^*b^*abP)=e(P,P)^{abc}$。$K_0^*\in G'$是随机选取的。$\mathcal{B}$选择 $t^*\in Z_q^*$ 使得 $H_2(C_1^*,u^*)=t^*P$ 且得到 $C_2^*=t^*C_1^*$。$\mathcal{B}$计算 $C_{\beta3}^*=Ext(K_\beta^*,u^*)\oplus M_\beta$。$\mathcal{B}$获得密文 $CT_\beta^*=(C_1^*,C_2^*,C_{\beta3}^*,C_4^*)$并返回给敌手$\mathcal{A}_1$。敌手$\mathcal{A}_1$ 输出 $\beta'\in\{0,1\}$作为对 β 的猜测。$\beta'=1$ 表示对称密钥 $T=e(P,P)^{abc}$ 被用来加密消息；$\beta'=0$ 表示 T 是一个随机值被用来加密消息。这样的话，$\mathcal{B}$可以把 β' 作为自

己的输出β''。$\beta'=1$表明$\mathcal{B}$猜出$T=e(P,P)^{abc}$。否则，$\mathcal{B}$没有猜到$T=e(P,P)^{abc}$。如果在这个游戏中$\mathcal{A}_1$能区分CT_β^*，$\mathcal{B}$可以解决DBDH困难问题。

如果敌手$\mathcal{A}_1$已经用$PK'=(PK'_1,PK'_2)=(x'P,x'P_{pub})$替换用户的公钥。通过解密算法，可以得到对称密钥$K_1^*=e((b^*)^{-1}(cP),x'b^*abP)=e(x'P,P)^{abc}=e(PK'_1,P)^{abc}$。$K_0^*\in G'$是挑战者随机选取的。

$\mathcal{B}$返回密文$K_\beta^*=(C_1^*,C_2^*,C_{\beta 3}^*,C_4^*)$给敌手$\mathcal{A}_1$。$\mathcal{A}_1$输出$\beta'\in\{0,1\}$作为对$\beta$的猜测。$\beta'=1$表示$T=e(PK'_1,P)^{abc}$是用于加密消息的对称密钥。$\beta'=0$表明一个随机选取的值$T$被用来加密消息。这样的话，$\mathcal{B}$把$\beta'$作为自己的输出$\beta''$。$\beta'=1$表明$\mathcal{B}$猜出$T=e(PK'_1,P)^{abc}$，否则，$\mathcal{B}$没有猜出$T=e(PK'_1,P)^{abc}$。如果$\mathcal{A}_1$能区分出$CT_\beta^*$，$\mathcal{B}$能解决DGBDH困难问题。

概率分析：在解密询问中，如果元组$(P,C_{j1},t_j(aP),C_{j2})$不是Diffie-Hellman元组，密文是无效的(换言之，一个随机的对称密钥被用来加密消息)。用符号$View$表示所有变量的联合分布。在没有泄漏的时候，文献[207]表明$\widetilde{H}_\infty(\mathcal{A}_1|View)\geqslant\log(p)$。这样，每次解密询问中敌手接收无效密文的概率为$2^{-\widetilde{H}_\infty(\mathcal{A}_1|View)}\leqslant 2^{-\log(p)}=1/p$。当对称密钥泄漏$\lambda$比特信息时，根据引理1，可得$\widetilde{H}_\infty(\mathcal{A}_1|(View,Leak))\geqslant\log(p)-\lambda$。这样，每次解密询问中敌手接收无效密文的概率为$2^{-\widetilde{H}_\infty(\mathcal{A}_1|(View,Leak))}\leqslant 2^{-(\log(p)-\lambda)}=2^\lambda/p$。经过$q_D$次解密询问无效密文被接收的概率为$2^\lambda q_D/p$。用$\bar{E}$表示事件：$\mathcal{B}$没有终止游戏；用$E_1$表示事件：当$coin_{ID_i}=1$时，敌手$\mathcal{A}_1$询问$(ID_i,PK_i)$的证书；用$E_2$表示事件：当$coin_{ID_i}=0$时，敌手$\mathcal{A}_1$选择目标身份。可以得到：

$\Pr[\bar{E}]=\Pr[(\neg E_1)\wedge(\neg E_2)]=\delta^{q_C}(1-\delta)\geqslant\frac{1}{\rho(q+q_C)})$，其中$\rho=\left(\frac{q_C}{q_C+1}\right)^{q_C}$。

因此，$\mathcal{B}$解决DGBDH困难问题的优势为$\varepsilon'\geqslant\frac{\varepsilon}{\rho(1+q_C)}-\frac{2^\lambda q_D}{q}$，其中$\rho=\left(\frac{q_C}{q_C+1}\right)^{q_C}$。

定理5-2　在随机预言模型中，如果存在一个PPT敌手$\mathcal{A}_2$：在对称密钥有λ比特的泄漏时，进行至多q_{SK}次私钥询问和至多q_D次解密询问，能以ε优势区分游戏2中的密文，那么，可以得到如下结论：

挑战者$\mathcal{B}$在多项式时间内能以优势$\varepsilon' \geq \frac{\varepsilon}{\sigma(1+q_{SK})} - \frac{2^{\lambda} q_D}{q}$，$\left(\sigma = \left(\frac{q_{SK}}{q_{SK}+1}\right)^{q_{SK}}\right)$破坏假设9(解决DGBDH困难问题)。

证明：$\mathcal{B}$以$(G, G', e, q, P, aP, bP, cP, T)$为输入。$\mathcal{B}$将作为挑战者和$\mathcal{A}_2$进行交互。$\mathcal{B}$能通过$\mathcal{A}_2$解决DGBDH困难问题。为了回答的一致性，$\mathcal{B}$维持两个列表$L_0$和$L_1$(初始化为空)。$\mathcal{B}$用这些列表记录对敌手询问的回答。

初始化：$\mathcal{B}$选择$s \in Z_Q^*$，计算$P_{pub} = sP$并发送给敌手$\mathcal{A}_2$。

阶段1：$\mathcal{B}$与敌手$\mathcal{A}_2$交互如下：

公钥询问：$\mathcal{B}$维持一个列表$L_0 = \{coin_{ID_i}, ID_i, PK_i = (PK_{i1}, PK_{i2}), SK_i, x_i, b_i, Q_{ID_i}\}$用于记录用户的公私钥和一些相关信息。列表初始化为空。当$\mathcal{A}_2$询问关于ID_i的公钥时，$\mathcal{B}$进行如下回应。

(1) 如果ID_i在列表L_0中，$\mathcal{B}$直接返还公钥PK_i给$\mathcal{A}_2$。

(2) 如果ID_i不在L_0中，$\mathcal{B}$抛掷硬币$coin_{ID_i}$($coin_{ID_i} \in \{0,1\}$, $\Pr[coin_{ID_i} = 0] = \delta = 1 - 1/(q_{SK}+1)$)。如果$coin_{ID_i} = 0$，$\mathcal{B}$随机选择$x_i \in Z_q^*$并计算$PK_i = (PK_{i1}, PK_{i2}) = (x_i P, x_i(sP))$。$\mathcal{B}$返回$PK_i$给敌手$\mathcal{A}_2$并增加$(0, ID_i, PK_i, x_i, x_i, \perp, \perp)$到列表$L_0$中。如果$coin_{ID_i} = 1$，$\mathcal{B}$随机选择$x_i \in Z_q^*$，并计算$PK_i = (PK_{i1}, PK_{i2}) = (x_i bP, x_i(sbP))$。$\mathcal{B}$返回$PK_i$给$\mathcal{A}_2$并增加$(1, ID_i, PK_i, \perp, x_1, \perp, \perp)$到列表$L_0$中。

私钥询问：当$\mathcal{A}_2$询问关于身份ID_i的私钥时，$\mathcal{B}$检查$(coin_{ID_i}, ID_i, PK_i, SK_i, x_i, b_i, Q_{ID_i})$是否在$L_0$中。如果用户$ID_i$的私钥在$L_0$中且$coin_{ID_i} = 1$，$\mathcal{B}$终止游戏并输出失败。如果用户$ID_i$的私钥在$L_0$中且$coin_{ID_i} = 0$，$\mathcal{B}$返回私钥。如果用户$ID_i$的私钥不在$L_0$中，$\mathcal{B}$投掷硬币$coin_{ID_i}$。若$coin_{ID_i} = 0$，$\mathcal{B}$随机选择$x_i \in Z_q^*$并计算$PK_i = (PK_{i1}, PK_{i2}) = (x_i, P, x_i(sP))$。$\mathcal{B}$增加$(0, ID_i, PK_i, x_i, x_i, \perp, \perp)$到列表$L_0$中并返回$SK_i$给$\mathcal{A}_2$。如果$coin_{ID_i} = 1$，$\mathcal{B}$随机选择$x_i \in Z_q^*$并计算$PK_i = (PK_{i1}, PK_{i2}) = (x_i bP, x_i(sbP))$。$\mathcal{B}$增加$(1, ID_i, PK_i, \perp, x_i, \perp, \perp)$到列表$L_0$中。$\mathcal{B}$终止游戏并输出失败。

H_1询问：敌手$\mathcal{A}_2$对(ID_i, PK_i)进行H_i询问，$\mathcal{B}$进行如下回应。如果$coin_{ID_i} = 0$，$\mathcal{B}$随机选择$b_i \in Z_q^*$并计算$Q_{ID_i} = b_i P = H_1(ID_i, PK_i)$，$\mathcal{B}$返回$Q_{ID_i}$并在$L_1$中用新的项$(0, ID_i, PK_i, x_i, x_i, b_i, Q_{ID_i})$更新$(0, ID_i, PK_i, x_i, x_i, \perp, \perp)$。如果$coin_{ID_i} = 1$，$\mathcal{B}$随机选择$b_i \in Z_q^*$并计算$Q_{ID_i} = b_i(aP)$，$\mathcal{B}$返

回 $H_1(ID_i, PK_i)=Q_{ID_i}$ 且在列表 L_1 中用 $(1, ID_i, PK_i, \perp, x_i, b_i, Q_{ID_i})$ 更新 $(1, ID_i, PK_i, \perp, x_i, \perp, \perp)$。

H_2 询问：$\mathcal{B}$ 维持一个列表 $L_1=\{t_j, C_{j1}, u_j, W_j\}$，初始化为空。敌手 $\mathcal{A}_2$ 对 (C_{j1}, u_j) 进行 H_2 询问。$\mathcal{B}$ 随机选择 $t_j \in Z_q^*$，计算 $W_j=H_2(C_{j1}, u_j)=t_j(aP)$ 并增加 (t_j, C_{j1}, u_j, W_j) 到列表 L_1 中。

泄漏询问：给定身份 ID 和泄漏函数 $f(\cdot)$，挑战者得到函数的输出 $f(K)$（以对称密钥 K 为输入）并把 $f(K)$ 发给敌手。敌手主要获得关于对称密钥 K 的信息。如果敌手获得的信息是 λ 比特，就说对称密钥 K 的熵损失 λ 比特。

解密询问：对于 (ID_i, PK_i)，敌手询问密文 $CT_j=(C_{j1}, C_{j2}, C_{j3}, C_{j4})$ 的解密。$\mathcal{B}$ 在 $L_1=\{t_j, C_{j1}, u_j, W_j\}$ 中检查元组 $(P, C_{j1}, t_j(aP), C_{j2})$ 是否为 Diffie-Hellman 元组。如果不是，$\mathcal{B}$ 输出失败。否则，$\mathcal{B}$ 按如下方式计算 K_j：

(1) 如果 $coin_{ID_i}=0$，$\mathcal{B}$ 计算 $K_j=e(C_{j1}, x_i b_i(sP))$。

(2) 如果 $coin_{ID_i}=1$，尽管 $\mathcal{B}$ 从 $C_{j1}=r_jP$ 中不能知道 r_j，但是 $\mathcal{B}$ 知道 $C_{j2}=r_jH_2(C_{j1})$，这可以用于计算 $e(C_{j1}, SK_iCert_{ID_i})=e(r_jP, x_ib_i(sabP))=e(bP, x_ib_i(r_jt_jaP))^{1/t_j}$。因此 $K_j=e\left(bP, \frac{x_ib_i}{t_j}C_{j2}\right)$。

最后 $\mathcal{B}$ 计算 $M_j=Ext(K_j, u_j)\oplus C_{j3}$ 并发给敌手 $\mathcal{A}_2$。

挑战阶段：当敌手 $\mathcal{A}_2$ 确定阶段 1 结束时，$\mathcal{A}_2$ 选择目标身份 ID^*、任意等长的消息 M_0 与 M_1 并把它们发给 $\mathcal{B}$。$\mathcal{B}$ 进行如下操作：如果 $coin_{ID_i^*}=0$，$\mathcal{B}$ 终止游戏并输出失败。否则，$\mathcal{B}$ 计算 $C_1^*=(b^*)^{-1}(s)^{-1}(cP)$。对于随机值 u^*，$\mathcal{B}$ 随机选择 $t^*\in Z_q^*$，其中 $C_2^*=t^*C_1^*$ 并计算 $H_2(C_1^*, u^*)=t^*P$。$\mathcal{B}$ 计算 $C_{\beta 3}^*=Ext(K_\beta^*, u^*)\oplus M_\beta$，其中 $K_\beta^*=T\in G'$。$\mathcal{B}$ 把密文 $CT_\beta^*=(C_1^*, C_2^*, C_{\beta 3}^*, C_4^*)$ 发给 $\mathcal{A}_2$。

阶段 2：$\mathcal{A}_2$ 继续进行一系列相关询问，要求 $\mathcal{A}_2$ 不询问关于 (CT^*, ID^*, PK^*) 的解密。$\mathcal{B}$ 按阶段 1 的方式来回应。

猜测：$\mathcal{A}_2$ 输出关于 β 的猜测 $\beta'\in\{0,1\}$，其中 $\beta'=0$ 意味着 M_β 是正确密文且 K_β^* 是正确的对称密钥。$\mathcal{B}$ 输出 $\beta''=\beta'$，其中 $\beta'=1$ 意味着 $\mathcal{B}$ 猜出 $T=e(PK_1, P)^{abc}$。

分析：$\mathcal{A}_2$ 解密密文 $CT_\beta^*=(C_1^*, C_2^*, C_{\beta 3}^*, C_4^*)$ 并可以得到 $K_1^*=e(C_1^*, SK^*Cert_{ID^*}^*)=e((b^*)^{-1}(s)^{-1}(cP), x^*b^*sabP)=e(x^*P, P)^{abc}=e(PK_1,$

$P)^{abc}$。$K_0^* \in G'$是随机选择的。$\mathcal{B}$随机选择 $t^* \in Z_q^*$，计算 $H_2(C_1^*, u^*) = t^* P$并得到$C_2^* = t^* C_1^*$。$\mathcal{B}$计算 $C_{\beta 3}^* = \mathrm{Ext}(K_\beta^* u^*) \oplus M_\beta$。$\mathcal{B}$得到密文 $CT_\beta^* = (C_1^*, C_2^*, C_{\beta 3}^*, C_4^*)$并发给敌手$\mathcal{A}_2$。敌手$\mathcal{A}_2$ 输出关于 β 的猜测 $\beta' \in \{0,1\}$。$\beta'=1$ 意味着用于加密消息的对称密钥是 $T=e(PK_1, P)^{abc}$；$\beta'=0$ 意味着 T 是一个随机值。这样，$\mathcal{B}$把 β' 作为它的输出 β''。$\beta''=1$ 说明$\mathcal{B}$猜出 $T=e(PK_1, P)^{abc}$。否则，$\mathcal{B}$没猜出 $T=e(PK_1, P)^{abc}$。如果敌手$\mathcal{A}_2$ 在游戏中能区分 CT_β^*，$\mathcal{B}$能解决 DGBDH 困难问题。

概率分析：在解密询问中，如果元组$(P, C_{j1}, t_j(aP), C_{j2})$不是 Diffie-Hellman 元组，密文是无效的(也就是说，一个随机的对称密钥用于加密消息)。用 $View$ 表示所有变量的联合分布。在对称密钥没有泄漏时，文献[207]表明 $\widetilde{H}_\infty(\mathcal{A}_2 | View) \geqslant \log(p)$。这样，在每次解密询问中敌手接收无效密文的概率为 $2^{-\widetilde{H}_\infty(\mathcal{A}_2 | View)} \leqslant 2^{-\log(p)} = 1/p$。当对称密钥泄漏 λ 比特时，根据引理 1 可得 $\widetilde{H}_\infty(\mathcal{A}_2 | (View, Leak)) \geqslant \log(p) - \lambda$。这样，在每次解密询问中敌手接收无效密文的概率为 $2^{-\widetilde{H}_\infty(\mathcal{A}_2 | (View, Leak))} \leqslant 2^{-(\log(p)-\lambda)} = 2^\lambda / p$ 经过 q_D 解密询问无效密文被接收的概率为 $2^\lambda q_D / p$。用 $\bar{E}$ 表示事件：$\mathcal{B}$没有终止游戏；用 E_1 表示事件：当 $coin_{ID_i}=1$ 敌手$\mathcal{A}_2$ 关于(ID_i, PK_i)的证书询问；用 E_2 表示事件：当 $coin_{ID_i}=0$，$\mathcal{A}_2$ 选择目标身份，这样：

$\Pr[\bar{E}] = \Pr[(\neg E_1) \wedge (\neg E_2)] = \delta^{q_{SK}}(1-\delta) \geqslant 1/e(1+q_{SK})$，其中 $\sigma = \left(\frac{q_{SK}}{q_{SK}+1}\right)^{q_{SK}}$。

因此，$\mathcal{B}$解决 DGBDH 困难问题具有的优势为 $\varepsilon' \geqslant \frac{\varepsilon}{\sigma(1+q_{SK})} - \frac{2^\lambda q_D}{q}$，其中 $\sigma = \left(\frac{q_{SK}}{q_{SK}+1}\right)^{q_{SK}}$。

5.2.4 泄漏率分析

定理 **5-3** LR-CBE 方案相对泄漏率为 $\tau = |Leak| / [\log(p)] \approx 1$。

证明：在对称密钥没有泄漏时，$\widetilde{H}_\infty(\mathcal{A}_2 | View) \geqslant \log(p)$，其中$\mathcal{A}$表示$\mathcal{A}_1$或$\mathcal{A}_2$。敌手$\mathcal{A}$通过泄漏询问可以得到关于对称密钥的 λ 比特信息。也就是说，泄漏变量 $Leak$ 有 2^λ 个值。根据引理 1，可得 $\widetilde{H}_\infty(\mathcal{A}_2 | (Leak, View)) \geqslant \widetilde{H}_\infty(\mathcal{A}_2 | View) - \lambda = \log(p) - \lambda$。这样，如果选取$(\log(p)-\lambda, \varepsilon)$强度提取

器,则有 $SD((Ext(k,u),u),(U,u))\leqslant\varepsilon$,其中 U 是均匀分布。事实上,当 $\log(p)-\lambda$ 接近于 0 时,泄漏量接近 $\log(p)$。那么 $C_M=Ext(K,u)\oplus M$ 和均匀分布是不可区分的(因为它们的统计距离是 ε)。因此,相对泄漏率为:

$\tau=|Leak|/[\log(p)]\approx\log(p)/[\log(p)]=1$。

5.2.5　计算效率比较

为了进一步分析本方案的性能,给出本方案和文献[136]方案的比较。具体结果在表 5-1 中给出。用 H 表示哈希函数运算,用 P 表示配对运算,F 表示提取器运算,群指数运算用 E 表示。本节给出方案能抗对称密钥泄漏,而文献[136]中的方案没有抗泄漏性能。事实上,本方案比文献[136]中的方案要稍多一个提取器运算。这稍微多一点的加密和解密成本给本方案提供了泄漏弹性。

表 5-1　计算效率比较

方案	加密计算	解密计算	泄漏弹性
[136]方案	$H+E$	$H+P$	无
本节方案	$H+E+F$	$H+P+F$	有

5.2.6　仿真实验

(1) 实验环境和基准时间

仿真实验平台是安装 64 位操作系统 Windows 7、主频为 3.40 GHz、RAM 为 8.00 GB 和 CPU 为 Intel(R) Core(TM) i7-6700 的计算机。基于 JPBC 2.0.0[200]用 Eclipse(版本 4.4.1)软件进行仿真。实验选用类型 A 的 160 比特素数阶椭圆曲线 $y^2=x^3+x$,具体信息如表 5-2 所示。基本操作的时间如表 5-3 所示。

表 5-2　椭圆曲线相关信息(素数阶)

类型	椭圆曲线	对称与否	素数阶	安全水平
A	$y^2=x^3+x$	是	$N=3 \bmod 4$	$\log N=512$

基于上述实验环境和选定的 A 型椭圆曲线,测试基本操作需要时间,运行 100 次,取平均值,具体情况如表 5-3 所示。其中 F 表示提取器运算,H

表示哈希运算。在具体实验中 Ext 通过哈希函数来实现。时间单位为毫秒(ms)。

表 5-3　基本操作时间(素数阶)　　(单位:ms)

<table>
<tr><th rowspan="4">预处理</th><th rowspan="4">群的阶</th><th colspan="9">基本操作时间</th></tr>
<tr><th colspan="4">常规运算</th><th colspan="2">指数运算</th><th rowspan="3">F</th><th rowspan="3">H</th><th>配对</th></tr>
<tr><th colspan="3">群 G</th><th>群 Z_n</th><th rowspan="2">群 G</th><th rowspan="2">群 G'</th><th rowspan="2">群 G</th></tr>
<tr><th>加</th><th>乘</th><th>除</th><th>加</th></tr>
<tr><td>无</td><td>素数阶</td><td>0.14</td><td>0.12</td><td>0.13</td><td>0.04</td><td>18.5</td><td>2.80</td><td>45</td><td>45</td><td>22.4</td></tr>
<tr><td>有</td><td>素数阶</td><td>0.14</td><td>0.12</td><td>0.13</td><td>0.04</td><td>2.74</td><td>0.58</td><td>45</td><td>45</td><td>10.2</td></tr>
</table>

从表 5-3 可以看出,有无预处理,常规运算、提取器运算与哈希运算的时间都不变,但是对于指数运算和配对运算,进行预处理之后,运算速度提高很多。

(2) 实验结果与分析

对本节提出方案和文献[136]中的方案进行实验验证,获得各个阶段运行时间如表 5-4 所示。实验运行 10 次,取平均值。本实验考虑到预处理情况。时间单位为毫秒(ms)。

表 5-4　本节方案和文献[136]方案各个算法运行时间　　(单位:ms)

方案	初始化时间	用户密钥产生时间	证书产生时间	对称密钥产生时间	加密时间	解密时间
[136]方案	116	6	46	60	44	38
本节方案	116	6	46	60	89	82

从表 5-4 可以看出,对于初始化、用户密钥产生、证书生成和对称密钥产生算法而言,本节方案运行时间和文献[136]方案相同;对于加密和解密而言,本节方案运行时间要比文献[136]方案长一些,这是因为本节方案的这两个算法要分别多进行一次提取器运算。当然,这也让本方案获得了抗泄漏性能。这两个方案运行时间直观对比效果如图 5-2 所示。

5.2.7　算法实现

程序共由 5 个类组成:LRCBECiphertext.java;LRCBEUserKey.java;TypeACurveGenerator.java;LR_CBE.java;LRCBETest.java。

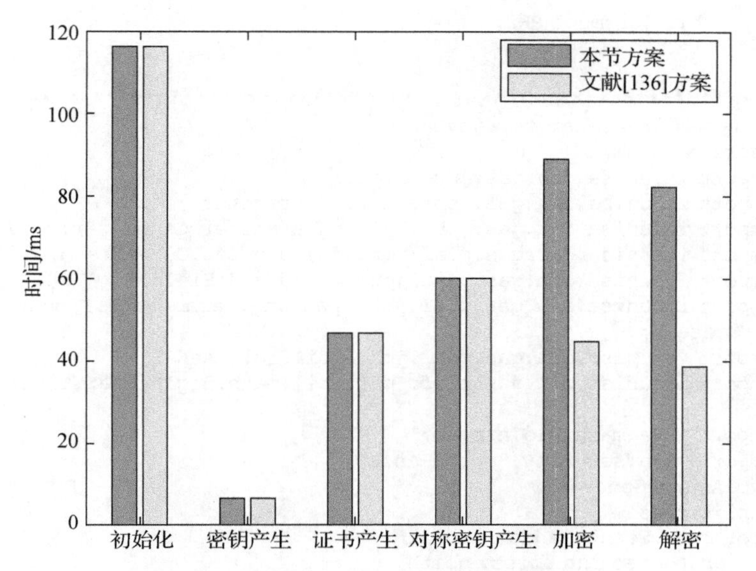

图 5-2　本节方案和文献[136]方案运行时间对比

TypeACurveGenerator. java 类:用来生成 A 类型曲线。

LRCBECiphertext. java 类:用来描述密文的结构。

LRCBEUserKey. java 类:用来描述用户密钥的结构。

LR_CBE. java 类:用来生成初始化算法、用户密钥产生算法、证书产生算法、对称密钥产生算法、加密算法、解密算法等。

LRCBETest. java 类:调用初始化算法、用户密钥产生算法、证书产生算法、对称密钥产生算法、加密算法、解密算法等 6 个算法,具体测试它们的运行时间。

```
//****************************************************************//
//LRCBECiphertext.java
package LRCBE;
import it.unisa.dia.gas.jpbc.Element;
public class LRCBECiphertext {
    public  Element C1;
    public  Element C2;
    public  Element C3;
}
//****************************************************************//
//LRCBEUserKey.java
package LRCBE;
import it.unisa.dia.gas.jpbc.Element;
public class LRCBEUserKey {
    public Element SK;;
    public Element PK1;
```

```
    public Element PK2;
}

//*************************************************************//
// TypeACurveGenerator.java
package LRCBE;
import it.unisa.dia.gas.jpbc.Field;
import it.unisa.dia.gas.jpbc.PairingParameters;
import it.unisa.dia.gas.jpbc.PairingParametersGenerator;
import it.unisa.dia.gas.plaf.jpbc.field.curve.CurveField;
import it.unisa.dia.gas.plaf.jpbc.field.z.ZrField;
import it.unisa.dia.gas.plaf.jpbc.pairing.parameters.PropertiesPa-
  rameters;
import it.unisa.dia.gas.plaf.jpbc.util.io.Base64;
import it.unisa.dia.gas.plaf.jpbc.util.math.BigIntegerUtils;

import java.math.BigInteger;
import java.security.SecureRandom;
TypeACurveGenerator
public class {
protected SecureRandom random;
    protected int rbits, qbits;
    protected boolean generateCurveFieldGen;
    pu blic TypeACurveGenerator (SecureRandom random, int rbits, int
       qbits, boolean generateCurveFieldGen) {
        this.random = random;
        this.rbits = rbits;
        this.qbits = qbits;
        this.generateCurveFieldGen = generateCurveFieldGen;
    }
    public TypeACurveGenerator(int rbits, int qbits) {
        this(new SecureRandom(), rbits, qbits, false);
    }
    public TypeACurveGenerator (int rbits, int qbits, boolean gener-
      ateCurveFieldGen) {
        th is(new SecureRandom(), rbits, qbits, generateCurveField-
           Gen);
    }
    public PairingParameters generate() {
        boolean found = false;
        BigInteger q;
        BigInteger r;
        BigInteger h = null;
        int exp1= 0, exp2= 0;
        int sign0= 0, sign1= 0;
        do {
            r = BigInteger.ZERO;
            if (random.nextInt(Integer.MAX_VALUE) % 2 ! = 0) {
                exp2 = rbits - 1;
                sign1 = 1;
            } else {
                exp2 = rbits;
                sign1 = - 1;
            }
```

```
        r = r.setBit(exp2);
        q = BigInteger.ZERO;
        exp1 = (random.nextInt(Integer.MAX_VALUE) % (exp2 - 1)) + 1;
        q = q.setBit(exp1);
        if (sign1 > 0) {
            r = r.add(q);
        } else {
            r = r.subtract(q);
        }
        if (random.nextInt(Integer.MAX_VALUE) % 2 ! = 0) {
            sign0 = 1;
            r = r.add(BigInteger.ONE);
        } else {
            sign0 = - 1;
            r = r.subtract(BigInteger.ONE);
        }
        if (! r.isProbablePrime(10))
            continue;
        for (int i = 0; i < 10; i+ + ) {
            q = BigInteger.ZERO;
            int bit = qbits - rbits - 4 + 1;
            if (bit < 3)
                bit = 3;
            q = q.setBit(bit);
            h = BigIntegerUtils.getRandom(q, random).multiply
              (BigIntegerUtils.TWELVE);
            q = h.multiply(r).subtract(BigInteger.ONE);
            if (q.isProbablePrime(10)) {
                found = true;
                break;
            }
        }
    } while (! found);

    PropertiesParameters params = new PropertiesParameters();
    params.put("type", "a");
    params.put("q", q.toString());
    params.put("r", r.toString());
    params.put("h", h.toString());
    params.put("exp1", String.valueOf(exp1));
    params.put("exp2", String.valueOf(exp2));
    params.put("sign0", String.valueOf(sign0));
    params.put("sign1", String.valueOf(sign1));

    if (generateCurveFieldGen) {
        Field Fq = new ZrField(random, q);
        CurveField curveField = new CurveField< Field> (random,
                                Fq.newOneElement ( ), Fq.newZero
                                Element(), r, h);
        params.put("genNoCofac", Base64.encodeBytes(curveField.
          getGenNoCofac().toBytes()));
    }
    return params;
}
```

```
    public static void main(String[] args) {
        if (args.length < 2)
            throw new IllegalArgumentException("Too few arguments.
              Usage < rbits>  < qbits> ");

        if (args.length > 2)
            throw new IllegalArgumentException("Too many arguments.
              Usage < rbits>  < qbits> ");
        Integer rBits = Integer.parseInt(args[0]);
        Integer qBits = Integer.parseInt(args[1]);
        TypeACurveGenerator generator = new TypeACurveGenerator
                                        (rBits, qBits, true);
        PairingParameters curveParams = generator.generate();
        System.out.println(curveParams.toString(" "));
    }
}
//******************************************************************//
// LR_CBE.java
package LRCBE;
import it.unisa.dia.gas.jpbc.Element;
import it.unisa.dia.gas.jpbc.ElementPowPreProcessing;
import it.unisa.dia.gas.jpbc.Pairing;
import it.unisa.dia.gas.jpbc.PairingParameters;
import it.unisa.dia.gas.jpbc.PairingPreProcessing;
import it.unisa.dia.gas.plaf.jpbc.pairing.PairingFactory;
import it.unisa.dia.gas.plaf.jpbc.util.ElementUtils;
import LRCBE.LRCBECiphertext;
import LRCBE.LRCBEUserKey;
import LRCBE.TypeACurveGenerator;
public class LR_CBE {
    public Pairing pairing;//声明为 public
    public Element ID;
    public Element s,r,K;
    public Element C;
    //g 代表 P
    public Element gPre;//预处理
    public Element PpubPre;//预处理
    ElementPowPreProcessing Ppub;
    ElementPowPreProcessing g;

    //QID 模拟 Hash 函数 1
    public Element QIDPre;//预处理
    ElementPowPreProcessing QID;

    //w 模拟 Hash 函数 2
    public Element w;
    public Element CertID;

    //E 模拟 Ext 提取器的结果
    public Element E;
    LR_CBE(){
        long time1,time2,time3,time4;
        System.out.println("LR_CBE()");
        time1= System.currentTimeMillis();
```

```
        time3= System.nanoTime();

        TypeACurveGenerator pg = new TypeACurveGenerator(80, 256);
        time2= System.currentTimeMillis();
        System.out.println(time2- time1);
        time4= System.nanoTime();
        System.out.println(time4- time3);
        System.out.println("LR_CBE()");
        time1= System.currentTimeMillis();
        time3= System.nanoTime();

        PairingParameters typeAParams = pg.generate();

        time2= System.currentTimeMillis();
        System.out.println(time2- time1);
        time4= System.nanoTime();
        System.out.println(time4- time3);

        System.out.println("LR_CBE()");
        time1= System.currentTimeMillis();
        time3= System.nanoTime();

        pairing = PairingFactory.getPairing(typeAParams);

        time2= System.currentTimeMillis();
        System.out.println(time2- time1);
        time4= System.nanoTime();
        System.out.println(time4- time3);
}
    public Pairing Setup(  ){
        System.out.println("Generate params:");
        this.s = pairing.getZr().newRandomElement().getImmutable();
        this.gPre = pairing.getG1().newRandomElement().getImmutable
                ();

        System.out.println("进行预处理");
        this.g= gPre.getElementPowPreProcessing();
        PpubPre= g.powZn(s);
        return pairing;
      }
    public LRCBEUserKey UserKeyGen(){
        System.out.println("UserKeyGen:");
        LRCBEUserKey userKey = new LRCBEUserKey();
        userKey.SK= pairing.getZr().newRandomElement().getImmutable();
        Ppub= PpubPre.getElementPowPreProcessing();//进行预处理
        userKey.PK1= g.powZn(userKey.SK);
        userKey.PK2= Ppub.powZn(userKey.SK);
        return userKey;
    }
    public void Certify(){
        System.out.println("Certify:");
         this.QIDPre= pairing.getG1().newRandomElement().getImmutable
();
        QID= QIDPre.getElementPowPreProcessing();
```

```
        CertID= QID.powZn(s);
    }

    public void SymmetricKeyGen(LRCBEUserKey userKey){
        System.out.println("SymmetricKeyGen:");
        this.r= pairing.getZr().newRandomElement().getImmutable();
        PairingPreProcessing QIDPairingPre = pairing. getPairingPre
                                             ProcessingFromElement
                                             (QIDPre);
        this.K= QIDPairingPre.pairing(userKey.PK2).powZn(r);
    }

    public LRCBECiphertext Encrypt(Element message){
        System.out.println("Encrypt:");
        LRCBECiphertext ciphertext = new LRCBECiphertext();
        ciphertext.C1= C;
        this.w= pairing.getG1().newRandomElement().getImmutable();
        ElementPowPreProcessing WPre= w.getElementPowPreProcessing
                                   ();//进行预处理
        ciphertext.C2= WPre.powZn(r);
        this.E= pairing.getG1().newRandomElement().getImmutable();
        ciphertext.C3= this.E.add(message);
        System.out.println("ciphertext= "+ ciphertext.C3);
        return ciphertext;
    }
    public Element Decrypt(LRCBECiphertext ciphertext,LRCBEUserKey
      userKey){

        System.out.println("Decrypt:");
        Element plaintext= ciphertext.C3.sub(this.E);
        System.out.println("plaintext= "+ plaintext);
        return plaintext;
    }
}
//****************************************************************//
// LRCBETest.java
package LRCBE;
import it.unisa.dia.gas.jpbc.Element;
import it.unisa.dia.gas.jpbc.Pairing;
import LRCBE.LRCBECiphertext;
import LRCBE.LRCBEUserKey;
import LRCBE.LR_CBE;
public class LRCBETest {
    private static void LRCBETest() {
    Pairing pairing;
    Element message;//消息
    LRCBECiphertext ciphertext;
    Element plaintext;//明文
    LR_CBE lrCBE = new LR_CBE();
    LRCBEUserKey userKey= new LRCBEUserKey();
    long time1,time2,time3,time4;
    time1= System.currentTimeMillis();
    time2= System.nanoTime();
    pairing= lrCBE.Setup( );
```

```
        time3= System.currentTimeMillis();
        System.out.println(time3- time1);
        time4= System.nanoTime();
        System.out.println(time4- time2);
        message= pairing.getG1().newRandomElement().getImmutable();
        System.out.println("message= "+ message);

        time1= System.currentTimeMillis();
        time2= System.nanoTime();

        userKey= lrCBE.UserKeyGen();
        time3= System.currentTimeMillis();
        System.out.println(time3- time1);
        time4= System.nanoTime();
        System.out.println(time4- time2);
        time1= System.currentTimeMillis();
        time2= System.nanoTime();

        lrCBE.Certify();
        time3= System.currentTimeMillis();
        System.out.println(time3- time1);
        time4= System.nanoTime();
        System.out.println(time4- time2);

        time1= System.currentTimeMillis();
        time2= System.nanoTime();

        lrCBE.SymmetricKeyGen(userKey);
        time3= System.currentTimeMillis();
        System.out.println(time3- time1);
        time4= System.nanoTime();
        System.out.println(time4- time2);

        time1= System.currentTimeMillis();
        time2= System.nanoTime();

        ciphertext= lrCBE.Encrypt(message);
        time3= System.currentTimeMillis();
        System.out.println(time3- time1);
        time4= System.nanoTime();
        System.out.println(time4- time2);

        time1= System.currentTimeMillis();
        time2= System.nanoTime();

        plaintext= lrCBE.Decrypt(ciphertext,userKey);
        time3= System.currentTimeMillis();
        System.out.println(time3- time1);
        time4= System.nanoTime();
        System.out.println(time4- time2);
    }

    public static void main(String[] args){
        LRCBETest();
    }
```

}

虽然基于提取器技术的 LR-CBE 方案相对泄漏率很高，具有较好的抗泄漏性能，但是不能抵抗密钥的持续泄漏。此外，基于提取器技术的 LR-CBE 方案仅是在随机预言模型中是可证安全的，由于随机预言机是通过哈希函数来模拟的，而实际上哈希函数不是真正随机的，所以 ROM 方法引起了很大争议[168]。虽然存在如此缺点，但是不能就说 ROM 中的方案没有任何用处，事实上 ROM 还是起到了很大的作用[169]。那么，在可证明安全性理论中，把随机预言机去除会更加令人信服，这就是所谓标准模型。基于此，5.3 节给出了抗持续泄漏的能抵抗解密密钥和主私钥泄漏的基于证书加密方案的形式化定义和安全模型，提出了一个可以抵抗解密密钥持续泄漏和主私钥持续泄漏的基于证书加密（CLR-CBE）方案，利用双系统加密技术证明了该方案在标准模型中是安全的，方案的相对泄漏率接近 1/3。

5.3 抗解密密钥和主私钥持续泄漏的基于证书加密方案

5.3.1 CLR-CBE 形式化定义和安全模型

(1) CLR-CBE 形式化定义

受到文献[70,183]启发，本节提出 CLR-CBE 的形式化定义，提出的模型可以同时抵抗主私钥和解密密钥的持续泄漏。将会用到哈希函数 $\overline{H}:\mathcal{ID}\times\mathcal{PK}\to\mathcal{ID}$，其中 $\mathcal{ID}$ 是身份空间，$\mathcal{PK}$ 是公钥空间。哈希函数的功能是确保 CLE 方案转换到 CBE 方案的安全性（请参考 Wu 等人文章[149]的方案）。CLR-CBE 系统功能结构如图 5-3 所示。

CLR-CBE 方案由以下 7 个算法组成。

初始化算法： Setup(1^{ϑ})→(MPK,MSK)。算法由 CA 运行。算法以安全参数 1^{ϑ} 为输入，算法产生主公钥 MPK 和主私钥 MSK。MPK 对用户公开。MPK 中包含身份空间的信息表述。

私钥产生算法： SetPrivateKey(ID,MPK)→sk_{ID}。算法由用户运行。算法以 MPK 和身份 ID 为输入，输出用户私钥 sk_{ID}。

公钥产生算法： SetPublicKey(ID,sk_{ID},MPK)→pk_{ID}。算法由用户 ID

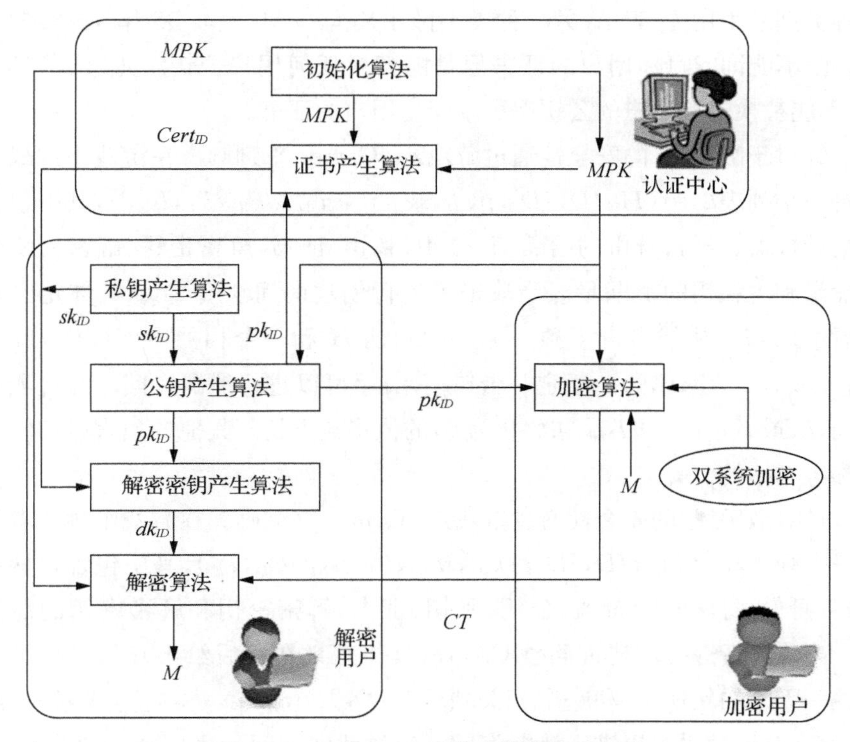

图 5-3 CLR-CBE 系统功能结构示意图

运行。算法以 MPK 和私钥 sk_{ID} 为输入，输出用户公钥 pk_{ID}。

证书产生算法：SetCertificate(ID, pk_{ID}, MPK, MSK)→$Cert_{ID}$。算法由认证中心 CA 运行。对于身份 ID 而言，首先计算 $\overline{H}(ID, pk_{ID})\rightarrow ID'$。然后，算法以 MPK、MSK、ID' 和 pk_{ID} 为输入，产生用户证书 $Cert_{ID}$。

加密算法：Encrypt(ID, MPK, M, pk_{ID})→CT。算法由发送者运行。算法以 MPK、明文 M、接收者身份 ID 和它相应的公钥 pk_{ID} 为输入，产生密文 CT。

解密密钥产生算法：SetDecryptKey(sk_{ID}, $Cert_{ID}$)→dk_{ID}。算法由用户运行。算法通过 sk_{ID} 和 $Cert_{ID}$ 来产生解密密钥 dk_{ID}。

解密算法：Decrypt(MPK, CT, dk_{ID})→M。算法由接收者运行。算法以 MPK、密文 CT、解密密钥 dk_{ID} 为输入，输出明文 M。

(2) CLR-CBE 的安全模型

类似文献[135-140,142]，在本节给出的安全模型中也考虑两类敌手：

一种类型敌手用$\mathcal{A}_1$表示；另一种类型敌手用$\mathcal{A}_2$表示。$\mathcal{A}_1$充当不诚实的用户，$\mathcal{A}_1$不能询问目标用户的证书但是能替换任何用户公钥。$\mathcal{A}_2$充当CA，$\mathcal{A}_2$不能替换目标用户的公钥但可以产生用户的证书。

针对于敌手$\mathcal{A}_1$的安全性通过游戏$\mathcal{T}_1$-Game_R来刻画。在游戏中挑战者维持一个列表$\mathcal{L}_1=(H,ID,ID',pk_{ID},sk_{ID},Cert_{ID},dk_{ID},l_{dk},l_{MSK})$，其中包含句柄计数器、身份、身份的哈希值、公钥、私钥、证书、解密密钥、解密密钥的泄漏量和主私钥的泄漏量。当攻击者进行创建询问$\mathcal{O}$-Create（具体定义在稍后给出）时，挑战者产生独一无二的句柄H和一个相关项$(H,ID,ID',pk_{ID},sk_{ID},\perp,\perp,0,0)$。给定一个句柄，敌手可以进行泄漏询问。经过泄漏询问，l_{dk}或l_{MSK}（l_{dk}和l_{MSK}初始化为0）的值将被更新。其他的预言机询问均是参考句柄的。

针对敌手$\mathcal{A}_2$的安全性通过游戏$\mathcal{T}_2$-Game_R来刻画。在游戏中挑战者维持一个列表$\mathcal{L}_2=(H,ID,ID',pk_{ID},sk_{ID},Cert_{ID},dk_{ID},l_{dk})$，其中包含句柄计数器、身份、身份的哈希值、公钥、私钥、证书、解密密钥和解密密钥的泄漏量。当攻击者进行创建询问$\mathcal{O}$-Create（具体定义在稍后给出）时，挑战者产生独一无二的句柄H和一个相关项$(H,ID,ID',pk_{ID},sk_{ID},\perp,\perp,0)$。给定一个句柄，敌手可以进行泄漏询问。经过泄漏询问，l_{dk}（l_{dk}初始化为0）的值将被更新。其他的预言机询问均是参考句柄的。

将要用到的预言机定义如下：

(a) $\mathcal{O}$-Create：创建询问。对于敌手给出的身份ID，挑战者$\mathcal{B}$操作如下：$\text{SetPrivateKey}(ID,MPK)\rightarrow sk_{ID}$，$\text{SetPublicKey}(ID,sk_{ID},MPK)\rightarrow pk_{ID}$。对于敌手$\mathcal{A}_1$而言，$\mathcal{B}$增加一项$(H,ID,ID',pk_{ID},sk_{ID},\perp,\perp,0,0)$到列表$\mathcal{L}_1$中。对于敌手$\mathcal{A}_1$而言，$\mathcal{B}$计算：$\overline{H}(ID,pk_{ID})\rightarrow ID'$，$\text{SetCertificate}(ID',pk_{ID},MPK,MSK)\rightarrow Cert_{ID}$。$\mathcal{B}$增加一项$(H,ID,ID',pk_{ID},sk_{ID},Cert_{ID},\perp,0)$到列表$\mathcal{L}_2$中。无论哪种情况，$\mathcal{B}$都更新$H\leftarrow H+1$。假定以下其他的预言机询问均是针对已经进行过创建询问的身份。

(b) $\mathcal{O}$-Publickey：公钥询问。对于句柄H，挑战者在列表$\mathcal{L}_1$或$\mathcal{L}_2$中查找ID并返回公钥pk_{ID}给敌手$\mathcal{A}_1$或$\mathcal{A}_2$。

(c) $\mathcal{O}$-Replacepublickey：公钥替换询问。对于身份ID，敌手$\mathcal{A}_1$能用自己选择的公钥pk'_{ID}来替换公钥pk_{ID}。为了确保公钥pk'_{ID}是有效的，挑战者运行私钥产生算法获得私钥sk_{ID}并增加一项$(H,ID,ID',sk'_{ID},\perp,\perp,\perp,0,0)$

到列表$\mathcal{L}_1$中。它更新$H \leftarrow H+1$。遵守的限制是：对于挑战身份ID^*，在挑战阶段前敌手$\mathcal{A}_1$不能替换公钥且不能询问证书。这样，$\mathcal{A}_1$可以获得关于一个公钥的挑战密文，通过公钥可以产生解密密钥。

(d) $\mathcal{O}$-Certificate：证书询问。对于句柄H，挑战者在列表$\mathcal{L}_1$中查找身份ID。挑战者计算：$\overline{H}(ID, pk_{ID}) \rightarrow ID'$，SetCertificate$(ID', pk_{ID}, MPK, MSK) \rightarrow Cert_{ID}$。挑战者把$Cert_{ID}$返回给敌手$\mathcal{A}_1$并用$(H, ID, ID', pk_{ID}, sk_{ID}, Cert_{ID}, \perp, 0, 0)$更新$(H, ID, ID', pk_{ID}, sk_{ID}, \perp, \perp, 0, 0)$。

(e) $\mathcal{O}$-Decryptionkey：解密密钥询问。对于公钥没有被替换的情况，这个询问可以实现。如果敌手询问关于身份ID的解密密钥，挑战者$\mathcal{B}$在$\mathcal{L}_1$或$\mathcal{L}_2$查找sk_{ID}和$Cert_{ID}$。然后，$\mathcal{B}$计算解密密钥如下：SetDecryptKey$(sk_{ID}, Cert_{ID}) \rightarrow dk_{ID}$。对于敌手$\mathcal{A}_1$，$\mathcal{B}$输出$dk_{ID}$给$\mathcal{A}_1$并用项$(H, ID, ID', pk_{ID}, sk_{ID}, Cert_{ID}, dk_{ID}, 0, 0)$更新$(H, ID, ID', pk_{ID}, sk_{ID}, Cert_{ID}, \perp, 0, 0)$。对于敌手$\mathcal{A}_2$，$\mathcal{B}$输出$dk_{ID}$给敌手$\mathcal{A}_2$并用$(H, ID, ID', pk_{ID}, sk_{ID}, Cert_{ID}, dk_{ID}, 0)$更新$(H, ID, ID', pk_{ID}, sk_{ID}, Cert_{ID}, \perp, 0)$。

(f) $\mathcal{O}$-Decrypt：解密询问。如果敌手对(ID, CT)进行解密询问，挑战者$\mathcal{B}$在$\mathcal{L}_1$或$\mathcal{L}_2$查找dk_{ID}。挑战者调用解密算法来获得明文M并发给敌手$\mathcal{A}_1$或$\mathcal{A}_2$。

(g) $\mathcal{O}$-Leakdecryptionkey：解密密钥泄漏询问。给定一个句柄H和一个泄漏函数f(输出有界)，挑战者$\mathcal{B}$在$\mathcal{L}_1$或$\mathcal{L}_2$中查找包含句柄H的项$(H, ID, ID', pk_{ID}, sk_{ID}, Cert_{ID}, dk_{ID}, l_{dk}, l_{MSK})$或$(H, ID, ID', pk_{ID}, sk_{ID}, Cert_{ID}, dk_{ID}, l_{dk})$，其中$l_{dk}$与$l_{MSK}$初始化为0。$\mathcal{B}$判断是否$l_{dk}+|f(dk_{ID})| \leqslant \lambda_{dk}$，其中$\lambda_{dk}$是解密密钥泄漏的界。如果成立的话，挑战者把泄漏函数的输出$f(dk_{ID})$返回个给$\mathcal{A}_1$或$\mathcal{A}_2$并在$\mathcal{L}_1$或$\mathcal{L}_2$中用$l_{dk}+|f(dk_{ID})|$更新l_{dk}。

(h) $\mathcal{O}$-Leakmasterkey：主私钥泄漏询问。给定一个句柄H和一个泄漏函数f(具有有界的输出)，挑战者$\mathcal{B}$在$\mathcal{L}_1$中查找包含句柄H的项$(H, ID, ID', pk_{ID}, sk_{ID}, Cert_{ID}, dk_{ID}, l_{dk}, l_{MSK})$，其中，$l_{dk}$与$l_{MSK}$初始化为0。$\mathcal{B}$判断是否$l_{MSK}+|f(MSK)| \leqslant \lambda_{MSK}$，其中$\lambda_{MSK}$是主私钥泄漏的界。如果成立的话，挑战者把泄漏函数的输出$f(MSK)$返回个给$\mathcal{A}_1$并在$\mathcal{L}_1$中用$l_{MSK}+|f(MSK)|$更新l_{MSK}。

因为安全模型中考虑两类敌手，所以安全性由两个游戏来体现。挑战者和敌手$\mathcal{A}_1$或$\mathcal{A}_2$进行如下游戏。

(Ⅰ) 针对第一类敌手的安全性

针对敌手$\mathcal{A}_1$的安全性由挑战者和敌手$\mathcal{A}_1$进行的游戏$\mathcal{T}_1$-Game$_R$来体现。$\mathcal{T}_1$-Game$_R$定义如下。

$\mathcal{T}_1$-Game$_R$：

初始化：挑战者调用初始化算法产生主私钥和主公钥：Setup(1^ϑ)→(MPK,MSK)。挑战者保留主私钥并发布主公钥给所有用户。

阶段1：敌手询问预言机$\mathcal{O}$-Create、$\mathcal{O}$-Publickey、$\mathcal{O}$-Leakdecryptionkey、$\mathcal{O}$-LeakMasterKey、$\mathcal{O}$-Certificate、$\mathcal{O}$-Replacepublickey、$\mathcal{O}$-Decryptionkey和$\mathcal{O}$-Decrypt。具体限制是：$\mathcal{A}_1$不能对挑战者身份ID^*进行解密询问。对于挑战者身份ID^*而言，如果$\mathcal{A}_1$替换了公钥，它就不能询问相应的证书。

挑战：敌手$\mathcal{A}_1$发送等长消息M_0,$M_1\in\mathcal{M}$和一个身份ID^*给挑战者。$\mathcal{M}$是给定的消息空间。挑战者在列表$\mathcal{L}_1$中查找包含ID^*的项。如果列表$\mathcal{L}_1$中没有此项，挑战者首先对ID^*进行创建询问。然后挑战者随机选择$\xi\in\{0,1\}$并运行加密算法产生关于消息M_ξ的密文CT^*。最后，挑战者发送密文CT^*给$\mathcal{A}_1$。

阶段2：与阶段1类似，$\mathcal{A}_1$可以询问预言机$\mathcal{O}$-Create、$\mathcal{O}$-Publickey、$\mathcal{O}$-Decrypt、$\mathcal{O}$-Replacepublickey、$\mathcal{O}$-Certificate、$\mathcal{O}$-Decryptionkey。基本的限制和阶段1相同。额外的限制是这些预言机不能对ID^*进行相应的询问。进一步，在这个阶段不允许进行泄漏询问。假如允许泄漏询问的话，敌手可以把对CT^*的解密算法编码到泄漏函数中，就可以平凡地赢得游戏。

猜测：$\mathcal{A}_1$给出猜测$\xi'\in\{0,1\}$。如果$\xi'=\xi$，$\mathcal{A}_1$赢得游戏。

敌手$\mathcal{A}_1$赢得这个游戏的优势定义为$Adv_{\mathcal{A}_1}^{\mathcal{T}_1\text{-Game}_R}(\lambda_{dk},\lambda_{MSK})=\left|\Pr[\xi'=\xi]-\frac{1}{2}\right|$。

如果没有PPT敌手$\mathcal{A}_1$能以不可忽略的优势赢得游戏$\mathcal{T}_1$-Game$_R$，($Adv_{\mathcal{A}_1}^{\mathcal{T}_1\text{-Game}_R}(\lambda_{dk},\lambda_{MSK})\leqslant\varepsilon$)，CLR-CBE称为针对自适应选择密文攻击是类型Ⅰ安全的。

(Ⅱ)针对第二类敌手的安全性

针对敌手$\mathcal{A}_2$的安全性由挑战者和敌手$\mathcal{A}_2$进行的游戏$\mathcal{T}_2$-Game$_R$来体现。$\mathcal{T}_2$-Game$_R$定义如下。

$\mathcal{T}_2$-Game$_R$：

初始化：挑战者调用初始化算法产生主私钥和主公钥。挑战者发布主公钥给所有用户并发送主私钥给$\mathcal{A}_2$。

阶段 1：敌手询问预言机$\mathcal{O}$-Create、$\mathcal{O}$-Publickey、$\mathcal{O}$-Decryptionkey、$\mathcal{O}$-Decrypt 和$\mathcal{O}$-Leakdecryptionkey。因为$\mathcal{A}_2$ 知道主私钥，它不用询问预言机$\mathcal{O}$-Leakmasterkey 和$\mathcal{O}$-Certificate。具体限制是$\mathcal{A}_2$ 不能对挑战身份 ID^* 进行解密询问。任何时候，$\mathcal{A}_2$ 不能进行公钥替换询问。

挑战：敌手$\mathcal{A}_2$ 发送等长消息 $M_0, M_1 \in \mathcal{M}$和一个身份 ID^* 给挑战者。$\mathcal{M}$是给定的消息空间。挑战者在列表$\mathcal{L}_2$ 中查找包含 ID^* 的项。如果列表$\mathcal{L}_2$ 中没有此项，挑战者首先对 ID^* 进行创建询问。然后挑战者随机选择$\xi \in \{0,1\}$并运行加密算法产生关于消息 M_ξ 的密文 CT^*。最后，挑战者发送密文 CT^* 给$\mathcal{A}_2$。

阶段 2：与阶段 1 类似，$\mathcal{A}_2$ 可以询问预言机$\mathcal{O}$-Create、$\mathcal{O}$-Publickey、$\mathcal{O}$-Decrypt 和$\mathcal{O}$-Decryptionkey。基本的限制和阶段 1 相同，额外的限制是这些预言机不能对 ID^* 进行相应的询问。进一步，在这个阶段不允许进行泄漏询问。假如允许泄漏询问的话，敌手可以把对 CT^* 的解密算法编码到泄漏函数中，就可以平凡地赢得游戏。

猜测：$\mathcal{A}_2$ 给出猜测 $\xi' \in \{0,1\}$。如果 $\xi' = \xi$，$\mathcal{A}_2$ 赢得游戏。

敌手$\mathcal{A}_2$ 赢得这个游戏的优势定义为：

$$Adv_{\mathcal{A}_2}^{\mathcal{T}_2\text{-Game}_R}(\lambda_{dk}) = \left| \Pr[\xi' = \xi] - \frac{1}{2} \right|。$$

如果没有 PPT 敌手$\mathcal{A}_2$ 能以不可忽略的优势赢得游戏$\mathcal{T}_2$-Game$_R$，($Adv_{\mathcal{A}_2}^{\mathcal{T}_2\text{-Game}_R}(\lambda_{dk}) \leqslant \varepsilon$)，CLR-CBE 称为针对自适应选择密文攻击是类型II安全的。

5.3.2　CLR-CBE 方案具体构造

首先，给出一个非交互式零知识(NIZK)证明系统 $\prod = (\text{Gen}, \text{Prf}, \text{Ver})$。假定 $\prod = (\text{Gen}, \text{Prf}, \text{Ver})$是语言 $L = \{\beta : Y^\beta = Z\}$上的一个 NIZK 系统，其中 $\beta \in Z_N$ 且 $Y, Z \in G'$。$\overline{H} : \mathcal{ID} \times \mathcal{PK} \to \mathcal{ID}$是一个哈希函数，其中$\mathcal{ID}$是身份空间，$\mathcal{PK}$是公钥空间。主要作用是维持一个 CLE 方案转化成一个 CBE 方案时的安全性(请参考文献[149])。不失一般性，假定$\mathcal{ID} = Z_N$。本节提出的 CLR-CBE 方案具体由以下七个算法组成。

初始化算法：首先创建合数阶双线性群($N = p_1 p_2 p_3, G, G', e$)。然后，

随机选择 $g_1, u_1, h_1, v_1 \in G_{p_1}$ 和 $g_3 \in G_{p_3}$。接着运行 $\prod$ 的 Gen 算法产生公共参考字符串 crs 并随机选择 $(\alpha, x_1, x_2, \cdots, x_n, r, y_1, y_2, \cdots, y_n) \in Z_N^{2n+2}$ 和 $\vec{\rho} = \langle \rho_1, \rho_2, \cdots, \rho_{n+3} \rangle \in Z_N^{n+3}$，其中 $n \geqslant 2$ 是一个整数。n 的值是可变的，n 的取值较大的话，相对泄漏率就越大。相对泄漏率是指主私钥或解密密钥的泄漏量与主私钥或解密密钥长度的比值。当 n 较小的时候，公开参数越短。算法产生主公钥 $MPK = (N, G, G', e, e(g_1, v_1)^{\alpha}, g_1, g_1^{x_1}, \cdots, g_1^{x_n}, u_1, h_1, v_1, g_3, crs)$ 和主私钥 $MSK = (\vec{K}, K_1, K_2, K_3) = \left(\langle v_1^{y_1}, \cdots, v_1^{y_n} \rangle, g_1^{\alpha} h_1^{-r} \prod_{i=1}^{n} g_1^{-x_i y_i}, v_1^{r}, u_1^{r}\right) * g_3^{\vec{\rho}}$。

私钥产生算法：用户设置私钥 $sk_{ID} = \beta$，其中 $\beta \in Z_N$。

公钥产生算法：用户设置公钥 $pk_{ID} = (Y, \pi) = (e(g_1, v_1)^{\alpha\beta}, \pi)$，其中 $\pi \leftarrow \mathrm{Prf}(crs, (e(g_1, v_1)^{\alpha\beta}, e(g_1, v_1)^{\alpha}), \beta)$ 是关于 β 是 $e(g_1, v_1)^{\alpha\beta}$ 相对于基 $e(g_1, v_1)^{\alpha}$ 的离散对数的 NIZK 证明。

证书产生算法：CA 随机选择 $\vec{\rho}' = \langle \rho'_1, \rho'_2, \cdots, \rho'_{n+2} \rangle \in Z_N^{n+2}$ 和 $n+1$ 个元素 $(r', z_1, \cdots, z_n) \in Z_N^{n+1}$。然后，计算 $\overline{H}(ID, pk_{ID}) = ID'$、$Cert_{ID} = (\vec{D}, D_1, D_2) = (\vec{K}, K_1, K_2) * \left(\langle v_1^{z_1}, \cdots, v_1^{z_n} \rangle, (K_3)^{-ID'} (u_1^{ID'} h_1)^{r'} \prod_{i=1}^{n} g_1^{-x_i z_i}, v_1^{r'}\right) * g_3^{\vec{\rho}'}$。

若令 $z'_i = y_i + z_i (i \in \{1, \cdots, n\})$ 和 $r'' = r + r'$，$Gert_{ID}$ 的 G_{p_1} 部分可以看成 $\left(\langle v_1^{z'_1}, \cdots, v_1^{z'_n} \rangle, g_1^{\alpha} (u_1^{ID'} h_1)^{-r''} \prod_{i=1}^{n} g_1^{-x_i z'_i}, v_1^{r''}\right)$。

加密算法：发送者验证证据 π 的有效性。如果 π 是有效的，随机选择 $s \in Z_n$ 并计算密文 $CT = (C_0, \vec{C}, C_1, C_2) = (M \cdot e(g_1, v_1)^{\alpha\beta s}, \langle g_1^{x_1 s}, \cdots, g_1^{x_n s} \rangle, v_1^{s}, (u_1^{ID'} h_1)^{s})$，其中 $ID' = \overline{H}(ID, pk_{ID})$。

解密密钥产生算法：用户随机选取 $\vec{\rho}'' = \langle \rho''_1, \cdots, \rho''_{n+2} \rangle \in Z_N^{n+2}$，$\vec{w} = \langle w_1, \cdots, w_n \rangle \in Z_N^{n}$ 和 $t \in Z_N$。用户按如下过程计算解密密钥 $\overline{H}(ID, pk_{ID}) = ID'$、$dk_{ID} = (\vec{S}, S_1, S_2) = (\vec{D}, D_1, D_2)^{\beta} * \left(\langle v_1^{w_1}, \cdots, v_1^{w_n} \rangle, (u_1^{ID'} h_1)^{-t} \prod_{i=1}^{n} g_1^{-x_i w_i}, v_1^{t}\right) * g_3^{\vec{\rho}''}$。如果令 $w'_i = w_i + (y_i + z_i)^{\beta} (i \in \{1, \cdots, n\})$ 和 $t' = t + (r + r')^{\beta}$，$dk_{ID}$ 的 G_{p_1} 部分可以看成如下形式：

$$\left(\langle v_1^{w'_1}, \cdots, v_1^{w'_n} \rangle, g^{\alpha\beta} (u_1^{ID'} h_1)^{-t'} \prod_{i=1}^{n} g_1^{-x_i w'_i}, v_1^{t'}\right)。$$

解密算法： 通过使用解密密钥来解密密文，用户得到 $M=\dfrac{C_0}{e(\vec{C},\vec{S})\cdot e(C_1,S_1)\cdot e(C_2,S_2)}$。

正确性：

$$
\begin{aligned}
& e(\vec{C},\vec{S})\cdot e(C_1,S_1)\cdot e(C_2,S_2) \\
&= e(\langle g_1^{x_1 s},\cdots,g_1^{x_n s}\rangle,\langle v_1^{w_1'},\cdots,v_1^{w_n'}\rangle * \langle g_3^{(\rho_1+\rho_1')^\beta+\rho_1''},\cdots,g_3^{(\rho_n+\rho_n')^\beta+\rho_n''}\rangle)\cdot \\
&\quad e\Big(v_1^s,g_1^{\alpha\beta}(u_1^{ID'}h_1)^{-t'}\prod_{i=1}^n g_1^{-x_i w_i'}\cdot g_3^{\rho_{n+1}''}\Big)\cdot e((u_1^{ID'}h_1)^s,v_1^{t'}\cdot g_3^{\rho_{n+2}''}) \\
&= e(\langle g_1^{x_1 s},\cdots,g_1^{x_n s}\rangle,\langle v_1^{w_1'}\cdot g_3^{(\rho_1+\rho_1')^\beta+\rho_1''},\cdots,v_1^{w_n'}\cdot g_3^{(\rho_n+\rho_n')^\beta+\rho_n''}\rangle)\cdot \\
&\quad e\Big(v_1^s,g_1^{\alpha\beta}(u_1^{ID'}h_1)^{-t'}\prod_{i=1}^n g_1^{-x_i w_i'}\cdot g_3^{\rho_{n+1}''}\Big)\cdot e((u_1^{ID'}h_1)^s,v_1^{t'}\cdot g_3^{\rho_{n+2}''}) \\
&= \prod_{i=1}^n e(g_1^{x_i s},v_1^{w_i'}\cdot g_3^{(\rho_i+\rho_i')^\beta+\rho_i''})\cdot e\Big(v_1^s,g_1^{\alpha\beta}(u_1^{ID'}h_1)^{-t'}\prod_{i=1}^n g_1^{-x_i w_i'}\cdot g_3^{\rho_{n+1}''}\Big)\cdot \\
&\quad e((u_1^{ID'}h_1)^s,v_1^{t'}\cdot g_3^{\rho_{n+2}''}) \\
&= \prod_{i=1}^n e(g_1^{x_i s},v_1^{w_i'})\cdot \prod_{i=1}^n e(g_1^{x_i s},g_3^{(\rho_i+\rho_i')^\beta+\rho_i''})\cdot e\Big(v_1^s,g_1^{\alpha\beta}(u_1^{ID'}h_1)^{-t'}\prod_{i=1}^n g_1^{-x_i w_i'}\Big)\cdot \\
&\quad e(v_1^s,g_3^{\rho_{n+1}''})\cdot e((u_1^{ID'}h_1)^s,v_1^{t'})\cdot e((u_1^{ID'}h_1)^s,g_3^{\rho_{n+2}''}) \\
&= \prod_{i=1}^n e(g_1^{x_i s},v_1^{w_i'})\cdot e\Big(v_1^s,g_1^{\alpha\beta}(u_1^{ID'}h_1)^{-t'},\prod_{i=1}^n g_1^{-x_i w_i'}\Big)\cdot e((u_1^{ID'}h_1)^s),v_1^{t'}) \\
&= \prod_{i=1}^n e(g_1^{x_i s},v_1^{w_i'})\cdot e\Big(v_1^s,\prod_{i=1}^n g_1^{-x_i w_i'}\Big)\cdot e(v_1^s,g_1^{\alpha\beta})\cdot e(v_1^s,(u_1^{ID'}h_1)^{-t'})\cdot \\
&\quad e((u_1^{ID'}h_1)^s,v_1^{t'}) \\
&= \prod_{i=1}^n e(g_1^{x_i w_i'},v_1^s)\cdot e\Big(v_1^s,\prod_{i=1}^n g_1^{-x_i w_i'}\Big)\cdot e(v_1,g_1)^{\alpha\beta s}\cdot e(v_1^{t'},(v_1^{ID'}h_1)^{-s})\cdot \\
&\quad e((u_1^{ID'}h_1)^s,v_1^{t'}) \\
&= e\Big(\prod_{i=1}^n g_1^{x_i w_i'},v_1^s\Big)\cdot e\Big(v_1^s,\prod_{i=1}^n g_1^{-x_i w_i'}\Big)\cdot e(v_1,g_1)^{\alpha\beta s} \\
&= e(v_1,g_1)^{\alpha\beta s}。
\end{aligned}
$$

5.3.3　安全性证明

受文献[70－71,184]中双系统加密技术启发，本节在证明中使用了半功能的密文和密钥，给出以下几个半功能算法。

正常的密钥和密文不包含 G_{p_2} 部分，半功能构造中包含 G_{p_2} 部分。

半功能初始化算法：首先，该算法调用初始化算法产生正常的主私钥 $MSK=(\vec{K},K_1,K_2,K_3)$。然后，随机选择 $\vec{t}\in Z_N^n,(t_1,t_2,t_3)\in Z_N^3$，接着产生半功能主私钥$\widetilde{MSK}=(\vec{K}*g_2^{\vec{t}},K_1\cdot g_2^{t_1}\cdot K_2,g_2^{t_2},K_3\cdot g_2^{t_3})$。

半功能证书产生算法：首先，算法运行证书产生算法生成正常的证书 $Cert_{ID}=(\vec{D},D_1,D_2)$。然后，随机选择 $\vec{\eta}\in Z_N^n,(\eta_1,\eta_2)\in Z_N^2$，产生半功能证书$\widetilde{Cert_{ID}}=(\vec{D}*g_2^{\vec{\eta}},D_1\cdot g_2^{\eta_1},D_2\cdot g_2^{\eta_2})$。

半功能解密密钥产生算法：首先，算法运行解密密钥产生算法生成正常解密密钥 $dk_{ID}=(\vec{S},S_1,S_2)$。接着，随机选取 $\vec{\theta}\in Z_N^n,(\theta_1,\theta_2)\in Z_N^2$ 并生成半功能解密密钥$\widetilde{dk_{ID}}=(\vec{S}*g_2^{\vec{\theta}},S_1\cdot g_2^{\theta_1},S_2\cdot g_2^{\theta_2})$。

半功能加密算法：首先，算法调用加密算法产生正常密文 $CT=(C_0,\vec{C},C_1,C_2)$。接着，随机选择 $\vec{\delta}\in Z_N^n,(\delta_1,\delta_2)\in Z_N^2$ 并生成半功能密文$\widetilde{CT}=(C_0,\vec{C}*g_2^{\vec{\delta}},C_1\cdot g_2^{\delta_1},C_2\cdot g_2^{\delta_2})$。

如果 $\vec{\theta}\cdot\vec{\delta}+\theta_1\delta_1+\theta_2\delta_2=0 \bmod p_2$，半功能解密密钥称为名义上的(NSF)半功能解密密钥。这种情况下，即使密文是半功能的，解密算法也能正确解密该密文；否则，称半功能解密密钥是真正的半功能解密密钥。

这几个半功能算法仅仅用于证明中，而不用于实际的构造。

半功能密钥仅能解密正常密文。正常密钥能解密正常密文和半功能密文。当然，如果证书产生算法以半功能主私钥$\widetilde{MSK}$为输入，那么它就输出半功能证书$\widetilde{Cert_{ID}}$。如果解密密钥产生算法的输入是半功能证书$\widetilde{Cert_{ID}}$，则输出半功能解密密钥$\widetilde{d_{ID}}$。

用 $\widetilde{X}$ 表示 X 的半功能构造。当上下文语义明确时，也用 X 表示相应的半功能构造。

(1) 针对第一类敌手的安全性

为了证明方案的安全性，给出一系列的游戏，这些游戏是$\mathcal{T}_1$-Game$_R$ 的修改版。只要证明这些游戏是不可区分的，就可以证明方案的安全性。用 Q 表示在这些游戏中创建询问的最大次数。

系列游戏定义如下：

$\mathcal{T}_1$-$Game_0$：除了挑战密文之外，它几乎与$\mathcal{T}_1$-$Game_R$ 相同。在$\mathcal{T}_1$-$Game_0$ 中，挑战密文是半功能的。

$\mathcal{T}_1$-$Game_k$($k\in\{1,\cdots,Q\}$)：挑战密文是半功能的。对于敌手的询问，挑战者用两种方式来回应。对于前 k 次询问，挑战者回应如下：

如果敌手进行证书询问或解密密钥询问，挑战者创建半功能的证书和半功能的解密密钥。如果敌手进行公钥替换询问，挑战者仅仅创建半功能证书。挑战者增加相应的项到列表$\mathcal{L}_1$ 中并发给敌手。

对于剩下的询问，挑战者创建正常的证书和解密密钥。

$\mathcal{T}_1$-$Game_{MSK}$：与$\mathcal{T}_1$-$Game_Q$ 类似，不同之处在是$\mathcal{T}_1$-$Game_{MSK}$ 中主私钥是半功能的。这样，对于$\mathcal{O}$-Leakmasterkey 询问，挑战者创建半功能的主私钥并发送泄漏函数的输出给敌手。泄漏函数以半功能的主私钥为输入。

$\mathcal{T}_1$-$Game_{Final}$：与$\mathcal{T}_1$-$Game_{MSK}$类似。不同之处在于：挑战者随机选择消息 M_ς 来加密。在$\mathcal{T}_1$-$Game_{MSK}$ 中，挑战者是加密挑战消息 M_ξ 的。从敌手的观点来看，在$\mathcal{T}_1$-$Game_{Final}$中，它选择的比特 ξ' 是独立于挑战者的 ξ(ξ' 与 ξ 不相关)。

在下面的表 5-5 中，说明了不同游戏中主私钥、密文和解密密钥的类型。用 SF 表示半功能的密钥或密文。用 N 表示正常的密钥或密文。用 T_M、T_C 和 T_D 分别表示主私钥、密文和解密密钥的类型。在每个游戏中，创建询问的最大次数为 Q。这样，可以用($\underbrace{(T_M,T_C,T_D),\cdots,(T_M,T_C,T_D)}_{Q}$)来表示一个游戏中 Q 次创建询问的对应信息的类型。在每次创建询问中，密文类型和主私钥的类型都是保持不变的。这样，($(T_M,T_C,T_D),\cdots,(T_M,T_C,T_D)$)可以简记为($T_M,T_C,\underbrace{(T_D,\cdots,T_D)}_{Q}$)。

表 5-5　不同游戏中主私钥、密文和解密密钥的类型(CLR-CBE)

游戏	主私钥、密文和解密密钥的类型： ($T_M,T_C,(T_D,\cdots,T_D)$)
$\mathcal{T}_1$-$Game_R$	(N,N,(N,…,N))
$\mathcal{T}_1$-$Game_0$	(N,SF,(N,…,N))
$\mathcal{T}_1$-$Game_k$ $k\in(1,\cdots,Q-1)$	($N,SF,(\underbrace{SF,\cdots,SF}_{k},N,\cdots,N)$)

续表

游戏	主私钥、密文和解密密钥的类型：$(T_M, T_C, (T_D, \cdots, T_D))$
$\mathcal{T}_1$-$Game_Q$	(N,SF,(SF,…,SF))
$\mathcal{T}_1$-$Game_{MSK}$	(SF,SF,(SF,…,SF))
$\mathcal{T}_1$-$Game_{Final}$	(SF,SF,(SF,…,SF))

定理 5-4 在假设 1—假设 3 成立情况下，只要解密密钥泄漏不超过 $\lambda_{dk}=(n-2c-1)\lambda$ 比特和主私钥泄漏不超过 $\lambda_{MSK}=(n-2c-1)\lambda$ 比特，给出的 CLR-CBE 方案针对敌手 $\mathcal{A}_1$ 是安全的，其中 $n\geqslant 2$ 是一个整数，c 是一个固定正常数。

n 的取值是可变的，n 取值越大得到的泄漏率就越大。n 的值越小，主公钥越短。具体解释在第 5.3.4 小节给出。

证明：借助一系列游戏 $\mathcal{T}_1$-$Game_R$，$\mathcal{T}_1$-$Game_k$（$k\in(0,1,\cdots,Q)$），$\mathcal{T}_1$-$Game_{MSK}$ 与 $\mathcal{T}_1$-$Game_{Final}$ 和引理 5-1 至引理 5-9 来完成证明。一方面，通过引理 5-2 至引理 5-9 来证明这些游戏的不可区分性，另一方面，说明敌手在游戏 $\mathcal{T}_1$-$Game_{Final}$ 中获得的优势是可以忽略的。此外，通过引理 5-1 可以获得泄漏的界。这样，便可以获得方案的安全性。用表 5-6 显示敌手在连续两个游戏中获得的优势差异。

表 5-6 敌手在连续两个游戏中获得优势的差异(CLR-CBE)

连续两个游戏	优势差异	相关引理
$\mathcal{T}_1$-$Game_R$ 与 $\mathcal{T}_1$-$Game_0$	$\lvert Adv_{\mathcal{A}_1}^{\mathcal{T}_1\text{-}Game_R}(\lambda_{dk},\lambda_{MSK})-Adv_{\mathcal{A}_1}^{\mathcal{T}_1\text{-}Game_0}(\lambda_{dk},\lambda_{MSK})\rvert\leqslant\varepsilon$	引理 5-2
$\mathcal{T}_1$-$Game_k$ 与 $\mathcal{T}_1$-$Game_{k+1}$ $k\in(0,1,\cdots,Q-1)$	$\lvert Adv_{\mathcal{A}_1}^{\mathcal{T}_1\text{-}Game_k}(\lambda_{dk},\lambda_{MSK})-Adv_{\mathcal{A}_1}^{\mathcal{T}_1\text{-}Game_{k+1}}(\lambda_{dk},\lambda_{MSK})\rvert\leqslant\varepsilon$	引理 5-3 引理 5-4 引理 5-5 引理 5-6
$\mathcal{T}_1$-$Game_Q$ 与 $\mathcal{T}_1$-$Game_M$SK	$\lvert Adv_{\mathcal{A}_1}^{\mathcal{T}_1\text{-}Game_Q}(\lambda_{dk},\lambda_{MSK})-Adv_{\mathcal{A}_1}^{\mathcal{T}_1\text{-}Game_{MSK}}(\lambda_{dk},\lambda_{MSK})\rvert\leqslant\varepsilon$	引理 5-7 引理 5-8
$\mathcal{T}_1$-$Game_{MSK}$ 与 $\mathcal{T}_1$-$Game_{Final}$	$\lvert Adv_{\mathcal{A}_1}^{\mathcal{T}_1\text{-}Game_Q}(\lambda_{dk},\lambda_{MSK})-Adv_{\mathcal{A}_1}^{\mathcal{T}_1\text{-}Game_{Final}}(\lambda_{dk},\lambda_{MSK})\rvert\leqslant\varepsilon$	引理 5-9

这样，很容易获得安全性。此处，仅用引理 5-1 至引理 5-9 的结果，它们的具体证明稍后给出。用 $Adv_{\mathcal{A}_1}^{\mathcal{T}_1\text{-}Game_k}(\lambda_{dk},\lambda_{MSK})$ 表示敌手 $\mathcal{A}_1$ 在游戏 $\mathcal{T}_1$-$Game_k$($k\in(0,1,\cdots,Q)$)中获得的优势。用 $Adv_{\mathcal{A}_1}^{\mathcal{T}_1\text{-}Game_{MSK}}(\lambda_{dk},\lambda_{MSK})$ 表示

敌手$\mathcal{A}_1$ 在游戏$\mathcal{T}_1$-Game$_{MSK}$中获得的优势。用 $Adv_{\mathcal{A}_1}^{\mathcal{T}_1\text{-Game}_{\text{Final}}}(\lambda_{dk},\lambda_{MSK})$表示敌手$\mathcal{A}_1$ 在$\mathcal{T}_1$-Game$_{\text{Final}}$中获得的优势。

从表 5-6,可得:

$$\begin{aligned}
&|Adv_{\mathcal{A}_1}^{\mathcal{T}_1\text{-Game}_R}(\lambda_{dk},\lambda_{MSK})-Adv_{\mathcal{A}_1}^{\mathcal{T}_1\text{-Game}_{\text{Final}}}(\lambda_{dk},\lambda_{MSK})|\\
&=|Adv_{\mathcal{A}_1}^{\mathcal{T}_1\text{-Game}_R}(\lambda_{dk},\lambda_{MSK})-Adv_{\mathcal{A}_1}^{\mathcal{T}_1\text{-Game}_0}(\lambda_{dk},\lambda_{MSK})+Adv_{\mathcal{A}_1}^{\mathcal{T}_1\text{-Game}_0}(\lambda_{dk},\\
&\lambda_{MSK})-\cdots-Adv_{\mathcal{A}_1}^{\mathcal{T}_1\text{-Game}_k}(\lambda_{dk},\lambda_{MSK})+Adv_{\mathcal{A}_1}^{\mathcal{T}_1\text{-Game}_k}(\lambda_{dk},\lambda_{MSK})-\cdots-\\
&Adv_{\mathcal{A}_1}^{\mathcal{T}_1\text{-Game}_{MSK}}(\lambda_{dk},\lambda_{MSK})+Adv_{\mathcal{A}_1}^{\mathcal{T}_1\text{-Game}_{MSK}}(\lambda_{dk},\lambda_{MSK})-Adv_{\mathcal{A}_1}^{\mathcal{T}_1\text{-Game}_{\text{Final}}}(\lambda_{dk},\\
&\lambda_{MSK})|\\
&\leqslant|Adv_{\mathcal{A}_1}^{\mathcal{T}_1\text{-Game}_R}(\lambda_{dk},\lambda_{MSK})-Adv_{\mathcal{A}_1}^{\mathcal{T}_1\text{-Game}_0}(\lambda_{dk},\lambda_{MSK})|+\\
&\quad|Adv_{\mathcal{A}_1}^{\mathcal{T}_1\text{-Game}_0}(\lambda_{dk},\lambda_{MSK})-Adv_{\mathcal{A}_1}^{\mathcal{T}_1\text{-Game}_1}(\lambda_{dk},\lambda_{MSK})|+\cdots+\\
&\quad|Adv_{\mathcal{A}_1}^{\mathcal{T}_1\text{-Game}_k}(\lambda_{dk},\lambda_{MSK})-Adv_{\mathcal{A}_1}^{\mathcal{T}_1\text{-Game}_{k+1}}(\lambda_{dk},\lambda_{MSK})|+\cdots+\\
&\quad|Adv_{\mathcal{A}_1}^{\mathcal{T}_1\text{-Game}_Q}(\lambda_{dk},\lambda_{MSK})-Adv_{\mathcal{A}_1}^{\mathcal{T}_1\text{-Game}_{MSK}}(\lambda_{dk},\lambda_{MSK})|+\\
&\quad|Adv_{\mathcal{A}_1}^{\mathcal{T}_1\text{-Game}_{MSK}}(\lambda_{dk},\lambda_{MSK})-Adv_{\mathcal{A}_1}^{\mathcal{T}_1\text{-Game}_{\text{Final}}}(\lambda_{dk},\lambda_{MSK})|\\
&\leqslant\varepsilon+(Q+1)\varepsilon+\varepsilon=(Q+3)\varepsilon。
\end{aligned}$$

所以$|Adv_{\mathcal{A}_1}^{\mathcal{T}_1\text{-Game}_R}(\lambda_{dk},\lambda_{MSK})-Adv_{\mathcal{A}_1}^{\mathcal{T}_1\text{-Game}_{\text{Final}}}(\lambda_{dk},\lambda_{MSK})|\leqslant(Q+3)\varepsilon$。此外,类似与文献[70]完整版中定理 6.8 的证明,可得 $Adv_{\mathcal{A}_1}^{\mathcal{T}_1\text{-Game}_{\text{Final}}}(\lambda_{dk},\lambda_{MSK})\leqslant\varepsilon$。综上所述,$Adv_{\mathcal{A}_1}^{\mathcal{T}_1\text{-Game}_R}(\lambda_{dk},\lambda_{MSK})\leqslant\varepsilon$。再者,引理 5-1 证明了泄漏的界。这样,便可完成定理 5-4 证明。

引理 5-1 至引理 5-9 的具体证明如下。

引理 5-1　解密密钥和主私钥泄漏量至多为 $\lambda_{dk}=\lambda_{MSK}=(n-2c-1)\lambda$。

证明:首先引用文献[33]中的一个有用的结论(称之为结论 1)。

结论 1　假定 p 是一个素数,$m\geqslant l\geqslant 2(m,l\in\mathbf{N})$。假设 $X\leftarrow Z_p^{m\times l}$,$T\leftarrow Rk_1(Z_p^{l\times 1})$,$U\leftarrow Z_p^m$。$Rk_1(Z_p^{l\times 1})$表示 $Z_p^{l\times 1}$ 的秩为 1。对于任意一个泄漏函数 $f:Z_p^m\to W$,如果$|W|\leqslant 4\cdot\left(1-\dfrac{1}{p}\right)\cdot p^{l-1}\cdot\varepsilon^2$,那么 $SD((X,f(X\cdot T)),(X,f(U))\leqslant\varepsilon$,其中 ε 是一个可以忽略的值。

基于此,给出下面的推论 1。

推论 1:假定 p 是一个素数。假设 $\vec{\delta}\leftarrow Z_p^m$,$\vec{\tau}\leftarrow Z_p^m$,$\vec{\tau}'\leftarrow Z_p^m$ 使得$\vec{\tau}'$与$\vec{\delta}$ 关于模 p 的点积是正交的,其中 $m\geqslant 3(m\in\mathbf{N})$。对于任意一个泄漏函数 f:$Z_p^m\to W$,如果$|W|\leqslant 4\cdot\left(1-\dfrac{1}{p}\right)\cdot p^{n-1}\cdot\varepsilon^2$,那么 $SD((\vec{\delta},f(\vec{\tau}')),(\vec{\delta},f(\vec{\tau})))\leqslant$

ε，其中 ε 是一个可以忽略值。

证明：在结论 1 中令 $l=m-1$。那么 $\vec{\tau}$ 对应 U 且 $\vec{\delta}$ 正交空间的基对应于 X。那么 $\vec{\tau}'$ 的分布为 $X \cdot T$，其中 $T \leftarrow Rk_1(Z_p^{(m-1)\times 1})$。因为 $\vec{\delta} \in Z_p^m$ 是随机选择的，$X \leftarrow Z_p^{(m-1)\times 1}$ 由 $\vec{\delta}$ 确定。这样，可得 $SD((\vec{\delta}, f(\vec{\tau}')), (\vec{\delta}, f(\vec{\tau}))) = SD((X, f(X \cdot T)), (X, f(U)))$。

如果，令 $n+1=m$、$p_2=p$ 和 $\varepsilon=p_2^{-c}$，可得泄漏量为 $\log|W| \leqslant (n-1)\log p_2 - 2c\log p_2 = (n-2c-1)\log p_2 = (n-2c-1)\lambda$，其中 $\log p_2 = \lambda$。因此，获得泄漏允许的界为 $\lambda_{dk} = \lambda_{MSK} = (n-2c-1)\lambda$。

引理 5-2 如果假设 1 成立，任何 PPT 敌手 $\mathcal{A}_1$ 区分 $\mathcal{T}_1$-Game$_R$ 和 $\mathcal{T}_1$-Game$_0$ 的优势都是可以忽略的。也就是说，$|Adv_{\mathcal{A}_1}^{\mathcal{T}_1\text{-Game}_R}(\lambda_{dk}, \lambda_{MSK}) - Adv_{\mathcal{A}_1}^{\mathcal{T}_1\text{-Game}_0}(\lambda_{dk}, \lambda_{MSK})| \leqslant \varepsilon$。

证明：反证法，假设存在一个 PPT 敌手 $\mathcal{A}_1$ 能以不可忽略的优势区分 $\mathcal{T}_1$-Game$_R$ 与 $\mathcal{T}_1$-Game$_0$，就能构造一个挑战者 $\mathcal{B}$ 来破坏假设 1。

首先，给定 $\mathcal{B}$ 一个实例 $D=(\Omega, g_1, X_3)$ 和一个挑战项 T，其中 $T \in G_{p_1 p_2}$ 或 $T \in G_{p_1}$。$\mathcal{B}$ 与 $\mathcal{A}_1$ 交互如下：

初始化：$\mathcal{B}$ 首先创建合数阶双线性群 $(N=p_1 p_2 p_3, G, G', e)$。然后，$\mathcal{B}$ 随机选择 $a, b, d \in Z_N$ 并设置 $u_1 = g_1^a, h_1 = g_1^b$ 和 $v_1 = g_1^d$。给定 $g_1 \in G_{p_1}$ 和 $g_3 \in G_{p_3}$，$\mathcal{B}$ 运行 $\prod$ 的 Gen 产生公共字符串 crs 并随机选择 $(\alpha, x_1, x_2, \cdots, x_n, r, y_1, y_2, \cdots, y_n) \in Z_N^{2n+2}$ 和 $\vec{\rho} = \langle \rho_1, \rho_2, \cdots, \rho_{n+3} \rangle \in Z_N^{n+3}$，其中 $n \geqslant 2$ 是一个整数。

$\mathcal{B}$ 输出主公钥 $MPK = (N, G, G', e, e(g_1, v_1)^\alpha, g_1, g_1^{x_1}, \cdots, g_1^{x_n}, u_1, h_1, v_1, g_3, crs)$ 和主私钥 $MSK = (\vec{K}, K_1, K_2, K_3) = \left(\langle v_1^{y_1}, \cdots, v_1^{y_n} \rangle, g_1^\alpha h_1^{-r} \prod_{i=1}^{n} g_1^{-x_i y_i}, v_1^r, u_1^r\right) * g_3^{\vec{\rho}}$。

阶段 1：敌手询问预言机 $\mathcal{O}$-Create、$\mathcal{O}$-PublicKey、$\mathcal{O}$-Leakdecryptionkey、$\mathcal{O}$-LeakMasterKey、$\mathcal{O}$-Certificate、$\mathcal{O}$-Replacepublickey、$\mathcal{O}$-Decryptionkey 和 $\mathcal{O}$-Decrypt。因为 $\mathcal{B}$ 拥有 MSK，所以知道解密密钥。这样，$\mathcal{B}$ 可以回答敌手的询问。此外，$\mathcal{B}$ 存储每个用户的私钥。

挑战阶段：$\mathcal{A}_1$ 把挑战身份 ID^* 和消息 M_0 与 M_1 发给 $\mathcal{B}$。$\mathcal{B}$ 在列表 $\mathcal{L}_1$ 中查找 ID^* 的公钥 (Y, π)，其中 $Y = e(g_1, v_1)^{\alpha\beta}$。如果 $\mathcal{A}_1$ 没有替换公钥，$\mathcal{B}$ 知道 β。否则，$\mathcal{B}$ 根据 NIZK 证明系统从 π 提取 β。$\mathcal{B}$ 随机选择 $\xi \in \{0,1\}$ 并输出

密文：

$CT^* = (C_0^*, \vec{C}^*, C_1^*, C_2^*) = (M_\xi \cdot e(v_1^\beta, T), \langle T^{x_1}, \cdots, T^{x_n} \rangle, T^d, T^{aID^*+b})$。

阶段 2：与阶段 1 类似，$\mathcal{A}_1$ 可以询问预言机$\mathcal{O}$-Create、$\mathcal{O}$-PublicKey、$\mathcal{O}$-Decrypt、$\mathcal{O}$-Replacepublickey、$\mathcal{O}$-Certificate、$\mathcal{O}$-Decryptionkey。基本的限制和阶段 1 相同。额外的限制是这些预言机不能对 ID^* 进行相应的询问。进一步，在这个阶段不允许进行泄漏询问。假如允许泄漏询问的话，敌手可以把对 CT^* 的解密算法编码到泄漏函数中，就可以平凡地赢得游戏。

猜测：$\mathcal{A}_1$ 给出猜测 $\xi' \in \{0,1\}$。如果 $\xi' = \xi$，$\mathcal{A}_1$ 赢得游戏。

当 $T \in G_{p_1}$，不妨设 $T = g_1^z$（z 是一个随机选取的值），给定的密文是正常的（没有 G_{p_2} 部分）。这样，$\mathcal{B}$正确地模拟了$\mathcal{T}_1$-Game$_R$。

当 $T \in G_{p_1 p_2}$，不妨设 $T = g_1^z g_2^v$，可得 $\vec{\delta} = \langle x_1, \cdots, x_n \rangle$，$\delta_1 = d$，$\delta_2 = aID^* + b$。从敌手的角度而言，$\vec{\delta}$，$\delta_1$ 与 δ_2 是随机均匀分布的。原因是：在 MPK 中 $x_1, \cdots, x_n, d, a$ 与 b 仅仅是关于模 p_1 计算的。从敌手的角度来看，$x_1, \cdots, x_n, d, a$ 与 b 模 p_2 就是随机的。这样，$\mathcal{B}$正确地模拟$\mathcal{T}_1$-Game$_0$。

如果$\mathcal{A}_1$ 能以不可忽略的优势区分$\mathcal{T}_1$-Game$_R$ 和$\mathcal{T}_1$-Game$_0$，$\mathcal{B}$通过敌手 $\mathcal{A}_1$ 能以不可忽略的优势破坏假设 1。也就是说：

$$|Adv_{\mathcal{A}_1}^{\mathcal{T}_1\text{-Game}_R}(\lambda_{dk}, \lambda_{MSK}) - Adv_{\mathcal{A}_1}^{\mathcal{T}_1\text{-Game}_0}(\lambda_{dk}, \lambda_{MSK})| \leqslant \varepsilon。$$

这与假设 1 矛盾。所以引理 5－2 成立。

引理 5－3　如果假设 2 成立且解密密钥泄漏的界 $\lambda_{dk} = (n-2c-1)\lambda$，任何 PPT 敌手$\mathcal{A}_1$ 区分$\mathcal{T}_1$-Game$_k$ 与$\mathcal{T}_1$-Game$_{k+1}$的优势都是可以忽略的。也就是说：

$$|Adv_{\mathcal{A}_1}^{\mathcal{T}_1\text{-Game}_k}(\lambda_{dk}, \lambda_{MSK}) - Adv_{\mathcal{A}_1}^{\mathcal{T}_1\text{-Game}_{k+1}}(\lambda_{dk}, \lambda_{MSK})| \leqslant \varepsilon。$$

证明：为了证明引理 5－3，定义一个新的游戏$\mathcal{T}_1$-AltGame$_k$。与$\mathcal{T}_1$-Game$_k$ 相比而言，在$\mathcal{T}_1$-Game$_k$ 中：如果第 k 次询问是创建询问，证书是正常的而不是半功能的；解密密钥是半功能的。这样，引理 5－3 可以通过下面三个引理来证明。

引理 5－4　如果假设 2 成立且解密密钥泄漏的界 $\lambda_{dk} = (n-2c-1)\lambda$，任何 PPT 敌手$\mathcal{A}_1$ 区分$\mathcal{T}_1$-Game$_k$ 和$\mathcal{T}_1$-AltGame$_k$ 的优势都是可以忽略的。也就是说：

$$|Adv_{\mathcal{A}_1}^{\mathcal{T}_1\text{-Game}_k}(\lambda_{dk},\lambda_{MSK})-Adv_{\mathcal{A}_1}^{\mathcal{T}_1\text{-AltGame}_k}(\lambda_{dk},\lambda_{MSK})|\leqslant\varepsilon。$$

与$\mathcal{T}_1$-Game$_k$ 相比而言，在$\mathcal{T}_1$-AltGame$_k$ 中：如果第 k 次询问是创建询问，证书是正常的而不是半功能的；解密密钥还是半功能的。

证明：假设存在一个 PPT 敌手$\mathcal{A}_1$ 能以不可忽略的优势区分$\mathcal{T}_1$-Game$_k$ 与$\mathcal{T}_1$-AltGame$_k$，就能构造一个挑战者$\mathcal{B}$来破坏假设 2。

首先，给定$\mathcal{B}$一个实例 $D=(\Omega,g_1,X_1X_2,X_3,Y_2Y_3)$和一个挑战项 T ($T\in G_{p_1p_3}$ 或 $T\in G$)。$\mathcal{B}$与$\mathcal{A}_1$ 交互如下。

初始化：$\mathcal{B}$首先创建合数阶双线性群($N=p_1p_2p_3,G,G',e$)。$\mathcal{B}$随机均匀选择 $a,b,d\in Z_N$ 并设置 $u_1=g_1^a,h_1=g_1^b$ 与 $v_1=g_1^d$。给定 $g_1\in G_{p_1}$ 与 $g_3\in G_{p_3}$，$\mathcal{B}$运行 $\prod$ 的 Gen 产生公共字符串 crs 并随机选择$(\alpha,x_1,x_2,\cdots,x_n,r,y_1,y_2,\cdots,y_n)\in Z_N^{2n+2}$ 和$\vec{\rho}=\langle\rho_1,\rho_2,\cdots,\rho_{n+3}\rangle\in Z_N^{n+3}$，其中 $n\geqslant2$ 是一个整数。

$\mathcal{B}$输出主公钥 $MPK=(N,G,G',e,e(g_1,v_1)^\alpha,g_1,g_1^{x_1},\cdots,g_1^{x_n},u_1,h_1,v_1,g_3,crs)$ 和主私钥 $MSK=(\vec{K},K_1,K_2,K_3)=\left(\langle v_1^{y_1},\cdots,y_1^{y_n}\rangle,g_1^\alpha h_1^{-r}\prod_{i=1}^{n}g_1^{-x_iy_i},v_1^r,u_1^r\right)*g_3^{\vec{\rho}}$。

阶段 1：敌手询问预言机$\mathcal{O}$-Create、$\mathcal{O}$-PublicKey、$\mathcal{O}$-Leakdecryptionkey、$\mathcal{O}$-LeakMasterKey、$\mathcal{O}$-Certificate、$\mathcal{O}$-Replacepublickey、$\mathcal{O}$-Decryptionkey 和 $\mathcal{O}$-Decrypt。因为$\mathcal{B}$知道 α,x_i,y_i,r，所以能回答敌手的每个询问。具体来说，$\mathcal{B}$回答身份 ID_j 的第 j 次询问如下：

如果是创建询问，$\mathcal{B}$用 MSK 产生正常证书。$Cert_{ID_j}$ 允许信息泄漏。$\mathcal{B}$运行私钥产生算法获得 β 并运行公钥产生算法获得 pk_{ID_j}。$\mathcal{B}$随机选取$(\omega_1,\omega_2,\cdots,\omega_n,t)\in Z_N^{n+1}$ 与$\vec{\rho}\in Z_N^{n+2}$。

(a) 如果 $j\leqslant k$，$\mathcal{B}$随机选择一个向量 $\vec{\gamma}\in Z_N^{n+2}$ 并计算解密密钥：

$$dk_{ID_j}=\left(\langle v_1^{\omega_1},\cdots,v_1^{\omega_n}\rangle,g^{\alpha\beta}(u_1^{ID_j}h_1)^{-t}\prod_{i=1}^{n}g_1^{-x_i\omega_i},v_1^t\right)*(g_2^{\mu}g_3^{\rho})^{\vec{\gamma}}*g_3^{\vec{\rho}}。$$

(b) 如果 $j>k+1$，$\mathcal{B}$计算解密密钥：

$$dk_{ID_j}=\left(\langle v_1^{\omega_1},\cdots,v_1^{\omega_n}\rangle,g^{\alpha\beta}(u_1^{ID_j}h_1)^{-t}\prod_{i=1}^{n}g_1^{-x_i\omega_i},v_1^t\right)*g_3^{\vec{\rho}}。$$

(c) 如果 $j=k+1$，$\mathcal{B}$通过挑战项 T 计算解密密钥：

$$dk_{ID_{k+1}}=\left(\langle T^{d\omega_1},\cdots,T^{d\omega_n}\rangle,T^{-(aID_{k+1}+n)}*\prod_{i=1}^{n}T^{-x_i\omega_i}*g_1^{\alpha\beta},T^d\right)*g_3^{\vec{\rho}}。$$

如果 $T\in G_{p_1p_3}$，不妨设 $T=g_1^{\omega}g_3^{\sigma}$（$\omega,\sigma$ 是随机选取的），从$\mathcal{B}$的角度来看，因为 T 中没有 G_{p_2} 部分，所以解密密钥是随机均匀分布的。

如果 $T\in G$，不妨设 $T=g_1^{\omega}g_2^{\kappa}g_3^{\sigma}$（$\omega,\kappa,\sigma$ 是随机选取的），解密密钥是半功能的且相应的参数为：

$$\vec{\theta}=\langle \kappa dw_1,\cdots,\kappa dw_n\rangle,\theta_1=-\kappa\left(aID_{k+1}+b+\sum\nolimits_{i=1}^{n}x_iw_i\right),\theta_2=\kappa d。$$

因为在 MPK 中 $w_1,\cdots,w_n,x_1,\cdots,x_n,d,a,b$ 仅仅是关于模 p_1 的，从敌手$\mathcal{A}_1$ 的角度来看，它们关于模 p_2 是随机的。这样，半功能解密密钥是恰当分布的。

$\mathcal{B}$更新 $H\leftarrow H+1$，增加$(H,ID_j,ID'_j,pk_{ID_j},sk_{ID_j},Cert_{ID_j},dk_{ID_j},0,0)$到列表$\mathcal{L}_1$ 中，并返回 H 给$\mathcal{A}_1$。

如果对应公钥已经被替换为 pk'_{ID_j}，$\mathcal{B}$随机选择$(z_1,z_2,\cdots,z_n,r)\in Z_N^{n+1}$与$\vec{\rho}\in Z_N^{n+2}$。

(a) 如果 $j\leqslant k$，$\mathcal{B}$随机选择 Z_N^{n+2} 并计算证书：

$$Cert_{ID_j}=\left(\langle v_1^{z_1},\cdots,v_1^{z_n}\rangle,g_1^{\alpha}(u_1^{ID_j}h_1)^{-r}\prod_{i=1}^{n}g_1^{-x_iz_i},v_1^{r}\right)*(g_2^{u}g_3^{\varrho})^{\vec{\gamma}}*g_3^{\vec{\rho}}。$$

(b) 如果 $j>k+1$，$\mathcal{B}$计算证书：

$$Cert_{ID_j}=\left(\langle v_1^{z_1},\cdots,v_1^{z_n}\rangle,g_1^{\alpha}(u_1^{ID_j}h_1)^{-t}\prod_{i=1}^{n}g_1^{-x_iz_i},v_1^{r}\right)*g_3^{\vec{\rho}}。$$

(c) 如果 $j=k+1$，通过挑战项 T，$\mathcal{B}$计算出证书：

$$Cert_{ID_{k+1}}=\left(\langle T^{dz_1},\cdots,T^{dz_n}\rangle,T^{-(aID_{k+1}+b)}\prod_{i=1}^{n}T^{-x_iz_i}*g_1^{\alpha},T^{d}\right)*g_3^{\vec{\rho}}。$$

如果 $T\in G_{p_1p_3}$，不妨设 $T=g_1^{\omega}g_3^{\sigma}$（$\omega,\sigma$ 是随机选取的），从$\mathcal{B}$的角度而言，因为 T 中没有 G_{p_2} 部分，所以证书是恰当分布的。

如果 $T\in G$，不妨设 $T=g_1^{\omega}g_2^{\kappa}g_3^{\sigma}$（$\omega,\kappa,\sigma$ 是随机选取的），证书是半功能的，可以设置 $\vec{\eta}=\langle \kappa dz_1,\cdots,\kappa dz_n\rangle$，$\eta_1=-\kappa\left(aID_{k+1}+b+\sum\nolimits_{i=1}^{n}x_iz_i\right)$ 与 $\eta_2=\kappa d$。

因为在 MPK 中 $z_1,\cdots,z_n,x_1,\cdots,x_n,d,a,b$ 仅是关于模 p_1 来计算的，从$\mathcal{A}_1$ 的角度来说，它们关于模 p_2 来说是随机的。这样，半功能的证书是正确分布的。

$\mathcal{B}$更新 $H\leftarrow H+1$，增加$(H,ID_j,ID'_j,pk'_{ID_j},\perp,Cert_{ID_j},\perp,0,0)$到列表

$\mathcal{L}_1$ 中，并返回 H 给$\mathcal{A}_1$。

挑战：$\mathcal{A}_1$ 给定身份 ID^* 和两个消息 M_0 与 M_1。$\mathcal{B}$选择一个随机的 $\xi\in\{0,1\}$。$\mathcal{B}$在列表$\mathcal{L}_1$ 中查找 ID^* 的最大句柄对应的公钥 $pk_{ID_j}=(Y,\pi)$，其中 $Y=e(g_1,v_1)^{\alpha\beta^*}$。如果$\mathcal{A}_1$ 没有替换公钥，$\mathcal{B}$知道 β^*。否则，$\mathcal{B}$根据 NIZK 证明系统从 π 提取β^*。通过 X_1X_2，不妨设 $X_1X_2=g_1^z g_2^v(z,v\in Z_N)$，$\mathcal{B}$输出半功能密文：

$CT^*=(C_0^*,\vec{C}^*,C_1^*,C_2^*)=(M_\zeta\cdot e(v_1^{\beta^*},g_1^z g_2^v)^\alpha,\langle(g_1^z g_2^v)^{x_1},\cdots,(g_1^z g_2^v)^{x_n}\rangle,(g_1^z g_2^v)^d,(g_1^z g_2^v)^{aID^*+b})$。

从这个半功能密文中得到半功能的参数$\vec{\delta}=\langle vx_1,\cdots,vx_n\rangle$，$\delta_1=vd$，$\delta_2=v(aID^*+b)$。基于上面同样的原因，从$\mathcal{A}_1$ 的角度来看，$x_1,\cdots,x_n,d,a,b$ 关于模 p_2 是随机的且如果 ID^* 不是句柄$(k+1)^{th}$对应的身份，那么给定的密文是随机均匀分布的。

阶段 2：与阶段 1 类似，$\mathcal{A}_1$ 可以询问预言机$\mathcal{O}$-Create、$\mathcal{O}$-Publickey、$\mathcal{O}$-Decrypt、$\mathcal{O}$-Replacepublickey、$\mathcal{O}$-Certificate、$\mathcal{O}$-Decryptionkey。基本的限制和阶段 1 相同。额外的限制是这些预言机不能对 ID^* 进行相应的询问。进一步，在这个阶段不允许进行泄漏询问。假如允许泄漏询问的话，敌手可以把对 CT^* 的解密算法编码到泄漏函数中，就可以平凡地赢得游戏。

猜测：$\mathcal{A}_1$ 给出猜测 $\xi'\in\{0,1\}$。如果 $\xi'=\xi$，那么$\mathcal{A}_1$ 赢得游戏。

（Ⅰ）如果第 $k+1$ 次询问是创建询问，可得这样的结论：如果 T 中包含 G_{p_2} 部分，关于密文 CT^* 句柄 $k+1$ 对应的解密密钥是半功能的。名义上的半功能特性体现如下：$\vec{\theta}\cdot\vec{\delta}=\kappa vd\sum_{i=1}^{n}x_iw_i \bmod p_2$，$\theta_1\cdot\delta_1=-\kappa vd\left(aID_{k+1}+b+\sum_{i=1}^{n}x_iw_i\right) \bmod p_2$ 和 $\theta_2\cdot\delta_2=-\kappa vd(aID^*+b) \bmod p_2$。

如果 $T\in G$，不妨设 $T=g_1^w g_2^\kappa g_3^\sigma$（$\omega,\kappa,\sigma$ 是随机选取的），当 $ID^*\neq ID_{k+1} \bmod p_2$，$\mathcal{B}$正确模拟$\mathcal{T}_1$-AltGame$_k$。否则，$\mathcal{B}$正确模拟$\mathcal{T}_1$-Game$_k$。

（Ⅱ）如果第 $k+1$ 次询问是公钥替换询问，可以得出这样的结论：尽管公钥被替换了，解密密钥和相应的证书具有相同的 G_{p_2} 部分。原因是：如果$\mathcal{A}_1$ 没有影响 G_{p_1} 部分，那么$\mathcal{A}_1$ 不能随机化 G_{p_2} 部分。名义上的半功能特性体现如下：

$$\vec{\theta}\cdot\vec{\delta}=\vec{\eta}^{\beta}\cdot\vec{\delta}=\kappa\upsilon\beta d\sum_{i=1}^{n}v_iw_i \bmod p_2,$$

$$\theta_1\cdot\delta_1=\eta_1^{\beta}\cdot\delta_1=-\kappa\upsilon\beta d\left(aID_{k+1}+b+\sum_{i=1}^{n}x_iw_i\right) \bmod p_2,$$

$$\theta_2\cdot\delta_2=\eta_2^{\beta}\cdot\delta_2=-\kappa\upsilon\beta d(aID^*+b) \bmod p_2。$$

如果 $T\in G$，不妨设 $T=g_1^w g_{23}^{\kappa\sigma}$（$w,\kappa,\sigma$ 是随机选取的），当 $ID^*\neq ID_{k+1} \bmod p_2$ 时，$\mathcal{B}$ 正确模拟 $\mathcal{T}_1$-AltGame$_k$。否则，$\mathcal{B}$ 正确模拟 $\mathcal{T}_1$-Game$_k$。

在上述两种情况中，按如下方式考虑名义上的半功能：

情况 1，$ID^*=ID_{k+1} \bmod p_2$ 且 $ID^*\neq ID_{k+1} \bmod N$；

情况 2，$ID^*=ID_{k+1} \bmod N$。

对于情况 1，如果 $\mathcal{B}$ 计算 $a'=\gcd(ID^*-ID_{k+1},N)$，$\mathcal{B}$ 能产生 N 的一个非平凡的因子。子群判定假设被破坏，进一步，假设 1—假设 3 就被破坏。

对于情况 2，挑战身份 ID^* 被句柄 $k+1$ 指出。这样的话，$\mathcal{A}_1$ 不能从 ID^* 中提取解密密钥。为此，进一步分两种情形讨论：

① $\mathcal{A}_1$ 可以从 ID^* 中获得证书和解密密钥的一些泄漏信息；

② $\mathcal{A}_1$ 可以替换相应的公钥并能得到身份 ID^* 对应的证书的一些泄漏信息。

下述引理 5-5 表明正常的半功能和名义上的半功能是不可区分的。

引理 5-5 对于引理 5-4 的情况 2，在解密密钥泄漏 λ_{dk} 时，身份 ID^* 对应的句柄 $k+1$，当解密密钥或证书从正常的半功能转换为名义上的半功能时，敌手 $\mathcal{A}_1$ 赢得的优势是可以忽略的，其中 $\lambda_{dk}=(n-2c-1)\lambda$，$c$ 是一个正的常数。

证明：假如存在一个 PPT 敌手 $\mathcal{A}_1$ 能以不可忽略的优势区分 SF 与 NSF 解密密钥或证书，挑战者 $\mathcal{B}$ 来破坏推论 1。也就是说，$\mathcal{B}$ 区分分布 $(\vec{\delta},f(\vec{\tau}'))$ 和 $(\vec{\delta},f(\vec{\tau}))$ 的优势是不可忽略的。这样的话，产生矛盾。

$\mathcal{B}$ 运行初始化算法。$\mathcal{B}$ 保留 MSK 并把 MPK 发给 $\mathcal{A}_1$。因为 $\mathcal{B}$ 有 MSK 且知道 $g_2\in G_{p_2}$，所以能产生正常的和半功能的密钥。这样，$\mathcal{B}$ 能回答 $\mathcal{A}_1$ 的所有询问。

关于 ID 的第 $k+1$ 次公钥替换询问或创建询问，$\mathcal{A}_1$ 用句柄 H^* 对应的内容来回应且不创建私钥。如果 $\mathcal{A}_1$ 对 (H^*,f) 进行泄漏询问，$\mathcal{B}$ 把泄漏编码为一个 PPT 函数 $f:Z_{p_2}^n\rightarrow z^{\lambda_{dk}}$。这是可以实现的，只要把所有其他密钥和变量的所有值看成是固定的。然后,$\mathcal{B}$获得$(\vec{\delta}, f(\vec{\Gamma}))$,根据推论 1,$\vec{\Gamma}$是$\vec{\tau}$或$\vec{\tau}'$且有$n+1$个分量。$\mathcal{B}$返回$f(\vec{\Gamma})$给$\mathcal{A}_1$作为对第$k+1$个句柄对应的密钥的泄漏,第$k+1$个句柄定义的挑战密钥如下:

(a) 如果第$k+1$个询问是创建询问,$\mathcal{B}$用MSK来计算正常的证书$Cert_{ID}$。$\mathcal{B}$随机选择$r_1, r_2 \in Z_{p_2}$并在解密密钥中隐含设置G部分为$g_2^{\vec{\Gamma}'}$,其中$\vec{\Gamma}'$定义为$\langle \vec{\Gamma}, 0 \rangle + \langle \underbrace{0, \cdots, 0}_{n}, r_1, r_2 \rangle$。$\mathcal{B}$设置解密密钥中非$G_{p_2}$部分满足正确的分布。这可以解决引理 5-4 中的情形①。

(b) 如果第$k+1$次询问是公钥替换询问,$\mathcal{B}$随机选择$r_1, r_2 \in Z_{p_2}$并在证书中设置G_{p_2}部分为$g_2^{\vec{\Gamma}'}$,其中$\vec{\Gamma}'$定义为$\langle \vec{\Gamma}, 0 \rangle + \langle \underbrace{0, \cdots, 0}_{n}, r_1, r_2 \rangle$。$\mathcal{B}$设置证书中的非$G_{p_2}$部分满足正确的分布。这可以解决引理 5-4 中的情形②。

在一定条件下,$\mathcal{A}_1$发给$\mathcal{B}$挑战消息。$\mathcal{B}$选择$t_2 \in Z_{p_2}$满足条件:$\delta_n r_1 = t_2 r_2 \equiv 0 \bmod p_2$。通过使用$\langle \vec{\delta}, 0 \rangle + \langle 0, \cdots, 0, 0, t_2 \rangle$($\vec{\delta}$有$n+1$个部分)作为$G_{p_2}$部分,$\mathcal{B}$可以产生挑战密文。如果$\vec{\delta}$与$\vec{\Gamma}$是正交的,句柄$k+1$对应的是名义上的解密密钥或证书。

显而易见,在阶段 2 中$\mathcal{B}$能够很容易地回应敌手询问。通过使用$\mathcal{A}_1$的输出,$\mathcal{B}$能够以不可忽略的优势来区分分布$(\vec{\delta}, f(\vec{\tau}'))$与$(\vec{\delta}, f(\vec{\tau}))$。

如果假设 2 成立,对于敌手来说,$\mathcal{T}_1$-Game$_k$与$\mathcal{T}_1$-AltGame$_k$是不可区分的。也就是说,$|Adv_{\mathcal{A}_1}^{\mathcal{T}_1\text{-Game}_k}(\lambda_{dk}, \lambda_{MSK}) - Adv_{\mathcal{A}_1}^{\mathcal{T}_1\text{-AltGame}_k}(\lambda_{dk}, \lambda_{MSK})| \leqslant \varepsilon$。

引理 5-6 如果解密密钥泄漏界$\lambda_{dk} = (n-2c-1)\lambda$和假设 2 成立,对于敌手来说,$\mathcal{T}_1$-AltGame$_k$与$\mathcal{T}_1$-Game$_{k+1}$是不可区分的。也就是说,$|Adv_{\mathcal{A}_1}^{\mathcal{T}_1\text{-AltGame}_k}(\lambda_{dk}, \lambda_{MSK}) - Adv_{\mathcal{A}_1}^{\mathcal{T}_1\text{-Game}_{k+1}}(\lambda_{dk}, \lambda_{MSK})| \leqslant \varepsilon$。

证明:假设存在一个 PPT 敌手$\mathcal{A}_1$能以不可忽略的优势区分$\mathcal{T}_1$-AltGame$_k$与$\mathcal{T}_1$-Game$_{k+1}$,则就能构造一个挑战者$\mathcal{B}$来破坏假设 2。

首先,给定$\mathcal{B}$一个实例$D = (\Omega, g_1, X_1X_2, X_3, Y_2Y_3)$和一个挑战项$T$($T \in G_{p_1p_3}$或$T \in G$)。$\mathcal{B}$与$\mathcal{A}_1$交互如下。

初始化:$\mathcal{B}$首先创建合数阶双线性群$(N = p_1p_2p_3, G, G', e)$。$\mathcal{B}$随机均匀选择$a, b, d \in Z_N$并设置$u_1 = g_1^a, h_1 = g_1^b$与$v_1 = g_1^d$。给定$g_1 \in G_{p_1}$与$g_3 \in G_{p_3}$,$\mathcal{B}$运行$\prod$的 Gen 产生公共字符串$crs$并随机选择$(\alpha, x_1, x_2, \cdots, x_n, r, y_1, y_2, \cdots, y_n) \in Z_N^{2n+2}$和,$\vec{\rho} = \langle \rho_1, \rho_2, \cdots, \rho_{n+3} \rangle \in Z_N^{n+3}$,其中$n \geqslant 2$是一个

整数。

输出主公钥 $MPK=(N,G,G',e,e(g_1,v_1)^{\alpha},g_1,g_1^{x_1},\cdots,g_1^{x_n},u_1,h_1,v_1,g_3,crs)$ 和主私钥 $MSK=(\vec{K},K_1,K_2,K_3)=\left(\langle v_1^{y_1},\cdots,v_1^{y_n}\rangle, g_1^{\alpha}h_1^{-r}\prod_{i=1}^{n}g_1^{-x_iy_i},v_1^r,u_1^r\right)*g_3^{\vec{\rho}}$。

阶段1：敌手询问预言机$\mathcal{O}$-Create、$\mathcal{O}$-PublicKey、$\mathcal{O}$-Leakdecryptionkey、$\mathcal{O}$-LeakMasterKey、$\mathcal{O}$-Certificate、$\mathcal{O}$-Replacepublickey、$\mathcal{O}$-Decryptionkey 和$\mathcal{O}$-Decrypt。因为$\mathcal{A}_2$ 知道主私钥，它不用询问预言机 $\mathcal{O}$-*Leakmasterkey* 和$\mathcal{O}$-Certificate。因为$\mathcal{B}$知道 α,x_i,y_i,r，所以能回答敌手的每个询问。具体来说，$\mathcal{B}$回答身份 ID_j 的第 j 次询问如下：

如果是创建询问，$\mathcal{B}$ 用 MSK 产生正常证书 $Cert_{ID_j}=(\vec{D},D_1,D_2)$。$Cert_{ID_j}$ 允许信息泄漏。$\mathcal{B}$运行私钥产生算法获得β并运行公钥产生算法获得 pk_{ID_j}。

(a) 如果 $j\leqslant k$，$\mathcal{B}$ 随机选择向量 $\vec{\rho}_1,\vec{\gamma}_1,\vec{\rho}_2,\vec{\gamma}_2\in Z_n^{n+2}$ 并计算解密密钥 dk_{ID_j}：$\widetilde{Cert_{ID}}=(\vec{D},D_1,D_2)*(g_2^{\mu}g_3^{\varrho})^{\vec{\gamma}_1}*g_3^{\vec{\rho}_1}$，$\widetilde{dk_{ID}}=(\vec{S},S_1,S_2)*(g_2^{\mu}g_3^{\varrho})^{\vec{\gamma}_2}*g_3^{\vec{\rho}_2}$。$\mathcal{B}$增加$(H,ID_j,ID'_j,pk_{ID_j},sk_{ID_j},\widetilde{Cert_{ID_j}},\widetilde{dk_{ID_j}},0,0)$到列表$\mathcal{L}_1$ 中。

(b) 如果 $j>k+1$，$\mathcal{B}$ 正常计算解密密钥 dk_{ID_j} 并增加$(H,ID_j,ID'_j,pk_{ID_j},sk_{ID_j},\widetilde{Cert_{ID_j}},\widetilde{dk_{ID_j}},0,0)$到列表$\mathcal{L}_1$ 中。

(c) 如果 $j=k+1$，$\mathcal{B}$随机选取向量 $\vec{\rho}_1,\vec{\rho}_2,\vec{\gamma}_1\in Z_N^{n+2}$ 和$(z_1,z_2,\cdots,z_n)\in Z_N^n$。通过使用挑战项，$\mathcal{B}$ 计算证书 $Cert_{ID_{k+1}}=\left(\langle T^{d_1z_1},\cdots,T^{d_1z_n}\rangle, T^{-(aID_{k+1}+b)}\prod_{i=1}^{n}T^{-x_iz_i}*g^{\alpha},T^d\right)*g_3^{\vec{\rho}_1}$。

$\mathcal{B}$调用解密密钥产生算法生成正常解密密钥 dk_{ID_j} 并计算半功能解密密钥 $\widetilde{dk_{ID_j}}=(\vec{S},S_1,S_2)*(g_2^{\mu}g_3^{\varrho})^{\vec{\gamma}_2}*g_3^{\vec{\rho}_2}$。$\mathcal{B}$ 增加$(H,ID_j,ID'_j,pk_{ID_j},sk_{ID_j},\widetilde{Cert_{ID_j}},\widetilde{dk_{ID_j}},0,0)$到列表$\mathcal{L}_1$ 中。

如果 $T\in G_{p_1p_3}$，不妨设 $T=g_1^{\omega}g_3^{\sigma}$($\omega,\sigma$ 是随机选取的)，从$\mathcal{B}$的角度来看，因为 T 中没有 G_{p_2} 部分，所以解密密钥是随机均匀分布的。

如果 $T\in G$，不妨设 $T=g_1^{\omega}g_2^{\kappa}g_3^{\sigma}$($\omega,\kappa,\sigma$ 是随机选取的)，解密密钥是半功

能的且相应的参数为：$\vec{\eta}=\langle \kappa d_1 z_1,\cdots,\kappa d_1 z_n\rangle$，$\eta_1=-\kappa\left(aID_{k+1}+b+\sum_{i=1}^{n}x_i z_i\right)$和 $\eta_2=\kappa d$。

因为在 MPK 中 $z_1,\cdots,z_n,x_1,\cdots,x_n,d,a,b$ 仅仅是关于模 p_1 计算的，从敌手$\mathcal{A}_1$ 的角度来看，它们关于模 p_2 是随机的。这样，半功能的解密密钥是恰当分布的。

$\mathcal{B}$设置 $H\leftarrow H+1$，并返回 $H+1$ 给$\mathcal{A}_1$。

如果第 j 次询问为公钥替换询问，模拟的方式与引理 5 - 4 相同。

挑战：执行方式与引理 5 - 4 的挑战阶段执行方式相同。

阶段 2：与阶段 1 类似，$\mathcal{A}_1$ 可以询问预言机$\mathcal{O}$-Create、$\mathcal{O}$-Publickey、$\mathcal{O}$-Decrypt、$\mathcal{O}$-Replacepublickey、$\mathcal{O}$-Certificate 和$\mathcal{O}$-Decryptionkey。基本的限制和阶段 1 相同。额外的限制是这些预言机不能对 ID^* 进行相应的询问。进一步，在这个阶段不允许进行泄漏询问。假如允许泄漏询问的话，敌手可以把对 CT^* 的解密算法编码到泄漏函数中，就可以平凡地赢得游戏。

猜测：$\mathcal{A}_1$ 给出猜测 $\xi'\in\{0,1\}$。如果 $\xi'=\xi$，那么$\mathcal{A}_1$ 赢得游戏。

名义上半功能特性的分析方式与引理 5 - 4 相同。

综上所述，如果假设 2 成立且泄漏量至多为$(n-2c-1)\lambda$ 比特，那么对于敌手来说$\mathcal{T}_1$-Game$_k$ 和$\mathcal{T}_1$-AltGame$_k$ 是不可区分的。类似地，对于敌手来说$\mathcal{T}_1$-AltGame$_k$ 和$\mathcal{T}_1$-Game$_{k+1}$ 是不可区分的。这样，对于敌手来说$\mathcal{T}_1$-Game$_k$ 和$\mathcal{T}_1$-Game$_{k+1}$是不可区分的。

通过引理 5 - 4 至引理 5 - 6，可得

$$
\begin{aligned}
&\left|Adv_{\mathcal{A}_1}^{\mathcal{T}_1\text{-Game}_k}(\lambda_{dk},\lambda_{MSK})-Adv_{\mathcal{A}_1}^{\mathcal{T}_1\text{-Game}_{k+1}}(\lambda_{dk},\lambda_{MSK})\right|\\
=&\left|Adv_{\mathcal{A}_1}^{\mathcal{T}_1\text{-Game}_k}(\lambda_{dk},\lambda_{MSK})-Adv_{\mathcal{A}_1}^{\mathcal{T}_1\text{-AltGame}_k}(\lambda_{dk},\lambda_{MSK})+Adv_{\mathcal{A}_1}^{\mathcal{T}_1\text{-AltGame}_k}(\lambda_{dk},\right.\\
&\left.\lambda_{MSK})-Adv_{\mathcal{A}_1}^{\mathcal{T}_1\text{-Game}_{k+1}}(\lambda_{dk},\lambda_{MSK})\right|\\
\leqslant&\left|Adv_{\mathcal{A}_1}^{\mathcal{T}_1\text{-Game}_k}(\lambda_{dk},\lambda_{MSK})-Adv_{\mathcal{A}_1}^{\mathcal{T}_1\text{-AltGame}_k}(\lambda_{dk},\lambda_{MSK})\right|+\left|Adv_{\mathcal{A}_1}^{\mathcal{T}_1\text{-AltGame}_k}\right.\\
&\left.(\lambda_{dk},\lambda_{MSK})-Adv_{\mathcal{A}_1}^{\mathcal{T}_1\text{-Game}_{k+1}}(\lambda_{dk},\lambda_{MSK})\right|\\
=&\varepsilon+\varepsilon=2\varepsilon。
\end{aligned}
$$

这就完成引理 5 - 3 的证明。这样，可得

$$\left|Adv_{\mathcal{A}_1}^{\mathcal{T}_1\text{-Game}_k}(\lambda_{dk},\lambda_{MSK})-Adv_{\mathcal{A}_1}^{\mathcal{T}_1\text{-Game}_{k+1}}(\lambda_{dk},\lambda_{MSK})\right|\leqslant\varepsilon。$$

引理 5 - 7　如果主私钥泄漏至多为 $\lambda_{MSK}=(n-2c-1)\lambda$ 且假设 2 成立，

那么对于敌手来说$\mathcal{T}_1$-Game$_Q$ 和$\mathcal{T}_1$-Game$_{MSK}$ 是不可区分的。也就是说，$|Adv^{\mathcal{T}_1}$-Game$_{Q_{\mathcal{A}_1}}(\lambda_{dk},\lambda_{MSK})-Adv_{\mathcal{A}_1}^{\mathcal{T}_1\text{-Game}_{MSK}}(\lambda_{dk},\lambda_{MSK})|\leqslant\varepsilon$。

证明:假设存在一个 PPT 敌手$\mathcal{A}_1$ 能以不可忽略的优势区分$\mathcal{T}_1$-Game$_Q$ 与$\mathcal{T}_1$-Game$_{MSK}$，则就能构造一个挑战者$\mathcal{B}$来破坏假设 2。

首先，给定$\mathcal{B}$一个实例 $D=(\Omega,g_1,X_1X_2,X_3,Y_2Y_3)$和一个挑战项 T ($T\in G_{p_1p_3}$或 $T\in G$)。$\mathcal{B}$与$\mathcal{A}_1$ 交互如下。

初始化:$\mathcal{B}$随机选择 $\alpha,a,b,d,x_1,\cdots,x_n\in Z_n$ 并设置 $g_1=g_1,u_1=g_1^a$，$h_1=g_1^b$ 和 $v_1=g^d$。$\mathcal{B}$公开主私钥 $MPK=(N,G,G',e,g_1,u_1,h_1,q_1,v_1,e(g_1,v_1)^\alpha,g_1^{x_i})$。$\mathcal{B}$选择$(y_1,\cdots,y_n)\in Z_N^n$ 和$\vec{\rho}\in Z_N^{n+3}$。通过使用挑战项，$\mathcal{B}$产生主私钥$MSK=\left(\langle T^{dy_1},\cdots,T^{dy_n}\rangle,g^\alpha T^{-b}\prod_{i=1}^{n}T^{-x_iy_i},T^d,T^a\right)*g_3^{\vec{\rho}}$。

如果 $T\in G_{p_1p_3}$，不妨设 $T=g_1^\omega g_3^\sigma(\omega,\sigma$ 是随机选取的)，从$\mathcal{B}$的角度来看，因为 T 中没有 G_{p_2} 部分，所以主私钥 MSK 是正确分布的。

如果 $T\in G$，不妨设 $T=g_1^\omega g_2^\kappa g_3^\sigma(\omega,\kappa,\sigma$ 是随机选取的)，主私钥 MSK 是半功能的且相应的参数为$\vec{t}=\langle\kappa dy_1,\cdots,\kappa dy_n\rangle,t_1=-\kappa\left(b+\sum_{i=1}^{n}x_iy_i\right)$，$t_2=\kappa d$ 与 $t_3=\kappa a$。

因为在 MPK 中 $y_1,\cdots,y_n,x_1,\cdots,x_n,d,a,b$ 仅通过模 p_1 来计算，从敌手$\mathcal{A}_1$ 的角度来看，它们关于模 p_2 是随机的。这样，半功能主私钥 MSK 是随机均匀分布的。

阶段 1:敌手询问预言机$\mathcal{O}$-Create、$\mathcal{O}$-Publickey、$\mathcal{O}$-Leakdecryptionkey、$\mathcal{O}$-LeakMasterKey、$\mathcal{O}$-Certificate、$\mathcal{O}$-Replacepublickey、$\mathcal{O}$-Decryptionkey 和 $\mathcal{O}$-Decrypt。$\mathcal{B}$用 g_2g_3 重新随机化 $G_{p_2p_3}$。类似地，$\mathcal{B}$用 g_3 重新随机化 G_{p_3}。这样，$\mathcal{B}$能使用半功能主私钥来创建相应的半功能密钥。

挑战:此阶段与引理 5-4 的挑战阶段操作相同。

阶段 2:与阶段 1 类似，$\mathcal{A}_1$ 可以询问预言机$\mathcal{O}$-Create、$\mathcal{O}$-Publickey、$\mathcal{O}$-Decrypt、$\mathcal{O}$-Replacepublickey、$\mathcal{O}$-Certificate、$\mathcal{O}$-Decryptionkey。基本的限制和阶段 1 相同。额外的限制是这些预言机不能对 ID^* 进行相应的询问。进一步，在这个阶段不允许进行泄漏询问。假如允许泄漏询问的话，敌手可以把对 CT^* 的解密算法编码到泄漏函数中，就可以平凡地赢得游戏。

猜测: $\mathcal{A}_1$ 给出猜测 $\xi'\in\{0,1\}$。如果 $\xi'=\xi$，那么$\mathcal{A}_1$ 赢得游戏。

因为对于挑战密文来说，MSK 是名义上半功能的，必须进一步来证明：对于敌手$\mathcal{A}_1$ 来说，在 MSK 有泄漏的情况下，名义上半功能和半功能的 MSK 是不可区分的。

引理 5-8 在主私钥 MSK 至多泄漏 $\lambda_{MSK}=(n-2c-1)\lambda$ 比特时，当 MSK 从半功能变换为名义上半功能时，敌手$\mathcal{A}_1$ 获得的优势差异是可以忽略的。

证明：证明与引理 5-5 类似，除了下面的区别之外。在引理 5-5 中证书或解密密钥的 G_{p_2} 部分为$(\vec{\Gamma},0)+(0,\cdots,0,r_1,r_2)$，但是引理 5-8 中的主私钥 MSK 的 G_{p_2} 部分是$(\vec{\Gamma},0,0)+(0,\cdots,0,r_1,r_2,0)+(0,\cdots,0,\theta)$，其中 $r_1,r_2\in Z_{p_2}$。

当$\mathcal{A}_1$ 发送身份 ID^* 和挑战消息给$\mathcal{B}$时，$\mathcal{B}$选择 $t_2\in Z_{p_2}$ 使得 $\delta_{n+1}(r_1-ID^*\theta)+t_2r_2\equiv 0 \bmod p_2$。通过使用敌手$\mathcal{A}_1$ 的输出，$\mathcal{B}$能以不可忽略的优势区分$(\vec{\delta},f(\vec{\tau}'))$和$(\vec{\delta},f(\vec{\tau}))$，矛盾。

由引理 5-7 和引理 5-8，可得$|Adv_{\mathcal{A}_1}^{\mathcal{T}_1\text{-Game}_Q}(\lambda_{dk},\lambda_{MSK})-Adv_{\mathcal{A}_1}^{\mathcal{T}_1\text{-Game}_{MSK}}(\lambda_{dk},\lambda_{MSK})|\leqslant\varepsilon$。

引理 5-9 在假设 3 成立的条件下，任何 PPT 敌手区分$\mathcal{T}_1$-Game$_{MSK}$ 和$\mathcal{T}_1$-Game$_{\text{Final}}$的优势都是可以忽略的。也就是说，$|Adv_{\mathcal{A}_1}^{\mathcal{T}_1\text{-Game}_{MSK}}(\lambda_{dk},\lambda_{MSK})-Adv_{\mathcal{A}_1}^{\mathcal{T}_1\text{-Game}_{\text{Final}}}(\lambda_{dk},\lambda_{MSK})|\leqslant\varepsilon$。

证明：反证法。假设存在一个 PPT 敌手$\mathcal{A}_1$ 能以不可忽略的优势区分$\mathcal{T}_1$-Game$_{MSK}$ 与$\mathcal{T}_1$-Game$_{\text{Final}}$，则就能构造一个挑战者$\mathcal{B}$来破坏假设 3。

首先，给定$\mathcal{B}$一个实例 $D=(\Omega,g_1,g_1^{\alpha}X_2,X_3,g_1^{s}Y_2,Z_3)$和一个挑战项 T ($T=e(g_1,g_1)^{\alpha s}$或 T 是G'中的一个随机值，即 $T\in G'$)。$\mathcal{B}$与$\mathcal{A}_1$ 交互如下：

初始化：$\mathcal{B}$随机选择 $\alpha,x_1,\cdots,x_n,a,b,d\in Z_N$ 并设置主公钥 $MPK=(e(g_1^{\alpha}g_2^{y},v_1),g_1^{x_i},u_1=g_1^{a},h_1=g_1^{b},v_1=g_1^{d})$。$\mathcal{B}$随机选择 $y_1,\cdots,y_n,r\in Z_N$ 和两个向量 $\vec{\rho},\vec{\gamma}\in Z_N^{n+3}$ 并计算半功能主私钥 $MSK=\left(\langle v_1^{y_1},\cdots,v_1^{y_n}\rangle,h_1^{-r}\prod\limits_{i=1}^{n}g_1^{-x_iy_i},v_1^{r},u_1^{r}\right)*g_2^{\vec{\gamma}}*g_3^{\vec{\rho}}$。

阶段 1：敌手进行预言机询问，通过使用半功能主私钥，$\mathcal{B}$可以模拟所有预言机。

挑战：$\mathcal{A}_1$ 把挑战身份 ID^* 和两个消息 M_0 与 M_1 发给$\mathcal{B}$。$\mathcal{B}$随机选择$\xi\in$

$\{0,1\}$。$\mathcal{B}$在列表$\mathcal{L}_1$中查找ID^*的最大句柄对应的公钥$pk_{ID_j}=(Y,\pi)$，其中$Y=e(g_1,v_1)^{\alpha\beta^*}$。如果$\mathcal{A}_1$没有替换公钥，$\mathcal{B}$知道$\beta^*$。否则，$\mathcal{B}$根据NIZK证明系统从$\pi$提取$\beta^*$。通过使用$g_1^sY_2$（不妨设$g_1^sY_2=g_1^sg_2^u$）和$T$，$\mathcal{B}$输出半功能密文：

$$CT^*=(C_0^*,\vec{C}^*,C_1^*,C_2^*)=(M_\xi^*\cdot e(T,v_1^{\beta^*}),(g_1^sg_2^u)^{x_i},(g_1^sg_2^u)^d,(g_1^sg_2^u)^{aID^*+b})。$$

从$\mathcal{A}_1$的角度来说，$x_1,\cdots,x_n,d,a,b$关于模p_2是随机的。因此，给定的半功能密文是随机均匀分布的。

如果$T=g_1^{\alpha s}$，密文是随机均匀分布的。此时，$\mathcal{B}$正确模拟$\mathcal{T}_1$-Game_{MSK}。如果T是G中的一个随机元素，C_0^*是随机的。这样，密文是关于随机消息的半功能密文。此时，$\mathcal{B}$正确模拟$\mathcal{T}_1$-$\text{Game}_{\text{Final}}$。$\mathcal{B}$通过使用$\mathcal{A}_1$的输出能破坏假设3，因此，可得$|Adv_{\mathcal{A}_1}^{\mathcal{T}_1\text{-Game}_{MSK}}(\lambda_{dk},\lambda_{MSK})-Adv_{\mathcal{A}_1}^{\mathcal{T}_1\text{-Game}_{\text{Final}}}(\lambda_{dk},\lambda_{MSK})|\leqslant\varepsilon$。

综上所述，通过上面9个引理，可以知道：对敌手而言，$\mathcal{T}_1$-Game_R与$\mathcal{T}_1$-$\text{Game}_{\text{Final}}$是不可区分的。此外，$Adv_{\mathcal{A}_1}^{\mathcal{T}_1\text{-Game}_{\text{Final}}}(\lambda_{dk},\lambda_{MSK})\leqslant\varepsilon$由文献[70]完整版中的定理6.8可以证明。这样，$Adv_{\mathcal{A}_1}^{\mathcal{T}_1\text{-Game}_R}(\lambda_{dk},\lambda_{MSK})\leqslant\varepsilon$。再者，引理5-1证明了泄漏的界。这样，定理5-4便可获证。

(2) 针对第二类敌手的安全性证明

定理5-5 如果假设1—假设3成立，在解密密钥至多泄漏$\lambda_{dk}=(n-2c-1)\lambda$比特的情况下，本节给出的CLR-CBE方案针对第二类敌手$\mathcal{A}_2$来说是安全的。

证明：定理5-5的证明与定理5-4类似。为了节省篇幅，具体证明略去。

5.3.4 泄漏率分析

给出的方案可以抵抗λ_{MSK}比特的主私钥泄漏和λ_{dk}比特的解密密钥泄漏。λ_{MSK}与λ_{dk}的最大值为$(n-2c-1)\lambda$，其中$n\geqslant2$是一个整数且c是一个固定的正常数。泄漏量与子群G_{p_2}的大小有关。可以根据系统的要求选取不同的n值。

给出的方案中$N=p_1p_2p_3$且p_1,p_2,p_3均是λ比特的素数。这样，主私钥的长度为$(n+3)(\lambda+\lambda+\lambda)=3(n+3)\lambda$；解密密钥的长度为$3(n+2)\lambda$比特。因此，主私钥的相对泄漏率为$\frac{(n-2c-1)\lambda}{3(n+3)\lambda}=\frac{(n-2c-1)}{3(n+3)}$；解密密钥的相

对泄漏率为$\frac{(n-2c-1)\lambda}{3(n+2)\lambda}=\frac{(n-2c-1)}{3(n+2)}$。

因为n的值是可变的,这样可以获得不同的密钥长度和不同的泄漏量。取较大的n值会让方案的相对泄漏率较高,这样方案的安全性更高。取较小的n值,方案的主公钥会更短,有利于减少系统的通信成本。如果n取值足够大的话,给出的方案相对泄漏率可以达到1/3。

从理论上讲,如果n取值足够大的话,方案的相对泄漏率可以很大。方案的相对泄漏率可以达到1/3,远远超出文献[20]方案中的相对泄漏率。但是,从工程实践的角度来说,希望n的值要小一点,便于减少计算成本和通信成本。其实,当$n=4$时,本节方案的相对泄漏率已经达到1/6(文献[20]中的泄漏率)。这时,解密操作仅需6个双线性配对运算,这是工程实践中可以受收的。在泄漏情况不是很严重的场合,甚至可以取更小的n,比如取$n=2$。这时,相对泄漏率仍然可以达到比较可观的1/12。所以,给出的方案不仅具有理论意义,而且也具有实用价值。

5.3.5 计算效率比较

把本节方案和文献[42,136]的方案做比较。Faust等人[42]给出两个CBE方案——BasicCBE和FullCBE,但是都没有抗泄漏的功能。Li等人[136]主要通过密钥封装机制来构造CBE,这个密钥封装机制也没有抗泄漏的功能。本节给出实用且安全的具有弹性泄漏的方案。用H表示哈希运算,用P表示配对运算。上述方案的加密、解密计算在表5-7中给出。

表5-7 本节方案和文献[42,136]方案计算效率比较

方案	加密计算	解密计算	泄漏弹性
[42]中BasicCBE方案	$3H+2P$	$1H+1P$	无
[42]中FullCBE方案	$4H+2P$	$3H+1P$	无
[136]方案	$1H+1P$	$1H+1P$	无
CLR-CBE方案	$1H+1P$	$1H+(n+2)P$	有

从表5-7可以看出,对于加密计算而言,本节方案和文献[136]方案计算成本一样。此外,n的值对本节方案解密计算有重要的影响。再者,n的值也决定了密钥相对泄漏率。从表5-7可知,一个较大的n将导致本节方

案较多解密运算。如第 5.3.4 小节所示，一个较大的 n 将让给出的方案具有更大的相对泄漏率（更好的安全性）。在实际使用中，需要根据应用需求对安全性和加解密计算成本进行一个折中。

当 n 变化时，表 5-8 给出了对应的解密计算配对个数和相对泄漏率。

表 5-8　参数 n 变化时对应的解密计算和泄漏率

n	2	3	4	5	…	n	…	$+\infty$
解密中配对运算	4	5	6	7	…	$n+2$	…	$+\infty$
相对泄漏率	$\frac{1}{12}$	$\frac{2}{15}$	$\frac{1}{6}$	$\frac{4}{21}$	…	$\frac{n-1}{3(n+2)}$	…	$\frac{1}{3}$

解密计算需要 $n+2$ 配对。根据表 5-8，易知如下事实，当 n 非常大时，解密成本和泄漏率都很大。另一方面，当 n 较小时，解密成本和泄漏率都较小。即使 $n=2$（比较小），相对泄漏率已经可以达到$\frac{1}{12}$，在实践中这也是一个不错的泄漏率。同时，如果 $n=2$，解密仅需 4 个配对运算，这样的计算成本是比较小的。退一步来说，当 $n=4$ 时，泄漏率可以达到$\frac{1}{6}$，这是一个非常好泄漏率（请参考文献[20]），即使这样，解密也只不过需要 6 个配对运算，也是工程实践可以接受的。这样，从工程实践的角度，可以选取较小的 n 值，比如 $n=2$，$n=3$ 或 $n=4$。同时，本节给出方案的抗泄漏性能是非常好的。

5.3.6　仿真实验

（1）实验环境和基准时间

仿真实验平台是安装 64 位操作系统 Windows 7、主频为 3.40 GHz、RAM 为 8.00 GB 和 CPU 为 Intel(R) Core(TM) i7-6700 的计算机。基于 JPBC(Java pairing-based cryptography library) 2.0.0[200] 用 Eclipse（版本 4.4.1）软件进行仿真。实验选用类型 A1 的 160 比特合数阶 $N=p_1p_2p_3=3 \bmod 4$ 椭圆曲线 $y^2=x^3+x$，其中 $\log p_i=256$，$i=1,2,3$。椭圆曲线具体信息和基本操作时间如第三章表 3-6 和表 3-7 所示。

（2）实验结果与分析

基于上述实验环境，对本节提出方案进行实验仿真，获得各个阶段运行时间如表 5-9 所示。实验运行 10 次，取平均值。时间单位为毫秒(ms)。

表 5-9 本节方案在不同泄漏量时各个算法运行时间

泄漏量	初始化时间	私钥产生时间	公钥产生时间	证书产生时间	加密时间	解密密钥生成时间	解密时间
1	1823 ms	0.14 ms	265 ms	503 ms	274 ms	454 ms	234 (ms)
2	2101 ms	0.15 ms	265 ms	586 ms	303 ms	539 ms	445 (ms)
3	2327 ms	0.15 ms	265 ms	661 ms	319 ms	636 ms	662 (ms)
4	2596 ms	0.15 ms	265 ms	744 ms	358 ms	747 ms	878 (ms)

从表 5-9 可以看出,用户公钥与私钥产生时间不受泄漏量影响,但是随着泄漏参数值变大,方案中其他算法运行时间也相应增大,各个算法运行时间变化趋势如图 5-4 所示。

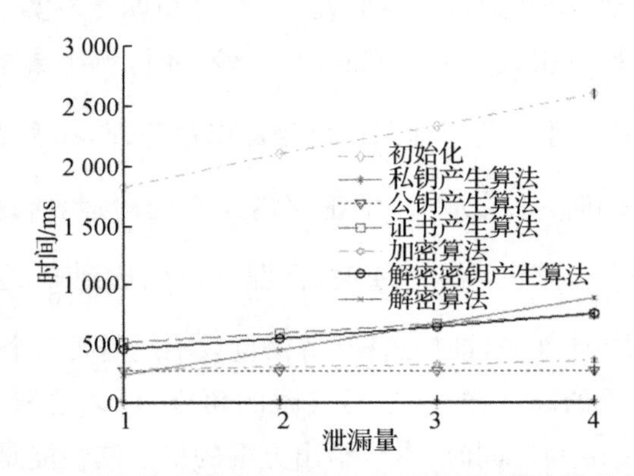

图 5-4 本节方案在不同泄漏量时运行时间变化趋势

图 5-4 表明:在泄漏量不同时,本节方案除了用户私钥和公钥产生阶段时间稳定外,其他各个阶段运行时间随着泄漏量增加呈线性增长。

5.3.7 算法实现

程序共由 7 个类组成:CLRCBECiphertext. java;CLRCBEMasterKey. java;CLRCBECertificate. java;CLRCBEDecryptKey. java;TypeA1CurveGenerator. java;CLR-CBE. java;CLRCBETest. java。

TypeA1CurveGenerator. java 类:用来生成 A1 类型曲线。

CLRCBECiphertext. java 类:用来描述密文的结构。

CLRCBEMasterKey. java 类:用来描述主私钥的结构。

CLRCBECertificate. java 类:用来描述证书的结构。

CLRCBEDecryptKey. java 类:用来描述解密密钥的结构。

CLR-CBE. java 类:用来实现初始化算法、私钥产生算法、公钥产生算法、证书产生算法、加密算法、解密密钥产生算法、解密算法等。

CLRCBETest. java 类:调用初始化算法、私钥产生算法、公钥产生算法、证书产生算法、加密算法、解密密钥产生算法、解密算法等 7 个算法,具体测试它们的运行时间。

```
//****************************************************************//
// CLRCBECiphertext.java
package CLRCBE;
import it.unisa.dia.gas.jpbc.Element;
public class CLRCBECiphertext {
    public Element C0;
    public  Element C[];
    public  Element C1;
    public  Element C2;
}
//****************************************************************//
// CLRCBEMasterKey.java
package CLRCBE;
import it.unisa.dia.gas.jpbc.Element;
import it.unisa.dia.gas.jpbc.Pairing;
public class CLRCBEMasterKey {
    public Pairing pairingM;
    public Element K[];
    public Element K1;
    public Element K2;
    public Element K3;
}
//****************************************************************//
// CLRCBECertificate.java
package CLRCBE;
import it.unisa.dia.gas.jpbc.Element;
public class CLRCBECertificate {
    public Element[] D;
    public Element  D1;
    public Element  D2;
}
//****************************************************************//
// CLRCBEDecryptKey.java
package CLRCBE;
import it.unisa.dia.gas.jpbc.Element;
public class CLRCBEDecryptKey {
    public Element[] S;
    public Element   S1;;
    public Element   S2;
}
//****************************************************************//
// TypeA1CurveGenerator.java
package CLRCBE;
```

```
import it.unisa.dia.gas.jpbc.* ;
import it.unisa.dia.gas.jpbc.PairingParameters;
import it.unisa.dia.gas.jpbc.PairingParametersGenerator;
import it.unisa.dia.gas.plaf.jpbc.pairing.parameters.PropertiesPa-
  rameters;
import it.unisa.dia.gas.plaf.jpbc.util.math.BigIntegerUtils;
import it.unisa.dia.gas.plaf.jpbc.pairing.PairingFactory;
import it.unisa.dia.gas.plaf.jpbc.util.ElementUtils;
import java.math.BigInteger;
import java.security.SecureRandom;
public class TypeA1CurveGenerator implements PairingParametersGen-
  erator {
    protected SecureRandom random;
    protected int numPrimes, bits;
    pu blic TypeA1CurveGenerator(SecureRandom random, int numPrimes,
      int bits) {
        this.random = random;
        this.numPrimes = numPrimes;
        this.bits = bits;
    }
    public TypeA1CurveGenerator(int numPrimes, int bits) {
        this(new SecureRandom(), numPrimes, bits);
    }
    public PairingParameters generate() {
        BigInteger[] primes = new BigInteger[numPrimes];
        BigInteger order, n, p;
        long l;

        while (true) {
            while (true) {
                order = BigInteger.ONE;
                for (int i = 0; i < numPrimes; i+ + ) {
                    boolean isNew = false;
                    while (! isNew) {
                        primes[i] =  BigInteger. probablePrime (bits,
                                     random);
                        isNew = true;
                        for (int j = 0; j < i; j+ + ) {
                            if (primes[i].equals(primes[j])) {
                                isNew = false;
                                break;
                            }
                        }
                    }
                    order = order.multiply(primes[i]);
                }
                break;
            }
            l = 4;
            n = order.multiply(BigIntegerUtils.FOUR);
            p = n.subtract(BigInteger.ONE);
            while (! p.isProbablePrime(10)) {
                p = p.add(n);
                l + = 4;
```

```
        }
        break;
    }
    PropertiesParameters params = new PropertiesParameters();
    params.put("type", "a1");
    params.put("p", p.toString());
    params.put("n", order.toString());
    for (int i = 0; i < primes.length; i+ + ) {
        params.put("n" +  i, primes[i].toString());
    }
    params.put("l", String.valueOf(l));
    return params;
}
    public static void main(String[] args) {
    long time1,time2,time3,time4;
    System.out.println(System.currentTimeMillis());
    time1= System.currentTimeMillis();
    System.out.println(System.nanoTime());
    time3= System.nanoTime();
    System.out.println(System.currentTimeMillis());
    time2= System.currentTimeMillis();
    System.out.println(time2- time1);
    System.out.println(System.nanoTime());
    time4= System.nanoTime();
    System.out.println(time4- time3);
    System.out.println();
    TypeA1CurveGenerator pg = new TypeA1CurveGenerator(3, 512);
    PairingParameters typeA1Params = pg.generate();
    Pairing pairing = PairingFactory.getPairing(typeA1Params);
    //设定并存储一个生成元。由于椭圆曲线是加法群,所以 G 群中任意一
      个元素都可以作为生成元
     Element generator1 = pairing.getG1().newRandomElement().
                          getImmutable();
    //随机产生一个 G_p_1 中的元素
    Element G_p_1 = ElementUtils.getGenerator(pairing, genera-
                    tor1,typeA1Params, 0, 3).getImmutable();
    //随机产生一个 G_p_2 中的元素
     Element G_p_2 = ElementUtils.getGenerator(pairing, genera-
                    tor1, typeA1Params, 1, 3).getImmutable();
    //随机产生一个 G_p_3 中的元素
     Element G_p_3 = ElementUtils.getGenerator(pairing, genera-
                    tor1, typeA1Params, 2, 3).getImmutable();
    System.out.println(System.nanoTime());

    System.out.println(G_p_1);
    System.out.println(G_p_2);
    System.out.println(G_p_3);

    Element ez = pairing.getZr().newRandomElement();
    BigInteger z= BigInteger.valueOf(5);

    time1= System.currentTimeMillis();
    time3= System.nanoTime();
    G_p_1.pow(z);
```

```
        time2= System.currentTimeMillis();
        System.out.println(time2- time1);
        time4= System.nanoTime();
        System.out.println(time4- time3);
        time1= System.currentTimeMillis();
        time3= System.nanoTime();
        G_p_1.powZn(ez);
        time2= System.currentTimeMillis();
        System.out.println(time2- time1);
        time4= System.nanoTime();
        System.out.println(time4- time3);
        time1= System.currentTimeMillis();
        time3= System.nanoTime();
        Element G1_p_G2 = pairing.pairing(G_p_1, G_p_1);
        System.out.println(G1_p_G2);
        time2= System.currentTimeMillis();
        System.out.println(time2- time1);
        time4= System.nanoTime();
        System.out.println(time4- time3);

        time1= System.currentTimeMillis();
        time3= System.nanoTime();
        Element G2_p_G3 = pairing.pairing(G_p_2, G_p_3);
        System.out.println(G2_p_G3);
        time2= System.currentTimeMillis();
        System.out.println(time2- time1);
        time4= System.nanoTime();
        System.out.println(time4- time3);

        time1= System.currentTimeMillis();
        time3= System.nanoTime();
        Element G1_p_G3 = pairing.pairing(G_p_1, G_p_3);
        System.out.println(G1_p_G3);
        time2= System.currentTimeMillis();
        System.out.println(time2- time1);
        time4= System.nanoTime();
        System.out.println(time4- time3);
    }
}
//*************************************************************//
// CLR-CBE.java
package CLRCBE;
import it.unisa.dia.gas.jpbc.Element;
import it.unisa.dia.gas.jpbc.ElementPowPreProcessing;
import it.unisa.dia.gas.jpbc.Pairing;
import it.unisa.dia.gas.jpbc.PairingParameters;
import it.unisa.dia.gas.jpbc.PairingPreProcessing;
import it.unisa.dia.gas.plaf.jpbc.pairing.PairingFactory;
import it.unisa.dia.gas.plaf.jpbc.util.ElementUtils;
import CLRCBE.CLRCBECiphertext;
import CLRCBE.CLRCBEMasterKey;
import CLRCBE.CLRCBEDecryptKey;
import CLRCBE.CLRCBECertificate;
import CLRCBE.TypeA1CurveGenerator;
```

```
public class CLR-CBE {
    public Pairing pairing;
    private int LEAK_NUM;//泄漏参数个数
    //Public parameters
    private Element g1Pre,u1Pre,h1Pre,v1Pre,g3Pre;
    private ElementPowPreProcessing g1,u1,h1,v1,g3;//预处理
    private Element gPre[];//保存 gi= g1^xi
    private ElementPowPreProcessing g[];//预处理
    private Element alpha,beta, r;

    public Element ID, skID, pkID, message;
    private Element x[];
    private Element y[];
    private Element p[];

    //用于证书生成
    private Element z[];
    private Element p1[];
    private Element r1;
    //用于解密密钥生成
    private Element w[];
    private Element t;
    private Element p2[];
    //用于加密
    private Element s;
    private Element E_g1_v1;
    PairingParameters typeA1Params;
    CLR-CBE(){
        System.out.println("CLR-CBE()");
        long time1,time2,time3,time4;
        time1= System.currentTimeMillis();
        time2= System.nanoTime();
        TypeA1CurveGenerator pg = new TypeA1CurveGenerator(3, 256);
        time3= System.currentTimeMillis();
        System.out.println(time3- time1);
        time4= System.nanoTime();
        System.out.println(time4- time2);

        time1= System.currentTimeMillis();
        time2= System.nanoTime();
        typeA1Params = pg.generate();
        time3= System.currentTimeMillis();
        System.out.println(time3- time1);
        time4= System.nanoTime();
        System.out.println(time4- time2);

        time1= System.currentTimeMillis();
        time2= System.nanoTime();

        pairing = PairingFactory.getPairing(typeA1Params);
        time3= System.currentTimeMillis();
        System.out.println(time3- time1);
        time4= System.nanoTime();
        System.out.println(time4- time2);
```

```
}
    public CLRCBEMasterKey Setup(int L){
    System.out.println("Master key:");
    long time1,time2,time3,time4,time5,time6,time11,time12,
      time13,time14;
    time11= System.currentTimeMillis();
    time13= System.nanoTime();
    this.LEAK_NUM = L;
    this.alpha = pairing.getZr().newRandomElement().getImmuta-
                ble();
    this.r = pairing.getZr().newRandomElement().getImmutable();
    //设定并存储一个生成元。由于椭圆曲线是加法群,所以 G 群中任意一
      个元素都可以作为生成元
     Element generator1 = pairing.getG1().newRandomElement().
                         getImmutable();
    //随机产生一个 G_p_1 中的元素
    this.g1Pre = ElementUtils.getGenerator(pairing, generator1,
                typeA1Params, 0, 3).getImmutable();
    this.u1Pre = ElementUtils.getGenerator(pairing, generator1,
                typeA1Params, 0, 3).getImmutable();
    this.v1Pre = ElementUtils.getGenerator(pairing, generator1,
                typeA1Params, 0, 3).getImmutable();
    this.h1Pre = ElementUtils.getGenerator(pairing, generator1,
                typeA1Params, 0, 3).getImmutable();
    this.g3Pre = ElementUtils.getGenerator(pairing, generator1,
                typeA1Params, 2, 3.getImmutable();
    this.x = new Element[this.LEAK_NUM+ 1];
    this.gPre= new Element[this.LEAK_NUM+ 1];
    this.g= new ElementPowPreProcessing[this.LEAK_NUM+ 1];

    for (int i= 1; i< this.x.length; i+ + ){
        this.x[i] = pairing.getZr().newRandomElement().getImmu-
                   table();
        this.gPre[i]= g1Pre.powZn(this.x[i]); //存储 g^x_i
    }

    System.out.println("g1,u1,h1,v1,g3 和 g[]预处理时间");
    time1= System.currentTimeMillis();
    time3= System.nanoTime();
    this.g1= g1Pre.getElementPowPreProcessing();
    this.u1= u1Pre.getElementPowPreProcessing();
    this.v1= v1Pre.getElementPowPreProcessing();
    this.h1= h1Pre.getElementPowPreProcessing();
    this.g3= g3Pre.getElementPowPreProcessing();
    for (int i= 1; i< this.x.length; i+ + ){
        this.g[i]= this.gPre[i].getElementPowPreProcessing();//
                  存储 g^x_i
    }
    time2= System.currentTimeMillis();
    System.out.println(time2- time1);
    time4= System.nanoTime();
    System.out.println(time4- time3);
    this.y = new Element[this.LEAK_NUM+ 1];
    for (int i= 1; i< this.y.length; i+ + ){
```

```
        this.y[i] = pairing.getZr().newRandomElement().getImmu-
                    table();
    }
    this.p = new Element[this.LEAK_NUM+ 1+ 3];
    for (int i= 0; i< this.p.length; i+ + ){
        this.p[i] = pairing.getZr().newRandomElement().getImmu-
                    table();
    }
    CLRCBEMasterKey masterKey = new CLRCBEMasterKey();
    masterKey.pairingM= pairing;
    masterKey.K= new Element[this.LEAK_NUM+ 1];
    for (int i= 1; i< = this.LEAK_NUM; i+ + ){
        masterKey.K[i] = v1.powZn(y[i]).mul(g3.powZn(p[i]));
    }
    masterKey.K1= g1.powZn(alpha).div(h1.powZn(r));
    for (int i= 1; i<  this.LEAK_NUM+ 1; i+ + ){
        masterKey.K1 = masterKey.K1.div(g[i].powZn(y[i]));
    }
    masterKey.K1= masterKey.K1.mul(g3.powZn(p[this.LEAK_NUM+
                  1]));
    masterKey.K2= v1.powZn(r).mul(g3.powZn(p[this.LEAK_NUM+
                  2]));
    masterKey.K3= u1.powZn(r).mul(g3.powZn(p[this.LEAK_NUM+
                  3]));

    System.out.println("最终时间:");
    time12= System.currentTimeMillis();
    time14= System.nanoTime();
    System.out.println(time12- time11- (time2- time1));
    System.out.println(time14- time13- (time4- time3));
    System.out.println("Master key has been generated.");
    return masterKey;
}
  public void  SetPrivateKey(){
    System.out.println("Private  key:");
    this.beta= pairing.getZr().newRandomElement().getImmutable
               ();
    this.skID= beta;
    System.out.println("Private Key has been generated.");
  }
    public void  SetPublicKey(){
    System.out.println("Public Key:");
    this.E_g1_v1= pairing.pairing(g1Pre,v1Pre).powZn(this.al-
                  pha);
    this.pkID= this.E_g1_v1.powZn(beta);
    System.out.println("Public Key has been generated.");
    }

public CLRCBECertificate SetCertificate(CLRCBEMasterKey masterKey){
    System.out.println("SetCertificate:");
    this.r1= pairing.getZr().newRandomElement().getImmutable();
    this.z = new Element[this.LEAK_NUM+ 1];
    for (int i= 0; i< this.z.length; i+ + ){
        this.z[i] = pairing.getZr().newRandomElement().getImmu-
```

```
                table();
        }
        this.p1 = new Element[this.LEAK_NUM+ 1+ 2];
        for (int i= 0; i< this.p1.length; i+ + ){
            this.p1[i] = pairing.getZr().newRandomElement().getIm-
                         mutable();
        }
        CLRCBECertificate Cert = new CLRCBECertificate();
        Cert.D = new Element[this.LEAK_NUM+ 1];
        for (int i= 1; i< = this.LEAK_NUM; i+ + ){
            Cert.D[i] = masterKey.K[i].mul(v1.powZn(this.z[i])).mul
                        (g3.powZn(p1[i]));;
        }
        this.ID = pairing.getZr().newRandomElement().getImmutable
();
        Cert.D1= masterKey.K1.div(masterKey.K3.powZn(ID)).mul(g3.
                 powZn(p1[this.LEAK_NUM+ 1]));
        for (int i= 1; i< = this.LEAK_NUM; i+ + ){
            Cert.D1= Cert.D1.div(g[i].powZn(this.z[i]));
        }
        Cert.D1= Cert.D1.div(u1.powZn(this.ID).powZn(this.r1)).div
                 (h1.powZn(this.r1));
        Cert.D2= masterKey.K2.mul(v1.powZn(this.r1));
        System.out.println("Certificate has been generated.");
        return Cert;
    }

    public CLRCBECiphertext Encrypt(){
        System.out.println("Encrypt:");
        this.s= pairing.getZr().newRandomElement().getImmutable();
        this.message= pairing.getGT().newRandomElement().getImmu-
                      table();
        System.out.println("The message is " + message);
        CLRCBECiphertext ciphertext= new CLRCBECiphertext();
        ciphertext.C0= message.mul(this.pkID.powZn(this.s));
        ciphertext.C= new Element[this.LEAK_NUM+ 1];
        for (int i= 1;i< = this.LEAK_NUM;i+ + ){
            ciphertext.C[i]= this.g[i].powZn(this.s);
    }
        ciphertext.C1= this.v1.powZn(this.s);
        ciphertext.C2= this.u1.powZn(this.ID).mul(this.h1Pre);
        ciphertext.C2= ciphertext.C2.powZn(this.s);
        System.out.println("Encrypt has been generated.");
        return ciphertext;
    }
    public CLRCBEDecryptKey SetDecryptKey(CLRCBECertificate certif-
      icate){
        System.out.println("DecryptKey:");
        lo ng time1,time2,time3,time4,time5,time6,time11,time12,
          time13,time14;
        time11= System.currentTimeMillis();
        time13= System.nanoTime();
        CLRCBEDecryptKey dkID= new CLRCBEDecryptKey();
        dkID.S= new Element[this.LEAK_NUM+ 1];
```

```
        this.w = new Element[this.LEAK_NUM+ 1];
        for (int i= 0; i< this.w.length; i+ + ){
            this.w[i] = pairing.getZr().newRandomElement().getImmu-
                    table();
        }
        this.t = pairing.getZr().newRandomElement().getImmutable();
        this.p2 = new Element[this.LEAK_NUM+ 1+ 2];
        for (int i= 0; i< this.p2.length; i+ + ){
            this.p2[i] = pairing.getZr().newRandomElement().getIm-
                    mutable();
        }
        System.out.println("预处理时间");
        time1= System.currentTimeMillis();
        time2= System.nanoTime();
        ElementPowPreProcessing certD[]= new ElementPowPreProcess-
                                        ing[this.LEAK_NUM+ 1];//
                                        预处理
        ElementPowPreProcessing certD1;//预处理
        ElementPowPreProcessing certD2;//预处理
        certD1 = certificate.D1.getElementPowPreProcessing();
        certD2 = certificate.D2.getElementPowPreProcessing();
        for (int i= 1; i< = this.LEAK_NUM; i+ + ){
            certD[i] = certificate.D[i].getElementPowPreProcessing();
        }
        time3= System.currentTimeMillis();
        System.out.println(time3- time1);
        time4= System.nanoTime();
        System.out.println(time4- time2);
        for (int i= 1; i< = this.LEAK_NUM; i+ + ){
            dkID.S[i] = certD[i].powZn(beta).mul(v1.powZn(w[i])).mul
                    (g3.powZn(p2[i]));
        }
        dkID.S1= certD1.powZn(beta).div(h1.powZn(t)).div(u1.powZn
                (this.ID).powZn(t));
        for (int i= 1; i< = this.LEAK_NUM; i+ + ){
            dkID.S1= dkID.S1.div(g[i].powZn(w[i]));
        }
        dkID.S1= dkID.S1.mul(g3.powZn(p2[this.LEAK_NUM+ 1]));
        dkID.S2= certD2.powZn(beta).mul(v1.powZn(t)).mul(g3.powZn
                (p2[this.LEAK_NUM+ 2]));
        System.out.println("DecryptKey has been generated.");

        System.out.println("最终时间:");
        time12= System.currentTimeMillis();
        time14= System.nanoTime();
        System.out.println(time12- time11- (time3- time1));
        System.out.println(time14- time13- (time4- time2));
        return dkID;
    }
    pu blic Element Decrypt (CLRCBECiphertext ciphertext, CLRCBEDe-
      cryptKey decryptKey){
        System.out.println("Decrypt is doing:");
        lo ng time1,time2,time3,time4,time5,time6,time11,time12,
           time13,time14;
```

```
        time11= System.currentTimeMillis();
        time13= System.nanoTime();
         System.out.println("预处理时间 pairing.getPairingPrePro-
           cessingFromElement(secretKey.K[i])");
        time1= System.currentTimeMillis();
        time3= System.nanoTime();
         PairingPreProcessing cai[]= new PairingPreProcessing[ci-
                                         phertext.C.length+ 1];
        PairingPreProcessing C1PPre,C2PPre;
        C1PPre= pairing.getPairingPreProcessingFromElement(cipher-
                text.C1);
        C2PPre= pairing.getPairingPreProcessingFromElement(cipher-
                text.C2);
        for (int i= 1; i< this.LEAK_NUM+ 1; i+ + ){
            cai[i]= pairing.getPairingPreProcessingFromElement(ci-
                    phertext.C[i]);
        }
        time2= System.currentTimeMillis();
        System.out.println(time2- time1);
        time4= System.nanoTime();
        System.out.println(time4- time3);
        Element KK= cai[1].pairing(decryptKey.S[1]);
        for (int i= 2; i< = this.LEAK_NUM; i+ + ){
            KK= KK.mul(pairing.pairing(ciphertext.C[i],decryptKey.S
                [i]));
        }
        KK= KK.mul(C1PPre.pairing(decryptKey.S1));
        KK= KK.mul(C2PPre.pairing(decryptKey.S2));
        Element message = ciphertext.C0.div(KK);
        System.out.println("The message is " +  message);
        System.out.println("Decrypt has been done.");
        System.out.println("最终时间:");
        time12= System.currentTimeMillis();
        time14= System.nanoTime();
        System.out.println(time12- time11- (time2- time1));
        System.out.println(time14- time13- (time4- time3));
        return message;
    }
}
//**************************************************************//
// CLRCBETest.java
package CLRCBE;
import it.unisa.dia.gas.jpbc.Element;
import it.unisa.dia.gas.jpbc.Pairing;
import CLRCBE.CLRCBECiphertext;
import CLRCBE.CLRCBEMasterKey;
import CLRCBE.CLRCBEDecryptKey;
import CLRCBE.CLRCBECertificate;
import CLRCBE.CLR-CBE;
public class CLRCBETest {
    private static void CLRCBETest() {
        Pairing pairing;
        CLR-CBE clrCBE = new CLR-CBE();
        long time1,time2,time3,time4;
```

```
time1= System.currentTimeMillis();
time2= System.nanoTime();
CLRCBEMasterKey msk= clrCBE.Setup(4);
time3= System.currentTimeMillis();
System.out.println(time3- time1);
time4= System.nanoTime();
System.out.println(time4- time2);
pairing= msk.pairingM;
time1= System.currentTimeMillis();
time2= System.nanoTime();
clrCBE.SetPrivateKey();
time3= System.currentTimeMillis();
System.out.println(time3- time1);
time4= System.nanoTime();
System.out.println(time4- time2);
time1= System.currentTimeMillis();
time2= System.nanoTime();

clrCBE.SetPublicKey();
time3= System.currentTimeMillis();
System.out.println(time3- time1);
time4= System.nanoTime();
System.out.println(time4- time2);

CLRCBECertificate cert= new CLRCBECertificate();
time1= System.currentTimeMillis();
time2= System.nanoTime();

cert= clrCBE.SetCertificate(msk);
time3= System.currentTimeMillis();
System.out.println(time3- time1);
time4= System.nanoTime();
System.out.println(time4- time2);

CLRCBECiphertext ciphertext= new CLRCBECiphertext();
time1= System.currentTimeMillis();
time2= System.nanoTime();

ciphertext= clrCBE.Encrypt();
time3= System.currentTimeMillis();
System.out.println(time3- time1);
time4= System.nanoTime();
System.out.println(time4- time2);
CLRCBEDecryptKey decryptKey= new CLRCBEDecryptKey();
time1= System.currentTimeMillis();
time2= System.nanoTime();

decryptKey= clrCBE.SetDecryptKey(cert);
time3= System.currentTimeMillis();
System.out.println(time3- time1);
time4= System.nanoTime();
System.out.println(time4- time2);
Element plaintext;
time1= System.currentTimeMillis();
```

```
        time2= System.nanoTime();
        plaintext= clrCBE.Decrypt(ciphertext, decryptKey);
        time3= System.currentTimeMillis();
        System.out.println(time3- time1);
        time4= System.nanoTime();
        System.out.println(time4- time2);
    }
        public static void main(String[] args){
            CLRCBETest();
    }
}
```

5.4 本章小结

本章把抗泄漏密码学方案的构造拓展到基于证书密码体制中，给出了能抵抗对称密钥的熵泄漏的基于证书加密的形式化定义和安全模型，提出了第一个具体的基于证书的抗泄漏方案。通过二元提取器来构造具体方案，给出的方案可以抵抗解密密钥的熵泄漏。在随机预言模型下，证明了提出的方案针对自适应选择密文攻击是抗泄漏安全的，同时给出了泄漏性能分析，并进行了实验仿真。

另外，本章提出了一个可以抗解密密钥泄漏和主私钥同时泄漏的基于证书加密方案。该方案的安全性规约到合数阶双线性群假设。该方案具有很好的泄漏弹性，如果适当调整 n 的值，泄漏率几乎可以达到 1/3。性能分析表明本章所提方案具有较低的加密计算成本，并进行了仿真实验。为了提高解密运算的效率，可以选取较小的 n，比如 $n=2$，此时解密操作只需要 4 个配对，这有利于计算能力受限的实际应用。

第六章

总结和展望

抗边信道攻击的安全公钥密码学方案,可以为安全的网络协议提供重要的保证。因此,抗泄漏密码学研究不仅具有重要的理论意义，而且也具有重要的应用价值。事实上,抗泄漏密码方案研究已经成为当前密码学研究的一个热点。针对抗泄漏密码学研究存在的主要问题,本书深入研究了公钥密码学中的抗泄漏加密方案,进一步把抗泄漏密码学方案的构造拓展到基于证书的加密体制中，研究基于身份的抗泄漏广播加密和具有特殊性质的抗泄漏基于属性加密方案的形式化定义、安全模型、方案构造和安全性证明与抗泄漏性能。本章对本书的关键研究成果和创新之处进行总结,并指出抗泄漏密码学领域中可以进一步研究的方向。

6.1 主要研究成果

本书主要对基于身份广播加密、具有特殊性质的基于属性加密、基于证书加密的抗泄漏方案进行深入而细致的研究。本书的创新和主要研究成果如下：

(1) 给出了抗持续泄漏基于身份的广播加密方案的形式化描述和安全定义,并提出了一个抗持续泄漏基于身份的广播加密方案。本书提出的方案可以抵抗私钥持续泄漏,通过子群判定假设,证明了提出的方案的安全性,相对泄漏率可以达到 1/3。给出的方案具有较好的弹性泄漏性能,并对提出方案和相关方案的泄漏弹性和运行效率进行了实验比较。

(2) 给出了具有持续泄漏弹性的分层的基于属性加密(CLR-HABE)的安全模型并提出了第一个可以抵抗主私钥泄漏和私钥泄漏的 CLR-HABE 方案。使用密钥更新算法重新随机化密钥。通过混合论证和双系统加密技术,证明了给出方案在标准模型下的安全性,并通过实验进一步验证层数和泄漏参数对系统运行时间的影响。

(3) 提出了一个抗持续辅助输入泄漏的密钥策略的基于属性加密方案。在标准模型中,基于大数域中的 Goldreich-Levin 定理和三个修改的通用子群假设,证明了给出方案的安全性。

(4) 拓展抗泄漏密码学方案的构造到基于证书密码体制中,首次给出了抗泄漏的基于证书加密的安全模型,在安全模型中考虑了恶意用户和不诚实的认证中心两类敌手,构造了第一个抗泄漏的基于证书加密方案。给出的方案包含一个基于证书的密钥封装机制和一个对称加密算法,用一个二元提取器来重新随机化对称密钥。在随机预言模型中,基于 DBDH 假设和 DGBDH 假设,证明了提出的方案针对自适应选择密文攻击是安全的。提出的方案可以容忍几乎整个对称密钥的泄漏。仿真实验说明了本书所提方案具有较好的性能。

(5) 对能抵抗主私钥泄漏的加密方案进行研究。给出了能抵抗主私钥泄漏的基于证书加密方案(LR-CBE)的形式化定义和安全模型,提出了一个不仅可以抵抗解密密钥泄漏,而且还可以抵抗主私钥泄漏的基于证书加密方案。在标准模型中，基于三个静态假设，利用双系统加密技术证明了该方案的安全性。方案的构造中使用了一个可变的正整数 n，通过实验具体说明 n 的不同取值对方案的泄漏性能和运行时间影响。根据具体应用需求，通过适当地选取不同的 n，可以得到抗泄漏性能较好或计算成本较小的抗泄漏方案。

6.2 未来研究展望

抗泄漏密码学研究正处于一个蓬勃发展阶段，虽然取得了一些研究成果，但仍然是密码学研究领域一个比较新的研究方向，还有许多值得进一步深入研究的问题。

(1) 密码学假定的安全性。关于抗泄漏的大部分研究是构造抗泄漏的密码学方案，其弹性泄漏归约为标准的密码学假设：基于因素分解、离散对数或格问题的多项式困难性，基于存在单向函数的通用假定，基于通用的子群判定假设等。无论如何，也需要考虑哪些标准的密码学假定本身是抗泄漏安全的。Dodis 等人[36]就考虑到由标准的密码学假定，推导出一个具有泄漏弹性假设的问题，研究了具有噪声的奇偶学习(LPN)，指出抗泄漏的 LPN 假定可以由一个他们引入的、但是非标准具有噪声的学习子空间(LSN)假设获得。文献[208 - 209]提出了这样的问题：哪一种密码学假设(而不是密码方案)在有信息泄漏的情况下是安全的。Goldwasser 等人[208]指出误差学习理论(LWE)假设[55](很多密码学原语以此为假设，因为 LWE 的平均复杂度与各种格问题的最坏复杂度有关)具有泄漏弹性，也就是说，误差学习理论困难问题在有秘密信息泄漏时还是困难问题。具体来说，标准的 LWE 假设隐含表明：如果秘密信息来自任一个具有足够熵的分布，即使面对很难可逆的辅助输入泄漏，LWE 假设还是安全的。Aggarwal 和 Maurer[209]指出计算难题的抗泄漏的界限和它的不可预测的熵是等价的。其中不可预测的熵是 $-\log_2 p$，p 是指一个概率多项式时间(PPT)敌手成功求解这个问题的最大概率。对于其他密码学假定的抗泄漏安全性值得进一步探索。

(2) 高效的抗泄漏密码学方案构造。对密码方案的高效率追求一直是密码学研究者的一个重要工作。在目前抗泄漏密码学研究中，大部分的方案效率不高，尤其基于双系统技术构造的抗泄漏方案，需要合数阶群，而众所周知，在合数阶群中构造的方案效率一般要低于素数阶群中构造的方案。所以，如何在素数阶群中用双系统加密技术构造高效的抗泄漏方案是一个很好的研究方向。

(3) 如何构造出比较强的抗泄漏密码学模型来囊括所有的已知抗泄漏模型值得深入思考。现有的抗泄漏模型一般是通过改善某种已有的抗泄漏模型不足之处而提出的。基于这样的方式，后来设计的模型比以前设计的某些模型有进步之处，比如持续泄漏模型克服了有界泄漏模型不能抵抗密钥持续泄漏的弱点，再比如完全弹性泄漏模型除了考虑到密钥的泄漏之外，还考虑到加密或签名算法中随机数的泄漏问题。但是，这样的方式只是对已有模型某个方面的改进。如何构造一个比较全面的抗泄漏模型，不仅能覆盖现有模型的范畴而且也能包含某些未知的攻击，需要进一步探讨。

参考文献

[1] Das D, Ghosh S, Raychowdhury A, et al. EM/Power side-channel attack: white-box modeling and signature attenuation countermeasures [J]. IEEE Design & Test, 2021, 38(3): 67 - 75.

[2] Weng T L, Cui T T, Yang T, et al. Related-key differential attacks on reduced-round LBlock [J]. Security and Communication Networks, 2022, 2022: 1 - 15.

[3] Won Y S, Chatterjee S, Jap D, et al. WaC: First results on practical side-channel attacks on commercial machine learning accelerator[C]// Proceedings of the 5th Workshop on Attacks and Solutions in Hardware Security, New York, 2021: 111 - 114.

[4] Jauvart D, El Mrabet N, Fournier J J A, et al. Improving side-channel attacks against pairing-based cryptography [J]. Journal of Cryptographic Engineering, 2020, 10(1): 1 - 16.

[5] Lipp M, Schwarz M, Gruss D, et al. Meltdown: Reading kernel memory from user space[J]. Communications of the ACM, 2020, 63(6): 46 - 56.

[6] De Souza Faria G, Kim H Y. Differential audio analysis: a new side-channel attack on PIN pads[J]. International Journal of Information Security, 2019, 18(1): 73 - 84.

[7] Kocher P, Horn J, Fogh A, et al. Spectre attacks: Exploiting speculative execution[J]. Communications of the ACM, 2020, 63(7): 93 - 101.

[8] 戴立，董高峰，胡红钢，等. 针对真实 RFID 标签的侧信道攻击. 密码学报. 2019, 6(3): 383 - 394.

[9] Bulck J V, Minkin M, Weisse O, et al. Foreshadow: Extracting the keys to the intel SGX kingdom with transient out-of-order execution [C]//Proceedings of 27th USENIX Security Symposium, Baltimore, MD, USA, 2018: 991 - 1008.

[10] Chen C S, Wang T, Tian J. Improving timing attack on RSA-CRT via error detection and correction strategy[J]. Information Sciences, 2013, 232: 464 - 474.

[11] Halderman J A, Schoen S D, Heninger N, et al. Lest we remember: cold-boot attacks on encryption keys[J]. Communications of the ACM, 2009, 52(5): 91 - 98.

[12] Ishai Y, Sahai A, Wagner D. Private circuits: Securing hardware against probing attacks[C]//Proceedings of CRYPTO 2003, LNCS 2729, Springer-Verlag, Berlin Heidelberg, 2003: 463 - 481.

[13] Ishai Y, Prabhakaran M, Sahai A, et al. Private circuits II: Keeping secrets in tamperable circuits[C]//Proceedings of EUROCRYPT 2006, LNCS 4004, Springer, Berlin Heidelberg, 2006: 308 - 327.

[14] Faust S, Rabin T, Reyzin L, et al. Protecting circuits from leakage: the computationally-bounded and noisy cases[C]//Proceedings of EUROCRYPT 2010, LNCS 6110, Springer-Verlag, Berlin Heidelberg, 2010: 135 - 156.

[15] Rothblum G N. How to Compute under AC0 leakage without secure hardware[C]//Proceedings of CRYPTO 2012, LNCS 7417, Springer-Verlag, Berlin Heidelberg, 2012: 552 - 569.

[16] Canetti R, Dodis Y, Halevi S, et al. Exposure-resilient functions and all-or-nothing transforms[C]//Proceedings of EUROCRYPT 2000, LNCS 1807, Springer-Verlag, Berlin Heidelberg, 2000: 453 - 469.

[17] Dodis Y, Sahai A, Smith A. On perfect and adaptive security in exposure-resilient cryptography[C]//Proceedings of EUROCRYPT 2001, LNCS 2404, Springer-Verlag, Berlin Heidelberg, 2001: 301 - 324.

[18] Micali S, Reyzin L. Physically observable cryptography[C]//Proceedings of TCC 2004, LNCS 2951, Springer-Verlag, Berlin Heidelberg, 2004: 278 - 296.

[19] Akavia A, Goldwasser S, Vaikuntanathan V. Simultaneous hardcore bits and cryptography against memory attacks[C]//Proceedings of TCC 2009, LNCS 544, Springer-Verlag, Berlin Heidelberg, 2009: 474 - 495.

[20] Naor M, Segev G. Public-key cryptosystems resilient to key leakage [J]. SIAM Journal on Computing, 2012, 41(4): 772 - 814.
[21] Di Crescenzo G, Lipton R, Walfish S. Perfectly secure password protocols in the bounded retrieval model[C]//Proceedings of TCC 2006, LNCS 3876, Springer-Verlag, Berlin Heidelberg, 2006: 225 - 244.
[22] Maurer U M. Conditionally-perfect secrecy and a provably-secure randomized cipher[J]. Journal of Cryptology, 1992, 5(1): 53 - 66.
[23] Lu C J. Encryption against storage-bounded adversaries from on-line strong extractors[J]. Journal of Cryptology, 2004, 17(1): 27 - 42.
[24] Dziembowski S, Maurer U. Optimal randomizer efficiency in the bounded-storage model[J]. Journal of Cryptology, 2004, 17(1): 5 - 26.
[25] Dziembowski S. Intrusion-resilience via the bounded-storage model [C]//Proceedings of TCC 2006, LNCS 3876, Springer-Verlag, Berlin Heidelberg, 2006: 207 - 224.
[26] Dziembowski S, Maurer U. The bare bounded-storage model: The tight bound on the storage requirement for key agreement[J]. IEEE Transactions on Information Theory, 2008, 54(6): 2790 - 2792.
[27] Moran T, Shaltiel R, Ta-Shma A. Non-interactive timestamping in the bounded-storage model[J]. Journal of Cryptology, 2004, 22(2): 460 - 476.
[28] Mandayam P, Wehner S. Achieving the physical limits of the bounded-storage model[J]. Physical Review A, 2011, 83(2): 022329.
[29] Cash D, Ding Y Z, Dodis Y, et al. Intrusion-resilient key exchange in the bounded retrieval model[C]//Proceedings of TCC 2007, LNCS 4392, Springer-Verlag, Berlin Heidelberg, 2007: 479 - 498.
[30] Alwen J, Dodis Y, Wichs D. Leakage-resilient public-key cryptography in the bounded-retrieval model[C]//Proceedings of CRYPTO 2009, LNCS 5677, Springer-Verlag, Berlin Heidelberg, 2009: 36 - 54.
[31] Alwen J, Dodis Y, Naor M, et al. Public-key encryption in the bounded-retrieval model[C]//Proceedings of EUROCRYPT 2010, LNCS 6110, Springer-Verlag, Berlin Heidelberg, 2010: 113 - 134.
[32] Chow S S M, Dodis Y, Rouselakis Y, et al. Practical leakage-resili-

ent identity-based encryption from simple assumptions[C]//Proceedings of the 17th ACM conference on Computer and communications security, ACM, 2010: 152 - 161.

[33] Brakerski Z, Kalai Y T, Katz J, et al. Overcoming the hole in the bucket: Public-key cryptography resilient to continual memory leakage[C]//Proceedings of FOCS 2010, IEEE, 2010: 501 - 510.

[34] Dodis Y, Haralambiev K, Lopez-Alt A, et al. Cryptography against continuous memory attacks[C]//Proceedings of FOCS 2010, IEEE, 2010: 511 - 520.

[35] Katz J, Vaikuntanathan V. Signature schemes with bounded leakage resilience[C]//Proceedings of ASIACRYPT 2009, LNCS 5912, Springer-Verlag, Berlin Heidelberg, 2009: 703 - 720.

[36] Dodis Y, Kalai Y T, Lovett S. On cryptography with auxiliary input [C]//Proceedings of the 41st annual ACM symposium on Theory of computing, ACM, 2009: 621 - 630.

[37] Dodis Y, Goldwasser S, Kalai Y T, et al. Public-key encryption schemes with auxiliary inputs[C]//Proceedings of TCC 2010, LNCS 5978, Springer-Verlag, Berlin Heidelberg, 2010: 361 - 381.

[38] Halevi S, Lin H. After-the-fact leakage in public-key encryption [C]//Proceedings of TCC 2011, LNCS 6597, Springer-Verlag, Berlin Heidelberg, 2011: 107 - 124.

[39] Boneh D, DeMillo R A, Lipton R J. On the importance of checking cryptographic protocols for faults[C]//Proceedings of EUROCRYPT 1997, LNCS 1233, Springer-Verlag, Berlin Heidelberg, 1997: 37 -51.

[40] Biham E, Shamir A. Differential cryptanalysis of DES-like cryptosystems[J]. Journal of Cryptology, 1991, 4(1): 3 - 72.

[41] Gennaro R, Lysyanskaya A, Malkin T, et al. Algorithmic tamper-proof (ATP) security: Theoretical foundations for security against hardware tampering[C]//Proceedings of TCC 2004, LNCS 2951, Springer-Verlag, Berlin Heidelberg, 2004: 258 - 277.

[42] Faust S, Kiltz E, Pietrzak K, et al. Leakage-resilient signatures

[C]//Proceedings of TCC 2010, LNCS 5978, Springer-Verlag, Berlin Heidelberg, 2010: 343 - 360.

[43] Dziembowski S, Pietrzak K. Leakage-resilient Cryptography[C]// Proceedings of FOCS 2008, IEEE, 2008: 293 - 302.

[44] Pietrzak K. A leakage-resilient mode of operation[C]//Proceedings of EUROCRYPT 2009, LNCS 5479, Springer-Verlag, Berlin Heidelberg, 2009: 462 - 482.

[45] Juma A, Vahlis Y. Protecting cryptographic keys against continual leakage[C]//Proceedings of CRYPTO 2010, LNCS 6223, Springer-Verlag, Berlin Heidelberg, 2010: 41 - 58.

[46] Dziembowski S, Pietrzak K. Intrusion-resilient secret sharing[C]// Proceedings of FOCS 2007, IEEE, 2007: 227 - 237.

[47] Goldwasser S, Kalai Y T, Rothblum G N. One-time programs[C]// Proceedings of CRYPTO 2008, LNCS 5157, Springer-Verlag, Berlin Heidelberg, 2008: 39 - 56.

[48] Goldwasser S, Rothblum G N. Securing computation against continuous leakage [C]//Proceedings of CRYPTO 2010, LNCS 6223, Springer-Verlag, Berlin Heidelberg, 2010: 59 - 79.

[49] Chen Y, Luo S, Chen Z. A new leakage-resilient IBE scheme in the relative leakage model[C]//Proceedings of Data and Applications Security and Privacy XXV 2011, LNCS 6818, Springer-Verlag, Berlin Heidelberg, 2011: 263 - 270.

[50] Nguyen M H, Yasunaga K, Tanaka K. Leakage-resilience of stateless/stateful public-key encryption from hash proofs [J]. IEICE Transactions on Fundamentals of Electronics, Communications and Computer Sciences, 2013, 96(6): 1100 - 1111.

[51] Dodis Y, Haralambiev K, López-Alt A, et al. Efficient public-key cryptography in the presence of key leakage[C]//Proceedings of ASIACRYPT 2010, LNCS 6477, Springer-Verlag, Berlin Heidelberg, 2010: 613 - 631.

[52] Boyle E, Segev G, Wichs D. Fully leakage-resilient signatures[J]. Journal of Cryptology, 2013, 26(3): 513 - 558.

[53] Brakerski Z, Kalai Y T. A parallel repetition theorem for leakage resilience[C]//Proceedings of TCC 2012, LNCS 7194, Springer Berlin Heidelberg, 2012: 248 - 265.

[54] Gentry C, Peikert C, Vaikuntanathan V. Trapdoors for hard lattices and new cryptographic constructions[C]//Proceedings of the 40th annual ACM symposium on Theory of computing, ACM, 2008: 197 - 206.

[55] Regev O. On lattices, learning with errors, random linear codes, and cryptography[J]. Journal of the ACM, 2009, 56(6): 34.

[56] Cramer R, Shoup V. Design and analysis of practical public-key encryption schemes secure against adaptive chosen ciphertext attack[J]. SIAM Journal on Computing, 2003, 33(1): 167 - 226.

[57] Zhou Y, Yang B, Xia Z, et al. Identity-based encryption with leakage-amplified chosen-ciphertext attacks security[J]. Theoretical Computer Science, 2020, 809: 277 - 295.

[58] Guo Y, Li J, Lu Y, et al. Provably secure certificate-based encryption with leakage resilience[J]. Theoretical Computer Science, 2018, 711: 1 - 10.

[59] Luo X, Qian P, Zhu Y. Leakage-resilient IBE from lattices in the standard model[C]//Proceedings of Information Science and Engineering (ICISE 2010), IEEE, 2010: 2163 - 2167.

[60] Li S, Zhang F, Sun Y, et al. Efficient leakage-resilient public key encryption from DDH assumption[J]. Cluster Computing, 2013, 16(4): 797 - 806.

[61] Li J, Teng M, Zhang Y, et al. A leakage-resilient CCA-secure identity-based encryption scheme[J]. The Computer Journal, 2016, 59(7): 1066 - 1075.

[62] Chen Y, Zhang Z, Lin D, et al. Generalized (identity-based) hash proof system and its applications[J]. Security and Communication Networks, 2016, 9(12): 1698 - 1716.

[63] Zhang Y, Yang M, Zheng D, et al. Leakage resilient hierarchial identity based encryption with recipient anonymity[J]. International Journal of Foundations of Computer Science, 2019, 30(04): 665 - 681.

[64] Hazay C, López-Alt A, Wee H, et al. Leakage-resilient cryptography from minimal assumptions [C]//Proceedings of EUROCRYPT 2013, LNCS 7881, Springer-Verlag, Berlin Heidelberg, 2013: 160 - 176.
[65] Liu S, Weng J, Zhao Y. Efficient public key cryptosystem resilient to key leakage chosen ciphertext attacks [C]//Proceedings of CT-RSA 2013, LNCS 7779, Springer-Verlag, Berlin Heidelberg, 2013: 84 - 100.
[66] Kiltz E, Pietrzak K. Leakage resilient elgamal encryption[C]//Proceedings of ASIACRYPT 2010, LNCS 6477, Springer-Verlag, Berlin Heidelberg, 2010: 595 - 612.
[67] Huang M, Yang B, Zhou Y, et al. Continual leakage resilient hedged public key encryption[J]. The Computer Journal, 2022, 65(6): 1574 - 1585.
[68] Hou H, Yang B, Zhang M, et al. Fully secure wicked identity-based encryption resilient to continual auxiliary-inputs leakage[J]. Journal of Information Security and Applications, 2020, 53: Article No. 102521.
[69] Zhou Y, Yang B, Mu Y, et al. Identity-based encryption resilient to continuous key leakage[J]. IET Information Security, 2019, 13(5): 426 - 434.
[70] Lewko A, Rouselakis Y, Waters B. Achieving leakage resilience through dual system encryption [C]//Proceedings of TCC 2011, LNCS 6597, Springer-Verlag, Berlin Heidelberg, 2011: 70 - 88.
[71] Waters B. Dual system encryption: Realizing fully secure IBE and HIBE under simple assumptions [C]//Proceedings of CRYPTO 2009, LNCS 5677, Springer-Verlag, Berlin Heidelberg, 2009: 619 - 636.
[72] Akavia A, Goldwasser S, Hazay C. Distributed public key schemes secure against continual leakage[C]//Proceedings of the 2012 ACM symposium on Principles of distributed computing, ACM, 2012: 155 - 164.
[73] Boyle E, Goldwasser S, Jain A, et al. Multiparty computation secure against continual memory leakage[C]//Proceedings of the 44th symposium on Theory of Computing. ACM, 2012: 1235 - 1254.
[74] Namiki H, Tanaka K, Yasunaga K. Randomness leakage in the

KEM/DEM framework [C]//Proceedings of Provable Security, LNCS 6980, Springer-Verlag, Berlin Heidelberg, 2011: 309 - 323.

[75] Bellare M, Brakerski Z, Naor M, et al. Hedged public-key encryption: How to protect against bad randomness[C]//Proceedings of ASIACRYPT 2009, LNCS 5912, Springer-Verlag, Berlin Heidelberg, 2009: 232 - 249.

[76] Guo Y, Lu Z, Jiang M, et al. Ciphertext policy attribute based encryption against post challenge continuous auxiliary inputs leakage [J]. International Journal of Network Security, 2022, 24(3): 511 - 520.

[77] Dziembowski S, Faust S. Leakage-resilient cryptography from the inner-product extractor[C]//Proceedings of ASIACRYPT 2011, LNCS 7073, Springer-Verlag, Berlin Heidelberg, 2011: 702 - 721.

[78] Kalai Y T, Kanukurthi B, Sahai A. Cryptography with tamperable and leaky memory[C]//Proceedings of CRYPTO 2011, LNCS 6841, Springer-Verlag, Berlin Heidelberg, 2011: 373 - 390.

[79] Chakraborty S, Rangan C P. Public key encryption resilient to post-challenge leakage and tampering attacks[C]//Proceedings of CT-RSA 2019, LNCS 11405, Springer-Verlag, Berlin Heidelberg, 2019: 23 - 43.

[80] Applebaum B, Harnik D, Ishai Y. Semantic security under related-key attacks and applications[EB/OL]. Cryptology ePrint Archive, 2010. http://eprint. iacr. org/2010/544.

[81] Dziembowski S, Pietrzak K, Wichs D. Non-malleable codes[C]. ICS. 2010: 434 - 452.

[82] Damgaard I, Faust S, Mukherjee P, et al. Tamper resilient cryptography without self-destruct[EB/OL]. Cryptology ePrint Archive, 2013. http://eprint. iacr. org/2013/124.

[83] Liu F H, Lysyanskaya A. Tamper and leakage resilience in the split-state model [C]//Proceedings of CRYPTO 2012, LNCS 7417, Springer-Verlag, Berlin Heidelberg, 2012: 517 - 532.

[84] Fiat A, Shamir A. How to prove yourself: practical solutions to identification and signature problems[C]//Proceedings of CRYPTO 1986, LNCS

263, Springer-Verlag, Berlin Heidelberg, 1987: 186 - 194.

[85] Yu Q, Li J, Ji S. Fully secure ID-based signature scheme with continuous leakage resilience[J]. Security and Communication Networks, 2022: Article No. 8220259.

[86] Galindo D, Vivek S. A practical leakage-resilient signature scheme in the generic group model[C]//Proceedings of SAC 2012, LNCS 7707, Springer-Verlag, Berlin Heidelberg, 2013: 50 - 65.

[87] Malkin T, Teranishi I, Vahlis Y, et al. Signatures resilient to continual leakage on memory and computation[C]//Proceedings of TCC 2011, LNCS 6597, Springer-Verlag, Berlin Heidelberg, 2011: 89 - 106.

[88] Huang J, Huang Q, Susilo W. Leakage-resilient group signature: Definitions and constructions[J]. Information Sciences, 2020, 509: 119 - 132.

[89] Tseng Y M, Wu J D, Huang S S, et al. Leakage-resilient outsourced revocable certificateless signature with a cloud revocation server[J]. Information Technology and Control, 2020, 49(4): 464 - 481.

[90] Waters B. Efficient identity-based encryption without random oracles [C]//Proceedings of EUROCRYPT 2005, LNCS 3494, Springer-Verlag, Berlin Heidelberg, 2005: 114 - 127.

[91] Faust S, Hazay C, Nielsen J B, et al. Signature schemes secure against hard-to-invert leakage[J]. Journal of Cryptology, 2016, 29 (2): 422 - 455.

[92] Yuen T H, Yiu S M, Hui L C K. Fully leakage-resilient signatures with auxiliary inputs[C]//Proceedings of Information Security and Privacy, LNCS 7372, Springer-Verlag, Berlin Heidelberg, 2012: 294 - 307.

[93] Moriyama D, Okamoto T. Leakage resilient eCK-secure key exchange protocol without random oracles[C]//Proceedings of the 6th ACM Symposium on Information, Computer and Communications Security, ACM, 2011: 441 - 447.

[94] Manulis M, Suzuki K, Ustaoglu B. Modeling leakage of ephemeral secrets in tripartite/group key exchange[C]//Proceedings of ICISC 2009, LNCS 5984, Springer-Verlag, Berlin Heidelberg, 2010: 16 - 33.

[95] Chen C, Guo Y, Zhang R. Group key exchange resilient to leakage of ephemeral secret keys with strong contributiveness[C]//Proceedings of Public Key Infrastructures, Services and Applications, LNCS 7868, Springer-Verlag, Berlin Heidelberg, 2013: 17 - 36.

[96] Fujioka A, Suzuki K. Designing efficient authenticated key exchange resilient to leakage of ephemeral secret keys[C]//Proceedings of CT-RSA 2011, LNCS 6558, Springer-Verlag, Berlin Heidelberg, 2011: 121 - 141.

[97] Pointcheval D, Stern J. Security arguments for digital signatures and blind signatures[J]. Journal of Cryptology, 2000, 13(3): 361 - 396.

[98] Bresson E, Lakhnech Y, Mazaré L, et al. A generalization of DDH with applications to protocol analysis and computational soundness [C]//Proceedings of CRYPTO 2007, LNCS 4622, Springer-Verlag, Berlin Heidelberg, 2007: 482 - 499.

[99] Fujioka A, Suzuki K. Sufficient condition for identity-based authenticated key exchange resilient to leakage of secret keys[C]//Proceedings of ICISC 2011, LNCS 7259, Springer-Verlag, Berlin Heidelberg, 2012: 490 - 509.

[100] Bellare M, Rogaway P. Random oracles are practical: A paradigm for designing efficient protocols[C]//Proceedings of the 1st ACM conference on Computer and communications security, ACM, 1993: 62 - 73.

[101] Alawatugoda J, Okamoto T. Standard model leakage-resilient authenticated key exchange using inner-product extractors[J]. Designs, Codes and Cryptography, 2022, 90(4): 1059 - 1079.

[102] Chen R, Mu Y, Yang G, et al. Strong authenticated key exchange with auxiliary inputs[J]. Designs, Codes and Cryptography, 2017, 85(1): 145 - 173.

[103] Fujioka A, Manulis M, Suzuki K, et al. Sufficient condition for ephemeral key-leakage resilient tripartite key exchange[C]//Proceedings of Information Security and Privacy, LNCS 7372, Springer-Verlag, Berlin Heidelberg, 2012: 15 - 28.

[104] Ruan O, Zhang Y, Zhang M, et al. After-the-fact leakage-resilient identity-based authenticated key exchange[J]. IEEE Systems Journal, 2018, 12(2): 2017 - 2026.

[105] Huang H, Cao Z. An id-based authenticated key exchange protocol based on bilinear diffie-hellman problem[C]//Proceedings of ASIACCS 2009, ACM, 2009: 333 - 342.

[106] Fujioka A, Suzuki K, Ustaoglu B. Ephemeral key leakage resilient and efficient ID-AKEs that can share identities, private and master keys[C]//Proceedings of Pairing-Based Cryptography-Pairing 2010, LNCS 6487, Springer-Verlag, Berlin Heidelberg, 2010: 187 - 205.

[107] Fujioka A, Suzuki K, Yoneyama K. Hierarchical ID-based authenticated key exchange resilient to ephemeral key leakage[J]. IEICE Transactions on Fundamentals of Electronics, Communications and Computer Sciences, 2011, 94(6): 1306 - 1317.

[108] Yang G, Mu Y, Susilo W, et al. Leakage resilient authenticated key exchange secure in the auxiliary input model[C]//Proceedings of Information Security Practice and Experience, LNCS 7863, Springer-Verlag, Berlin Heidelberg, 2013: 204 - 217.

[109] Alawatugoda J, Stebila D, Boyd C. Modelling after-the-fact leakage for key exchange[C]//Proceedings of the 9th ACM symposium on Information, Computer and Communications Security, ACM, 2014: 207 - 216.

[110] Alawatugoda J, Boyd C, Stebila D. Continuous after-the-fact leakage-resilient key exchange[C]//Proceedings of ACISP 2014, LNCS 8544, Springer-Verlag, Berlin Heidelberg, 2014: 258 - 273.

[111] Davì F, Dziembowski S, Venturi D. Leakage-resilient storage[C]//Proceedings of Security and Cryptography for Networks, LNCS 6280, Springer-Verlag, Berlin Heidelberg, 2010: 121 - 137.

[112] Chor B, Goldreich O. Unbiased bits from sources of weak randomness and probabilistic communication complexity[J]. SIAM Journal on Computing, 1988, 17(2): 230 - 261.

[113] Dziembowski S, Faust S. Leakage-resilient circuits without compu-

tational assumptions[C]//Proceedings of TCC 2012, LNCS 7194, Springer-Verlag, Berlin Heidelberg, 2012: 230 - 247.

[114] Andrychowicz M. Efficient refreshing protocol for leakage-resilient storage based on the inner-product extractor[J]. arXiv preprint arXiv:1209.4820, 2012.

[115] Dodis Y, Pietrzak K. Leakage-resilient pseudorandom functions and side-channel attacks on feistel networks[C]//Proceedings of CRYPTO 2010, LNCS 6223, Springer-Verlag, Berlin Heidelberg, 2010: 21 - 40.

[116] Standaert F X, Pereira O, Yu Y, et al. Leakage resilient cryptography in practice[C]//Proceedings of Towards Hardware-Intrinsic Security, Springer-Verlag, Berlin Heidelberg, 2010: 99 - 134.

[117] Standaert F X. How leaky is an extractor? [C]//Proceedings of Progress in Cryptology-LATINCRYPT 2010, LNCS 6212, Springer-Verlag, Berlin Heidelberg, 2010: 294 - 304.

[118] Medwed M, Standaert F X. Extractors against side-channel attacks: weak or strong? [J]. Journal of Cryptographic Engineering, 2011, 1(3): 231 - 241.

[119] Chen D, Zhou Y, Han Y, et al. On hardening leakage resilience of random extractors for instantiations of leakage-resilient cryptographic primitives[J]. Information Sciences, 2014, 271: 213 - 223.

[120] Yu Y, Standaert F X, Pereira O, et al. Practical leakage-resilient pseudorandom generators[C]//Proceedings of the 17th ACM conference on Computer and Communications Security, ACM, 2010: 141 - 151.

[121] Wang Z, Yiu S M. Attribute-based encryption resilient to auxiliary input[C]//Proceedings of ProvSec 2015, LNCS 9451, Springer-Verlag, Berlin Heidelberg, 2015: 371 - 390.

[122] Deng H, Wu Q, Qin B, et al. Ciphertext-policy hierarchical attribute-based encryption with short ciphertexts[J]. Information Sciences, 2014, 275: 370 - 384.

[123] Ali M, Mohajeri J, Sadeghi M R, et al. A fully distributed hierar-

chical attribute-based encryption scheme[J]. Theoretical Computer Science, 2020, 815: 25 - 46.

[124] Chen N, Li J, Zhang Y, et al. Efficient CP-ABE scheme with shared decryption in cloud storage[J]. IEEE Transactions on Computers, 2022, 71(1): 175 - 184.

[125] 李继国,石岳蓉,张亦辰.隐私保护且支持用户撤销的属性基加密方案[J].计算机研究与发展,2015,52(10): 2281 - 2292.

[126] Qin B D, Liu S L, Chen K F. Efficient chosen-ciphertext secure public-key encryption scheme with high leakage-resilience[J]. IET Information Security, 2015, 9(1): 32 - 42.

[127] Sun S F, Gu D, Liu S. Efficient Leakage-resilient identity-based encryption with CCA security[C]//Proceedings of Pairing 2013, LNCS 8365, Springer-Verlag, Berlin Heidelberg, 2013: 149 - 167.

[128] Diffie W, Hellman M E. New directions in cryptography[J]. IEEE Transactions on Information Theory, 1976, 22(6): 644 - 654.

[129] Adams C, Lloyd S. Understanding public-key infrastructure: concepts, standards, and deployment considerations[M]. Sams Publishing, 1999.

[130] Shamir A. Identity-based cryptosystems and signature schemes[C]//Proceedings of CRYPTO 1984, LNCS 196, 1984: 47 - 53.

[131] Boneh D, Franklin M. Identity-based encryption from the weil pairing[C]//Proceedings of CRYPTO 2001, LNCS 2139, Springer-Verlag, Berlin Heidelberg, 2001: 213 - 229.

[132] Boneh D, Boyen X. Secure identity based encryption without random oracles[C]//Proceedings of CRYPTO 2004, LNCS 3152, Springer-Verlag, Berlin Heidelberg, 2004: 443 - 459.

[133] Kiltz E, Vahlis Y. CCA2 secure IBE: Standard model efficiency through authenticated symmetric encryption[C]//Proceedings of CT-RSA 2008, LNCS 4964, Springer-Verlag, Berlin Heidelberg, 2008: 221 - 238.

[134] Gentry C. Certificate-based encryption and the certificate revocation problem[C]//Proceedings of EUROCRYPT 2003, LNCS 2656,

Springer-Verlag, Berlin Heidelberg, 2003: 272 - 293.

[135] Li J, Huang X, Zhang Y, et al. An efficient short certificate-based signature scheme[J]. Journal of Systems and Software, 2012, 85 (2): 314 - 322.

[136] Li J, Yang H, Zhang Y. Certificate-based key encapsulation mechanism with tags[J]. Journal of Software, 2012, 23(8): 2163 - 2172.

[137] Li J, Wang Z, Zhang Y. Provably secure certificate-based signature scheme without pairings[J]. Information Sciences, 2013, 233(6): 313 - 320.

[138] Li J, Huang X, Mu Y, et al. Constructions of certificate-based signature secure against key replacement attacks[J]. Journal of Computer Security, 2010, 18(3): 421 - 449.

[139] Li J, Huang X, Mu Y, et al. Certificate-based signcryption with enhanced security features[J] , Computers and Mathematics with Applications, 2012, 64(6): 1587 - 1601.

[140] Lu Y, Li J. Constructing certificate-based encryption secure against key replacement attacks[J]. ICIC Express Letters, Part B: Applications, 2012, 3(1): 195 - 200.

[141] Lu Y, Li J. Generic construction of certificate-based encryption in the standard model[C]//Proceedings of ISECS 2009, IEEE, 2009, 1: 25 - 29.

[142] Lu Y, Li J. Forward-secure certificate-based encryption and its generic construction[J]. Journal of Networks, 2010, 5(5): 527 - 534.

[143] Yum D, Lee P. Identity-based cryptography in public key management[C]//Proceedings of EuroPKI 2004, LNCS 3093, Springer-Verlag, Berlin Heidelberg, 2004: 71 - 84.

[144] Al-Riyami S, Paterson K. Certificateless public key cryptography [C]//Proceedings of ASIACRYPT 2003, LNCS 2894, Springer-Verlag, Berlin Heidelberg, 2003: 452 - 473.

[145] Lu Y, Li J, Wang F. Pairing-free certificate-based searchable encryption supporting privacy-preserving keyword search function for

IIoTs[J]. IEEE Transactions on Industrial Informatics, 2020, 17(4): 2696 - 2706.
[146] Li J, Chen L, Lu Y, et al. Anonymous certificate-based broadcast encryption with constant decryption cost[J]. Information Sciences, 2018, 454: 110 - 127.
[147] Al-Riyami S, Paterson K. CBE from CLE: A generic construction and efficient schemes[C]//Proceedings of PKC 2005, LNCS 3386, Springer-Verlag, Berlin Heidelberg, 2005: 398 - 415.
[148] Kang B G, Park J H. Is it possible to have CBE from CLE[EB/OL]. Cryptology ePrint Archive, 2005. http://eprint. iacr. org/2005/431.
[149] Wu W, Mu Y, Susilo W, et al. A provably secure construction of certificate-based encryption from certificateless encryption[J]. The Computer Journal, 2012, 55(10): 1157 - 1168.
[150] Shen J, Gui Z, Chen X, et al. Lightweight and certificateless multi-receiver secure data transmission protocol for wireless body area networks[J]. IEEE Transactions on Dependable and Secure Computing, 2020, 19(3): 1464 - 1475.
[151] 张福泰，孙银霞，张磊，等. 无证书公钥密码体制研究[J]. 软件学报，2011，22(6)：1316 - 1332.
[152] Sahai A, Waters B. Fuzzy identity-based encryption//Proceedings of EUROCRYPT 2005, LNCS 3494, Springer-Verlag, Berlin Heidelberg, 2005: 457 - 473.
[153] 苏金树，曹丹，王小峰，等. 属性基加密机制[J]. 软件学报，2011，22(6)：1299 - 1315.
[154] Goyal V, Pandey O, Sahai A, et al. Attribute-based encryption for fine-grained access control of encrypted data[C]//Proceedings of the 13th ACM conference on Computer and Communications Security, ACM, 2006: 89 - 98.
[155] Green M, Hohenberger S, Waters B. Outsourcing the decryption of abe ciphertexts[EB/OL]. [2011 - 03 - 11]. http://static. usenix.

org/events/sec11/tech/full_papers/Green. pdf.

[156] Lai J Z, Deng R H, Guan C W, et al. Attribute-based encryption with verifiable outsourced decryption[J]. IEEE Transactions on Information Forensics and Security, 2013, 8(8): 1343 - 1354.

[157] Li J, Zhang Y, Ning J, et al. Attribute based encryption with privacy protection and accountability for CloudIoT. IEEE Transactions on Cloud Computing, 2022, 10(2): 762 - 773.

[158] Oberko P S K, Obeng V H K S, Xiong H. A survey on multi-authority and decentralized attribute-based encryption[J]. Journal of Ambient Intelligence and Humanized Computing, 2022, 13(1): 515 - 533.

[159] Li J, Chen N, Zhang Y. Extended file hierarchy access control scheme with attribute based encryption in cloud computing[J]. IEEE Transactions on Emerging Topics in Computing, 2021, 9(2): 983 - 993.

[160] Goldwasser S, Micali S. Probabilistic encryption[J]. Journal of Computer and System Sciences, 1984, 28(2): 270 - 299.

[161] Bellare M. Practice-oriented provable-security[C]//Proceedings of ISW 1997, LNCS 1396, Springer-Verlag, Berlin Heidelberg, 1997: 221 - 231.

[162] 冯登国. 可证明安全性理论与方法研究[J]. 软件学报,2005,16(10): 1743 - 1756.

[163] Bellare M, Rogaway P. Entity authentication and key distribution [C]//Proceedings of CRYPTO 1993, LNCS 773, Springer-Verlag, Berlin Heidelberg, 1993: 232 - 249.

[164] Ananth P, Bhaskar R. Non observability in the random oracle model [C]//Proceedings of ProvSec 2013, LNCS 8209, Springer-Verlag, Berlin Heidelberg, 2013: 86 - 103.

[165] 贾小英,李宝,刘亚敏. 随机谕言模型[J]. 软件学报,2012,23(1): 140 - 151.

[166] Shoup V. Lower bounds for discrete logarithms and related problems [C]//Proceedings of EUROCRYPT 1997, LNCS 1233, Springer-Verlag, Berlin Heidelberg, 1997: 256 - 266.

[167] Coron J S, Patarin J, Seurin Y. The random oracle model and the ideal cipher model are equivalent[C]//Proceedings of CRYPTO 2008, LNCS 5157, Springer-Verlag, Berlin Heidelberg, 2008: 1 - 20.

[168] Canetti R, Goldreich O, Halevi S. The random oracle methodology, revisited[J]. Journal of the ACM, 2004, 51(4): 557 - 594.

[169] Koblitz N, Menezes A J. Another look at "provable security"[J]. Journal of Cryptology, 2007, 20(1): 3 - 37.

[170] Okamoto T. Efficient blind and partially blind signatures without random oracles[C]//Proceedings of TCC 2006, LNCS 3876, Springer-Verlag, Berlin Heidelberg, 2006: 80 - 99.

[171] Dolev D, Dwork C, Naor M. Non-malleable cryptography[J]. SIAM Journal on Computing, 2000, 30(2): 391 - 437.

[172] Okamoto T, Pointcheval T. REACT: Rapid enhanced-security asymmetric cryptosystem transform[C]//Proceedings of CT-RSA 2001, LNCS 2020, Springer-Verlag, Berlin Heidelberg, 2001: 159 - 174.

[173] Naor M, Yung M. Public-key cryptosystems provably secure against chosen ciphertext attacks[C]//Proceedings of the twenty-second annual ACM symposium on Theory of Computing, ACM, 1990: 427 - 437.

[174] Rackoff C, Simon D R. Non-interactive zero-knowledge proof of knowledge and chosen ciphertext attack[C]//Proceedings of CRYPTO 1991, LNCS 576, Springer-Verlag, Berlin Heidelberg, 1991: 433 - 444.

[175] Bellare M, Desai A, Pointcheval D, et al. Relations among notions of security for public-key encryption schemes[C]//Proceedings of CRYPTO 1998, LNCS 1462, Springer-Verlag, Berlin Heidelberg, 1998: 26 - 45.

[176] Bellare M, Sahai A. Non-malleable encryption: Equivalence between two notions, and an indistinguishability-based characterization[C]//Proceedings of CRYPTO 1999, LNCS 1666, Springer-Verlag, Berlin Heidelberg, 1999: 519 - 536.

[177] Fujisaki E, Okamoto T. Secure integration of asymmetric and symmetric encryption scheme [C]//Proceedings of CRYPTO 1999, LNCS 1666, Springer-Verlag, Berlin Heidelberg, 1999: 537 - 554.

[178] Beimel A. Secure schemes for secret sharing and key distribution [D]. Israel Institute of Technology, Technion, Haifa, Israel, 1996.

[179] Lai J, Deng R H, Li Y, et al. Fully secure key-policy attribute-based encryption with constant-size ciphertexts and fast decryption [C]//Proceedings of ASIACCS 2014, ACM, 2014: 239 - 248.

[180] Dodis Y, Reyzin L, Smith A. Fuzzy extractors: How to generate strong keys from biometrics and other noisy data[C]//Proceedings of EUROCRYPT 2004, LNCS 3027, Springer-Verlag, Berlin Heidelberg, 2004: 523 - 540.

[181] Nisan N, Zuckerman D. Randomness is linear in space[J]. Journal of Computer and System Sciences, 1996, 52(1): 43 - 52.

[182] Boneh D, Goh E J, Nissim K. Evaluating 2 - DNF formulas on ciphertexts[C]//Proceedings of TCC 2005, LNCS 3378, Springer-Verlag, Berlin Heidelberg, 2005: 325 - 341.

[183] Xiong H, Yuen T H, Zhang C, et al. Leakage-resilient certificateless public key encryption[C]//Proceedings of the first ACM workshop on Asia public-key cryptography, ACM, 2013: 13 - 22.

[184] Lewko A, Waters B. New techniques for dual system encryption and fully secure hibe with short ciphertexts [C]//Proceedings of TCC 2010, LNCS. 5978, Springer-Verlag, Berlin Heidelberg, 2010: 455 - 479.

[185] Lewko A, Waters B. New proof methods for attribute-based encryption: Achieving full security through selective techniques[C]//Proceedings of CRYPTO 2012, LNCS 7417, Springer-Verlag, Berlin Heidelberg, 2012: 180 - 198.

[186] Liang K, Au M H, Liu J K, et al. A secure and efficient ciphertext-policy attribute-based proxy re-encryption for cloud data sharing[J]. Future Generation Computer Systems, 2015, 52(11): 95 - 108.

[187] Fiat A, Naor M. Broadcast encryption[C]//Proceedings of CRYP-

TO 1993, LNCS 773, 1993, Springer-Verlag, Berlin Heidelberg, 1993: 480 - 491.

[188] Delerablee C. Identity-based broadcast encryption with constant size ciphertexts and private keys [C]//Proceedings of ASIACRYPT 2007, LNCS 4833, Springer-Verlag, Berlin Heidelberg, 2007: 200 - 215.

[189] Sakai R, Furukawa J. Identity-based broadcast encryption [EB/OL]. Cryptology ePrint Archive, 2007. http://eprint.iacr.org/2007/217.

[190] Baek J, Safavi-Naini R, Susilo W. Efficient multi-receiver identity-based encryption and its application to broadcast encryption [C]//Proceedings of PKC 2005, LNCS 3386, 2005, Springer-Verlag, Berlin Heidelberg, 2005: 380 - 397.

[191] Barbosa M, Farshim P. Efficient identity-based key encapsulation to multiple parties [C]//Proceedings of the 10th IMA International Conference on Cryptography and Coding, LNCS 3796, Springer-Verlag, Berlin Heidelberg, 2005: 428 - 441.

[192] Smart N P. Efficient key encapsulation to multiple parties[C]//Proceedings of SCN 2004, LNCS 3352, Springer-Verlag, Berlin Heidelberg, 2004: 208 - 219.

[193] Gentry C, Waters B. Adaptive security in broadcast encryption systems (with short ciphertexts) [C]//Proceedings of EUROCRYPT 2009, LNCS 5479, Springer-Verlag, Berlin Heidelberg, 2009: 171 - 188.

[194] Attrapadung N, Libert B. Functional encryption for inner product: Achieving constant-size ciphertexts with adaptive security or support for negation[C]//Proceedings of PKC 2010, LNCS 6056, Springer-Verlag, Berlin Heidelberg, 2010: 384 - 402.

[195] Zhao Z, Guo F, Lai J, et al. Accountable authority identity-based broadcast encryption with constant-size private keys and ciphertexts [J]. Theoretical Computer Science, 2020, 809: 73 - 87.

[196] Kim J, Susilo W, Au H, et al. Adaptively secure identity-based broadcast encryption with a constant-sized ciphertext[J]. IEEE Transactions on Information Forensics and Security, 2015, 10(3): 679-693.

[197] Zhang L, Hu Y, Wu Q. Adaptively secure identity-based broadcast encryption with constant size private keys and ciphertexts from the subgroups[J]. Mathematical and Computer Modeling, 2012, 55(1): 12-18.

[198] Ren Y, Gu D. Fully CCA2 secure identity based broadcast encryption without random oracles[J]. Information Processing Letters, 2009, 109(11): 527-533.

[199] Zhang M, Shi W, Wang C, et al. Leakage-resilient attribute-based encryptions with fast decryption: model, analysis and construction [EB/OL]. [2017-04-08]. http://eprint.iacr.org/2013/247.

[200] Caro A D, Lovina V. JPBC: Java pairing based cryptography[EB/OL]. [2020-05-01]. http://gas.dia.unisa.it / projects/jpbc/index.html

[201] Lynn B. The pairing-based cryptography library[EB/OL]. [2020-05-01]. http://crypto.stanford.edu/pbc.

[202] Wang G, Liu Q, Wu J, et al. Hierarchical attribute-based encryption and scalable user revocation for sharing data in cloud servers [J]. Computers & Security, 2011, 30(5): 320-331.

[203] Wan Z, Liu J E, Deng R H. HASBE: a hierarchical attribute-based solution for flexible and scalable access control in cloud computing [J]. IEEE Transactions on Information Forensics and Security, 2012, 7(2): 743-754.

[204] Lewko A, Sahai A, Waters B. Revocation systems with very small secret keys[C]//Proceedings of IEEE Symposium on Security and Privacy, IEEE, 2010: 273-285.

[205] Lewko A, Okamoto T, Sahai A, et al. Fully secure functional encryption: Attribute-based encryption and (hierarchical) inner prod-

uct encryption[C]//Proceedings of EUROCRYPT 2010, LNCS 6110, Springer-Verlag, Berlin Heidelberg, 2010: 62 - 91.

[206] Abe M, Gennaro R, Kurosawa K, et al. Tag-KEM/DEM: A new framework for hybrid encryption and a new analysis of Kurosawa-Desmedt KEM[C]//Proceedings of EUROCRYPT 2005, LNCS 3494, Springer-Verlag, Berlin Heidelberg, 2005: 128 - 146.

[207] Gentry C. Practical identity-based encryption without random oracles[C]//Proceedings of EUROCRYPT 2006, LNCS 4004, Springer-Verlag, Berlin Heidelberg, 2006: 445 - 464.

[208] Goldwasser S, Kalai Y, Peikert C, et al. Robustness of the learning with errors assumption[J]. Innovations in Computer Science, 2010, 230 - 240.

[209] Aggarwal D, Maurer U. The leakage-resilience limit of a computational problem is equal to its unpredictability entropy[C]//Proceedings of ASIACRYPT 2011, LNCS 7073, Springer-Verlag, Berlin Heidelberg, 2011: 686 - 701.